Dietrich Marsal

Finite Differenzen und Elemente

Numerische Lösung von
Variationsproblemen und
partiellen Differentialgleichungen

Mit 64 Abbildungen

Springer-Verlag
Berlin Heidelberg NewYork
London Paris Tokyo 1989

Dr. phil. nat. Dietrich Marsal
Professor an der Universität Stuttgart
8399 Ering am Inn

ISBN 978-3-540-50192-3   ISBN 978-3-642-49948-7 (eBook)
DOI 10.1007/978-3-642-49948-7

CIP-Kurztitelaufnahme der Deutschen Bibliothek
Marsal, Dietrich: Finite Differenzen und Elemente:
numer. Lösung von Variationsproblemen u. partiellen Differentialgleichungen/Dietrich Marsal.
Berlin ; Heidelberg ; NewYork ; London ; Paris ; Tokyo : Springer, 1989
  ISBN 978-3-540-50192-3

2362/3020-543210

Vorwort

Der vorliegende Text ist ein Lehr- und Arbeitsbuch für den
Selbstunterricht, die Rechenpraxis und Übungen. Er richtet
sich an jeden Interessierten,mag er Physiker oder Ingenieur,
Analytiker oder Numeriker, Chemiker oder Geowissenschaftler
sein, und mag er große oder geringe Vorkenntnisse besitzen.

Geprägt durch meine Programmentwicklungen zur Erdölexplora-
tion und für das Bayerische Umweltministerium, geprägt auch
insbesondere durch meine Beratertätigkeit im Umfeld der KFA
Jülich und beim Forschungslaboratorium der Shell Den Haag,
soll das Buch in einfacher Darstellung einen möglichst großen Schatz an effizienten Methoden und Erfahrungen vermitteln, wobei leichte Programmierbarkeit im Vordergrund steht.
Entsprechend dem Charakter als Arbeitsbuch sind die Literaturangaben knapp, eröffnen jedoch dem Leser ein weites Feld
verwandter und älterer Arbeiten.

Im Teil über finite Differenzen soll der Leser von einfachsten Aufgaben bis hin zu komplexen Problemen und Techniken
(numerische Dispersion, upstream-weighting, Vorkonditionierung von Gleichungssystemen usw.) geführt werden, und zwar
von der analytischen Fassung der Aufgabe bis zum fertigen,
knappen, für dieses Buch entwickelten Programm. Die in Fortran 77 geschriebenen Programme können zusätzlich auf Dis-
kette PC/AT-kompatibel bei mir angefordert werden. Um Mehr-
gittertechniken dem Anwender von der Praxis her nahezubrin-
gen, habe ich als Muster ein einfaches Programm für die La-

place/Poisson-Gleichung entwickelt. Bei mehrdimensionalen
(gewöhnlich nichtlinearen) elliptischen und parabolischen
Problemen liegt der Nachdruck auf Programmen, die Grundgebiete beliebiger Gestalt mit beliebig verteilten Randbedingungen automatisch erfassen und verarbeiten. Das Kapitel
über hyperbolische Gleichungen und Systeme wird in weiten
Teilen vom CFL-Kriterium beherrscht.Gleichungen von Navier
und Stokes werden nicht explizit behandelt; sie würden ein
eigenes Buch erfordern (siehe jedoch Ziffer 6.14 - 6.16).

Der Teil über finite Elemente setzt keine Strukturmechanik
voraus. Er ist für Leser geschrieben, die finite Elemente als
Alternative zu finiten Differenzen betrachten und nur Kenntnisse aus der Differential- und Integralrechnung mehrerer Variablen mitbringen. Deshalb wird die finite Element-Methode
in einfacher Weise aus dem Grundgedanken des Ritzschen Prin
zips entwickelt, und zwar von der Differentialgleichung über
die zugehörige Variationsaufgabe zum algebraischen Gesamtgleichungssystem. Behandelt werden folgende Elemente:

Dreiecke, Rechtecke, windschiefe Vierecke; Tetraeder, rechteckige Blöcke, windschiefe Blöcke; jeweils mit und ohne gekrümmte Ränder. Dazu treten Intervallelemente verschiedener
Art. Ein Abschnitt über allgemeine finite Elemente gestattet
dem Leser, sich selbst neue Elemente zu konstruieren.

Die Darstellung lehnt sich zum Teil an mein seit einiger Zeit
vergriffenes Buch "Die numerische Lösung partieller Differentialgleichungen" an, das sich allerdings auf Dreieck- und Te-
traederelemente beschränkte.

Danksagung. Mein Freund Florian Lehner, Ph.D., Shell Den Haag,
versorgte mich (wie schon beim Schreiben des Vorgängers dieses
Buches) mit Spezialliteratur. Herrn Dr. L. Dohmen, IES Jülich,
verdanke ich viele Hinweise und ein Sonderprogramm zur Gaußelimination. Herr Dr. K. Stüben, GMD Schloß Birlinghoven, versorgte mich mit zahlreichen Arbeiten über Mehrgittertechnik und

Ratschlägen dazu. Ohne die Unterstützung von Herrn Prof. Dr. R. Gorenflo, FU Berlin, Herrn Prof. Dr. M. Blumenfeld, T. Fachhochschule Berlin, und Herrn Aad van Kuyk, Shell Den Haag, hätte ich wichtige Teile des Kapitels 6 nicht so schreiben können, wie ich es für notwendig erachtete.

Ering,Stuttgart,Den Haag im Juli 1988   Dietrich Marsal

Inhaltsverzeichnis

5 Parabolische Gleichungen II

6   Große lineare Gleichungssysteme

Finite Elemente

7 Einführung in die Methode der finiten Elemente

10 Gemischte Randbedingungen. Der Galerkin-Prozeß

Fortran 77 Programme

Matrizen. Die Lösung von Gleichungssystemen

Finite Differenzen

0 Allgemeine Grundlagen

0.1 Zur Schreibweise

Die Buchstaben x,y,z bezeichnen zumeist kartesische Ortskoordinaten und t die Zeit. Partielle Ableitungen wie $\partial u/\partial x$ (Ableitung von u nach x bei festgehaltenem y,z,t) oder $\partial u/\partial t$ (Ableitung von u nach t bei festgehaltenem x,y,z) usw. werden in diesem Buch fast ausschließlich u_x bzw. u_t usw. geschrieben. Die Indizes i,j,k bzw. I,J,K stehen nie für Ableitungen; sie legen vielmehr Punkte, insbesondere Raumpunkte, fest. So bezeichnet u_{xx} die zweite partielle Ableitung von u nach x, u_{ij} den Wert von u im Punkt (i,j) und $(u_{xx})_{i,j}$ den Wert von u_{xx} im Punkt (i,j). Sind u,v,w,... Lösungen von Differentialgleichungen, so sind U,V,W,... zugehörige Näherungen. Dezimalzahlen werden mit Dezimalpunkt, nicht Dezimalkomma, geschrieben. exp(x) bezeichnet die Exponentialfunktion. Anweisungen der Form i=1,2,3,...,I werden fast stets in der Kurzform i=1,I dargestellt.

0.2 Synonyma des Wortes »Definitionsbereich«

Die hier vorkommenden Differentialgleichungen und ihre Lösungen sind im allgemeinen auf zusammenhängenden räumlichen Teilmengen oder Raum-Zeit-Teilmengen definiert. Diese Teilmengen (zumeist nur die räumlichen) werden als <u>Bereich</u>, <u>Gebiet</u>, <u>Grundgebiet</u>, <u>Definitionsbereich</u> oder <u>Definitionsgebiet</u> bezeichnet, mögen sie offen oder geschlossen sein.

0.3 Nebenbedingungen

Im allgemeinen hat jede partielle Differentialgleichung unendlich viele Lösungen. Bei den Anwendungen wird Eindeutigkeit der Lösung gewöhnlich durch physikalisch motivierte Nebenbedingungen bewirkt. Hierbei treten im wesentlichen drei Fälle auf.

1. <u>Randwertprobleme</u>. Weder die Differentialgleichung noch die Lösung enthalten die Zeit; beschrieben wird ein stationärer Zustand. Der Definitionsbereich der Differentialgleichung ist ein Teil des Raumes. Auf dem Rand des Definitionsbereichs ist die Lösung und/oder sind Ableitungen der Lösung gegeben. Beispiel: $u_{xx} + u_{yy} = 0$ auf einem Rechteck, auf dessen Rand $u=1$ gilt.

2. <u>Anfangswertprobleme</u>. Die Lösung ist zeitabhängig. Zum Zeitpunkt $t=0$ sind die Lösung und/oder Ableitungen von ihr für jeden Punkt des räumlichen Definitionsbereichs der Differentialgleichung gegeben. Beispiel: $u_t = u_{xx}$ für jede reelle Zahl x und alle t. Für $t=0$ und alle x ist $u = \exp(-x^2)$.

3. <u>Anfangsrandwertprobleme</u>. Die Lösung ist zeitabhängig. Sie und/oder Ableitungen von ihr sind gegeben 1. für $t=0$ auf allen Punkten des räumlichen Definitionsbereichs der Differentialgleichung, 2. für $t>0$ auf allen Randpunkten des räumlichen Definitionsbereichs der Differentialgleichung. Beispiel: Die Lösung ist gegeben für $t=0$. Für $t>0$ verschwindet die Normalableitung auf einem Randteil des räumlichen Definitionsbereichs, auf dem restlichen Randteil ist die Lösung gleich 1.

0.4 Zur Klassifizierung partieller Differentialgleichungen

Jede partielle Differentialgleichung enthält mindestens eine partielle Ableitung der gesuchten Funktion. Die höchste vorkommende Ableitung bezeichnet die Ordnung der Differentialgleichung. So ist $u_x + u_y = u$ von erster und $u_{xx} + u_{yy} = 1$ von zweiter Ordnung. Eine <u>lineare</u> Differentialgleichung hat die Form $a_0 b_0 + a_1 b_1 + \ldots + a_n b_n = a_{n+1}$, wobei die b-Koeffizienten Ableitungen der Lösung oder diese selbst sind und die a-Koeffizienten feste Zahlen oder Funktionen der unabhängigen Variablen. Andernfalls heißt die Differentialgleichung <u>nichtlinear</u>. So ist $u_x u_x + u u_{xy} = 0$ nichtlinear.

0.5 Iteration

Bei der numerischen Lösung partieller Differentialgleichungen treten im Regelfall Systeme linearer oder nichtlinearer Gleichungen auf, die wir zumeist nach folgendem Grundschema lösen: 1. Das System wird so umgeformt, daß es gestattet, aus Näherungen bessere Werte zu errechnen. 2. Es wird eine Anfangsnäherung gewählt, die sich gewöhnlich im Rahmen des Problems anbietet. 3. Mit Hilfe dieser Näherung wird eine neue berechnet (Iterationsschritt n=1). 4. Daraus wird eine weitere ermittelt (Iterationsschritt n=2)und so fort. 5. Die Iteration wird beendet, wenn sich das Ergebnis im Rahmen einer vorgegebenen Genauigkeit nicht mehr ändert ("Stabilisierung").

Dieses Ergebnis wird als hinreichend genaue Lösung angesehen. Tritt Stabilisierung nicht innerhalb der vorgegebenen Anzahl von Iterationsschritten ein, so wird das Lösungsverfahren als zu langsam oder divergent verworfen.

Beispiel: Zu lösen sei die Gleichung $3x = \cos x$. Wir wählen die Iterationsbeziehung $x_{n+1} = (1/3)\cos x_n$ mit der n-ten Näherung x_n, der Anfangsnäherung $x_0 = 0.3$ und $n = 0,1,2,3,\ldots$ Wir erhalten

n	x_n	$\cos x_n$
0	0.3	0.95
1	0.317	0.9502
2	0.3167	0.95027
.	.....	.....

Wenn ein Iterationsverfahren nicht divergiert, so konvergiert es entweder für beliebige oder nur für besondere Startwerte. Bei Konvergenz wird die Lösung entweder (bei Vermeidung von Rundungsfehlern) nach endlich vielen Schritten erreicht oder erst im Grenzfall unendlich vieler. Die Konvergenzgeschwindigkeit von Iterationsprozessen kann groß sein oder gering; sie ist im allgemeinen weder gleichförmig noch in durchsichtiger Weise vom sonstigen Konvergenzverhalten der Methode abhängig. So kann ein Verfahren schnell konvergieren, jedoch nur für bestimmte Startwerte, ein anderes hingegen langsam, aber für beliebige Anfangswerte.

0.6 Matrizen und Gauß-Elimination

Die rechteckige Anordnung von Zahlen ("<u>Elementen</u>") a_{ij} mit $i=1,m$ Zeilen und $j=1,n$ Spalten

$$A = \begin{matrix} a_{11} & a_{12} & a_{13} & \cdots & a_{1n} \\ a_{21} & a_{22} & a_{23} & \cdots & a_{2n} \\ a_{31} & a_{32} & a_{33} & \cdots & a_{3n} \\ \cdots\cdots\cdots\cdots\cdots\cdots\cdots \\ a_{m1} & a_{m2} & a_{m3} & \cdots & a_{mn} \end{matrix} \qquad (0.1)$$

heißt m×n-Matrix $A=[a_{ij}]$, wenn sie gewissen Rechenoperationen gehorcht. So soll für die m×n-Matrizen $A=[a_{ij}]$ und $B=[b_{ij}]$ und beliebige Zahlen α,β für $i=1,m$ und $j=1,n$ gelten

$$\alpha A + \beta B = C = [c_{ij}] \qquad \text{mit} \qquad c_{ij} = \alpha a_{ij} + \beta b_{ij} \qquad (0.2)$$

Ferner ist für die m×n-Matrix A und die r×s-Matrix B ein Produkt AB=C genau dann definiert, wenn n=r ist. $C=[c_{ij}]$ ist eine m×s-Matrix mit

$$c_{ij} = a_{i1}b_{1j} + a_{i2}b_{2j} + \cdots + a_{in}b_{nj} \qquad (0.3)$$

für $i=1,m$ und $j=1,s$. Verknüpft sind also die i-te Zeile des linken Faktors A von AB mit der j-ten Spalte des rechten Faktors B. Es ist stets (AB)C=A(BC) und im allgemeinen AB≠BA, sofern BA überhaupt existiert.

$A_T=[a_{ijT}]$ ist die zu $A=[a_{ij}]$ <u>transponierte Matrix</u> mit $a_{ijT}=a_{ji}$. So sind zueinander transponiert

$$\begin{matrix} a & b \\ c & d \end{matrix} \qquad \text{und} \qquad \begin{matrix} a & c \\ b & d \end{matrix}$$

Eine n×n-Matrix heißt <u>quadratisch</u> von der Ordnung n, eine 1×n-Matrix heißt <u>Zeilenvektor</u> und eine m×1-Matrix <u>Spaltenvektor</u>. Z.B. ist

$$p = \begin{matrix} p_1 \\ p_2 \\ p_3 \\ \cdot\cdot \\ p_m \end{matrix}$$

ein Spaltenvektor, $p_T = [\, p_1 \; p_2 \; p_3 \; \cdots \; p_m \,]$ ein Zeilenvektor und zugleich die Transponierte von p. <u>Bezeichnet in diesem Text ein Buchstabe einen Vektor, so ist stets ein Spaltenvektor gemeint. Zeilenvektoren werden immer als transponierte Spaltenvektoren dargestellt.</u>

In den folgenden Beispielen (sie sind für die Gradientenmethode in Kapitel 6 wichig) ist p ein 3×1-Spaltenvektor und A eine 3×3-Matrix:

$$Ap = \begin{matrix} a_{11}p_1 + a_{12}p_2 + a_{13}p_3 \\ a_{21}p_1 + a_{22}p_2 + a_{23}p_3 \\ a_{31}p_1 + a_{32}p_2 + a_{33}p_3 \end{matrix} \qquad \text{(3×1-Spaltenvektor)}$$

$$p_T p = p_1 p_1 + p_2 p_2 + p_3 p_3 \qquad \text{(Zahl)}$$

$$p_T A p = p_T(Ap) = p_1 a + p_2 b + p_3 c \qquad \text{(Zahl)}$$

wobei a das oberste Element $a_{11}p_1 + a_{12}p_2 + a_{13}p_3$ von Ap ist, b das mittlere Element und c das untere Element von Ap.

Die Elemente $a_{11}, a_{22}, \ldots, a_{nn}$ einer quadratischen Matrix der Ordnung n heißen <u>Hauptdiagonalelemente</u>. Bei der <u>Einheitsmatrix</u> $I=[e_{ij}]$ ist $e_{ii}=1$ und $e_{ij}=0$ für $i \neq j$ ($i=1,n$; $j=1,n$). Ist die Determinante $\det(A)$ einer quadratischen Matrix A von Null verschieden, so existiert eine Matrix gleicher Ordnung, genannt <u>Inverse</u> A^{-1} von A, so daß

$$AA^{-1} = A^{-1}A = I \qquad\qquad (0.4)$$

gilt. Ist $\det(A)=0$, so heißt A <u>singulär</u>. Nun sei $A=[a_{ij}]$ eine quadratische Matrix der Ordnung n, und x bzw. b seien Spaltenvektoren mit den Komponenten (Elementen) $x_1, x_2, \ldots, x_n$ bzw. b_1, $b_2, \ldots, b_n$. Dann liefert Ausmultiplizieren der Matrixgleichung $Ax=b$ das System n linearer Gleichungen

$$a_{i1}x_1 + a_{i2}x_2 + a_{i3}x_3 + \ldots + a_{in}x_n = b_i \quad (i=1,n) \qquad (0.5)$$

Nun seien A und b bekannt und x unbekannt. Ist A nicht singulär, so hat (0.5) genau eine Lösung $x=A^{-1}b$ wie linksseitige Multiplikation von $Ax=b$ mit A^{-1} zeigt. (0.5) hat keine oder unendlich viele Lösungen, wenn $\det(A)=0$ ist. [Diesen Satz benutzen wir z.B. in Ziffer 1.8, um von (1.21), (1.22) durch Nullsetzen von $\det(A)$ auf (1.23) zu kommen.]

<u>Das Eliminationsverfahren von Gauß</u> zur Lösung von (0.5) sei an einem System mit drei Unbekannten skizziert. Gegeben seien die Gleichungen

$$\begin{aligned}
a_1 x_1 + a_2 x_2 + a_3 x_3 &= D_1 \\
b_1 x_1 + b_2 x_2 + b_3 x_3 &= D_2 \\
c_1 x_1 + c_2 x_2 + c_3 x_3 &= D_3
\end{aligned}$$

Es sei $a_1 \neq 0$. Wir multiplizieren die erste Gleichung mit b_1/a_1 bzw. mit c_1/a_1 und ziehen sie von der zweiten bzw. dritten Gleichung ab. Es resultiert

$$\begin{aligned}
a_1 x_1 + a_2 x_2 + a_3 x_3 &= D_1 \\
d_2 x_2 + d_3 x_3 &= E_2 \\
e_2 x_2 + e_3 x_3 &= E_3
\end{aligned}$$

Es sei $d_2 \neq 0$. Wir multiplizieren die zweite Gleichung mit e_2/d_2, subtrahieren sie von der dritten Gleichung und erhalten

$$
\begin{aligned}
a_1 x_1 + a_2 x_2 + a_3 x_3 &= D_1 \\
d_2 x_2 + d_3 x_3 &= E_2 \\
f_3 x_3 &= F_3
\end{aligned}
$$

Ist $f_3 \neq 0$, so können wir das letzte (gestaffelte) System zunächst nach x_3, sodann nach x_2 und schließlich nach x_1 auflösen.

0.7 Gestaffelte Systeme, Dreiecksmatrizen, LR-Zerlegung

<u>Gestaffelte Systeme</u> sind leicht und mit geringem Rechenaufwand zu lösen. Sie haben die Form

$$
\begin{aligned}
a_{11} x_1 + a_{12} x_2 + a_{13} x_3 + \cdots + a_{1n} x_n &= b_1 \qquad &&\text{mit}\quad a_{11} \neq 0 \\
a_{22} x_2 + a_{23} x_3 + \cdots + a_{2n} x_n &= b_2 \qquad &&a_{22} \neq 0 \\
a_{33} x_3 + \cdots + a_{3n} x_n &= b_3 \qquad &&a_{33} \neq 0 \\
\cdots\cdots\cdots\cdots\cdots\cdots & &&\cdots\cdots\cdots \\
a_{nn} x_n &= b_n \qquad &&a_{nn} \neq 0
\end{aligned}
$$

$$(0.6)$$

bzw.

$$
\begin{aligned}
a_{11} x_1 &= b_1 \qquad &&\text{mit}\quad a_{11} \neq 0 \\
a_{21} x_1 + a_{22} x_2 &= b_2 \qquad &&a_{22} \neq 0 \\
a_{31} x_1 + a_{32} x_2 + a_{33} x_3 &= b_3 \qquad &&a_{33} \neq 0 \\
\cdots\cdots\cdots\cdots\cdots\cdots\cdots\cdots\cdots\cdots & &&
\end{aligned}
$$

$$(0.7)$$

Die Lösung von z.B. (0.6) beginnt mit $x_n = b_n/a_{nn}$ und lautet

$$
x_i = (1/a_{ii})(b_i - a_{i,i+1} x_{i+1} - a_{i,i+2} x_{i+2} - \cdots - a_{in} x_n)
$$

$$
i = n, n-1, n-2, \ldots, 1 \qquad\qquad (0.8)
$$

Zu diesen gestaffelten Systemen gehören sogenannte obere bzw. untere Dreiecksmatrizen. Eine quadratische Matrix ist obere (untere) <u>Dreiecksmatrix</u> (triangular matrix), wenn die Elemente unterhalb (oberhalb) der Hauptdiagonale verschwinden. Eine n×n-Matrix $T=[t_{ij}]$ ist also eine obere Dreiecksmatrix, wenn $t_{ij}=0$ für $i>j$ ist. Hingegen ist T eine untere Dreiecksmatrix, wenn $t_{ij}=0$ für $j>i$ gilt:

obere Dreiecksmatrix   untere Dreiecksmatrix

$$\begin{array}{ccccc} t_{11} & t_{12} & \cdots\cdots & t_{1n} \\ 0 & t_{22} & \cdots\cdots & t_{2n} \\ \cdots & \cdots & \cdots & \cdots \\ 0 & 0 & \cdots\cdots & t_{nn} \end{array} \qquad\qquad \begin{array}{ccccc} t_{11} & 0 & \cdots\cdots & 0 \\ t_{21} & t_{22} & \cdots\cdots & 0 \\ \cdots & \cdots & \cdots & \cdots \\ t_{n1} & t_{n2} & \cdots\cdots & t_{nn} \end{array}$$

Die Determinante einer Dreiecksmatrix ist gleich dem Produkt $t_{11}t_{22}t_{33}\cdots t_{nn}$ der Hauptdiagonalelemente. Eine Dreiecksmatrix ist also genau dann nicht singulär, wenn kein Hauptdiagonalelement verschwindet. Das Produkt zweier oberer (unterer) Dreiecksmatrizen gleicher Ordnung ist eine obere (untere) Dreiecksmatrix derselben Ordnung. Die Inverse einer oberen (unteren) Dreiecksmatrix ist eine obere (untere) Dreiecksmatrix gleicher Ordnung.

<u>LR-(links-rechts)Zerlegung</u>. Für die quadratische Matrix $A=[a_{ij}]$ gelte $A=LU$, wobei L eine untere (lower) Dreiecksmatrix sei und U eine obere (upper). Um $Ax=b$, also $LUx=b$ zu lösen, setze man $Ux=y$ und $Ly=b$, löse das gestaffelte System $Ly=b$ nach y und sodann das gestaffelte System $Ux=y$ nach x. Das Verfahren ist wesentlich schneller als Gaußelimination, da nur gestaffelte Systeme vorkommen; auch beanspruchen U und L zusammen nur soviel Speicherplatz wie A. Die Zerlegung von A in die Faktoren L und U empfiehlt sich, wenn mehrere Systeme $Ax=b_k$ $(k=1,2,3,\ldots)$ mit gleichem A zu lösen sind.

Die Bestimmung von L und U sei im folgenden skizziert. Es sei $L=[b_{ij}]$ mit $b_{ij}=0$ für $j>i$ und $U=[c_{ij}]$ mit $c_{ij}=0$ für $i>j$. $LU=A$ mit $A=[a_{ij}]$ lautet ausgeschrieben

$$\sum_{k=1,j} b_{ik}c_{kj} = a_{ij} \qquad\qquad i\geq j \qquad\qquad j=1,n \qquad\qquad (0.9a)$$

und

$$\sum_{k=1,i} b_{ik} c_{kj} = a_{ij} \qquad i<j \qquad i=1,n-1 \qquad (0.9b)$$

Das System (0.9) liefert unendlich viele LR-Zerlegungen von A. Eine eindeutige Lösung erhält man, wenn man entweder alle b_{ii} oder alle c_{ii} vorgibt. Es ist bequem, alle $c_{ii}=1$ zu setzen.- Rechen- und Programmieraufwand sind gering. Man sieht dies sofort, wenn man (0.9) für n=3 anschreibt.

Bilden wir aus A andere Matrizen, indem wir zunächst die n-te Zeile und Spalte weglassen, sodann zusätzlich die n-1-te Zeile und Spalte usw. Sind die Determinanten dieser Matrizen von Null verschieden und gilt dies auch für a_{11} und det A, so ist die LR-Zerlegung von A stets möglich.

1 Grundlagen der Differenzenmethode

1.1   Prinzip und einfachste Formeln

Das Prinzip der Differenzenmethode ist einfach. Alle Ableitungen der zu lösenden Differentialgleichung werden durch Differenzenquotienten ersetzt,die aus der Definition der Ableitung oder der Formel von Taylor folgen. Durch diese "Diskretisierung" geht die Differentialgleichung in eine Differenzengleichung über, deren Lösung mit numerischen Methoden erfolgt. Alle Diskretisierungsbeziehungen haben die Form

Ableitung = Differenzenquotient + Diskretisationsfehler

Vernachlässigt man den Diskretisationsfehler (truncation error), so bezieht sich der Differenzenquotient nicht auf die abgeleitete Funktion f, sondern auf eine Approximation F:

Ableitung von f = Differenzenquotient der Funktion F

Die wichtigsten Näherungen für die erste und zweite Ableitung einer Funktion f(x) im Punkt x=a lauten (h ist irgendeine feste positive Zahl):

$$f'(a) = (F(a+h) - F(a))/h \qquad (1.1)$$

$$f'(a) = (F(a) - F(a-h))/h \qquad (1.2)$$

$$f'(a) = (F(a+h) - F(a-h))/2h \qquad (1.3)$$

$$f''(a) = (F(a+h) - 2F(a) + F(a-h))/h^2 \qquad (1.4)$$

Also kann man z.B. die Differentialgleichung f'(x) = C mit
C = const. durch die Differenzengleichung F(x+h) - F(x) =
= hC ersetzen und F an der Stelle x+h berechnen, wenn F an
der Stelle x bekannt ist. Wir sehen, daß die gesuchte Funktion an isolierten Punkten (hier x+h, x+2h, ...) approximiert wird. Diese Punkte heißen <u>Gitterpunkte</u> (mesh points),
ihre Gesamtheit <u>Gitter</u> (mesh, grid).

Die Nenner h bzw. 2h in den Gleichungen (1.1) - (1.4) heißen
<u>Schrittweite</u> (spacing, mesh size). Wird h verkleinert, so
nimmt i.a. auch der Diskretisationsfehler ab. Er strebt in
den Gleichungen (1.1) bis (1.4) mit h gegen Null, wenn f'(a)
bzw. f'(a) und f''(a) existieren. Dies sei im folgenden vorausgesetzt.

Partielle Ableitungen erster Ordnung und nicht gemischte
zweiter Ordnung werden analog wie oben approximiert. Also
setzt man z.B. (U ist hier und im folgenden stets die Approximation einer Funktion u)

$$u_x(x,y) = (U(x+h,y) - U(x,y))/h$$

Im folgenden werden (1.1) bis (1.4) mitsamt ihren Diskreti-
sationsfehlern abgeleitet. Der ungeduldige Leser mag sofort
zu Ziffer 1.5 gehen, wird allerdings das Überschlagene spä-
ter noch benötigen.

1.2   Die Formel von Taylor

Sie lautet - Existenz der angeschriebenen Ableitungen im
Punkt x vorausgesetzt -

$$f(x+h) - f(x) = \sum_m (h^m/m!)f^{(m)}(x) + R_n \qquad (1.5)$$

Summiert wird von m=1 bis m=n-1, Es ist 1!=1 und m!=m(m-1)!
mit m = 2,3,4,... Für das Restglied R_n gilt

$$R_n = h^{n-1}\beta_n/(n-1)! \qquad\qquad (1.6)$$

wobei β_n von x abhängt und mit h gegen Null strebt (Peano).
Sind in (1.5) die Ableitungen von f bis zur (n-1)-ten stetig im abgeschlossenen Intervall I mit den Endpunkten x und
x+h und ist dort die n-te Ableitung beschränkt, so gilt sogar

$$R_n = h^n f^{(n)}(z)/n! = O(h^n) \qquad\qquad (1.7)$$

wobei z im Intervall I liegt. Der Ausdruck "$R_n = O(h^n)$", gelesen "R_n gleich groß-O von h^n", meint, daß R_n/h^n beschränkt
ist.

1.3 Approximation der ersten Ableitung

Setzen wir in (1.5) x=a und n=2, so erhalten wir

$$f(a+h) - f(a) = hf'(a) + R_2 \qquad\qquad (1.8)$$

also im wesentlichen (1.1). Gilt (1.7), so ist $R_2/h = O(h)$,
anderenfalls nach (1.6) $R_2/h = \beta_2$ mit $\beta_2 \to 0$ für $h \to 0$.

Beispiele. Es sei $f(x) = x^{3/2}$. Es ist $f'(0) = 0$ und $f''(0)$
unendlich.Für a=0 ist $\beta_2 = R_2/h$ nach (1.8) und (1.6) gleich
der Quadratwurzel aus h. Also konvergiert β_2 recht langsam
mit h gegen Null. So entspricht h = 0.0001 erst $\beta_2 = 0.01$.
Dieser Effekt, daß selbst eine drastische Verkleinerung der
Maschenweite nur recht wenig Zuwachs an Genauigkeit bringt,
ist leider nicht selten. Nun sei f(t) eine hochfrequente Sinusschwingung. Offenbar läßt sich eine vernünftige Näherung
der Ableitung erst dann erreichen, wenn h ein Bruchteil der
Wellenlänge ist.

Beziehung (1.1) heißt <u>vorderer Differenzenquotient</u>, (1.2) <u>hinterer</u> (forward und backward differencing). Existieren beide, so haben sie im wesentlichen dasselbe Konvergenzverhalten. Man erhält (1.2) aus (1.8), indem man in (1.8) h durch -h ersetzt. Mittelung von (1.1) und (1.2) liefert den <u>mittleren Differenzenquotienten</u>(central differencing) (1.3). Wir wollen seinen Fehler für den Fall abschätzen, daß $f'(a)$ und $f''(a)$ existieren und nur das Restglied in der Form von Peano benutzt werden kann. Wir entwickeln die Taylorreihe (1.5) für x=a und n=3 und erhalten

$$(f(a+h) - f(a))/h = + f'(a) + (h/2)f''(a) + hb_1 \qquad (1.9)$$

$$(f(a-h) - f(a))/h = - f'(a) + (h/2)f''(a) + hb_2 \qquad (1.10)$$

b_1 und b_2 streben mit h gegen Null. Subtrahieren wir (1.10) von (1.9) und dividieren durch 2, so resultiert (1.3) mit dem Diskretisationsfehler $(h/2)(b_2-b_1)$, der für $h \to 0$ besser als h gegen Null strebt. Gilt das Restglied (1.7) der Taylorentwicklung, so ist der Fehler von (1.3) sogar $O(h^2)$ ("<u>quadratische Konvergenz</u>"). Der mittlere Differenzenquotient ist also alles in allem genauer als der vordere und der hintere wenn $f''(x)$ zumindest an der Stelle x=a existiert.

Beispiel. $f(x) = \exp(x)$, a=0, $f'(0)=1$, h=0.1. Vorderer DQ: 1.05, hinterer DQ: 0.95, mittlerer DQ: 1.00167.

1.4 Approximation der zweiten Ableitung

Addition von (1.9) und (1.10) liefert (1.4) mit dem Fehlerterm b_1+b_2, der - u.U. nur langsam - mit h gegen Null strebt. Existieren die Ableitungen von f(x) bis zur dritten, so ist nach (1.5)

$$f(a\pm h) - f(a) = \pm hf'(a) + (h^2/2)f''(a) \pm (h^3/6)f^{(3)}(a) + R_4$$

Addition liefert wiederum (1.4); und dies mit quadratischer Konvergenz wenn (1.7) gilt. Ansonsten ist die Konvergenz immer noch besser als $O(h)$. Da bei den Anwendungen zumeist das Restglied in der Form (1.7) vorliegt, sind (1.1) und (1.2) gewöhnlich $O(h)$ und (1.3) sowie (1.4) $O(h^2)$.

1.5   Explizite und implizite Systeme

Wenden wir nun die Differenzenformeln auf ein einfaches <u>Anfangs-Randwertproblem</u> an. Gesucht sei eine Funktion $u(x,t)$, die auf dem Streifen $0<x<L$, $t>0$ (s. Abb. 1.1) der Gleichung $u_{xx} = cu_t$ mit festem c gehorche. Bekannt sei $u(x,0)$ für jedes x des Streifens (<u>Anfangswerte</u>) sowie $u(0,t)$ und $u(L,t)$ für $t \geqslant 0$ (<u>Randwerte</u>).

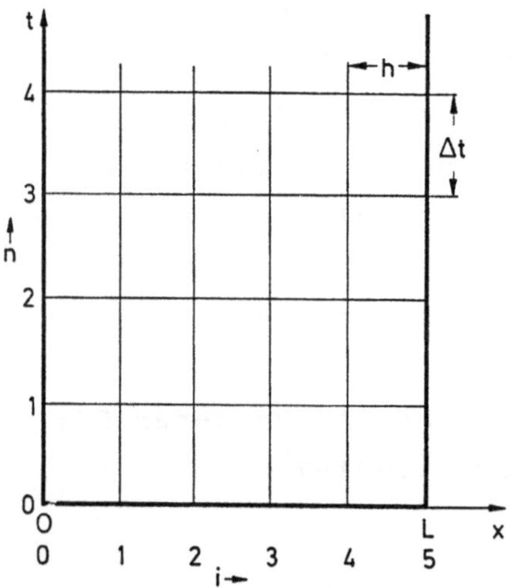

Abb. 1.1. Definitionsbereich des Anfangs-Randwertproblems von Ziffer 1.5

Wir legen auf den Streifen ein Gitter mit der Maschenbreite h in x-Richtung und Δt in t-Richtung (Abb. 1.1). Der Gitterpunkt (i,n) habe die Koordinaten

$$x = ih \quad \text{mit} \quad i = 0,1,2,3,\ldots,m \quad \text{und} \quad mh=L$$
$$t = n\Delta t \quad \text{mit} \quad n = 0,1,2,3,\ldots$$

Wir berechnen eine Näherung von u(x,t) auf den Gitterpunkten
(i,n) und bezeichnen die Approximation mit $U_{i,n}$. Die Diskretisierung von $u_{xx} = cu_t$ im Gitterpunkt (i,n) liefert nach
(1.4) und (1.1) die Differenzengleichung

$$(U_{i-1,n} - 2U_{i,n} + U_{i+1,n})/h^2 = c(U_{i,n+1} - U_{i,n})/\Delta t \qquad (1.11)$$

Denn der Gitterpunkt (i-1,n) hat die x-Koordinate ih-h, Gitterpunkt (i+1,n) hat die x-Koordinate ih+h usw. Sind nun alle U-Werte für den Zeitindex n bekannt, so enthält (1.11)
als einzige Unbekannte $U_{i,n+1}$, und wir können die Lösung explizit hinschreiben:

$$U_{i,n+1} = U_{i,n} + C(U_{i-1,n} - 2U_{i,n} + U_{i+1,n})$$

$$i = 1,2,3,\ldots,m-1 \qquad n = 0,1,2,3,\ldots \qquad C = \Delta t/h^2 c \qquad (1.12)$$

Randwerte:

$$U_{0,n} = u(0,n\Delta t) \qquad U_{m,n} = u(L,n\Delta t) \qquad n = 0,1,2,3,\ldots$$

Anfangswerte:

$$U_{i,0} = u(ih,0) \qquad i = 1,2,3,\ldots,m-1$$

Für t=0, d.h. n=0, sind alle U-Werte $U_{i,0}$ bekannt. Man kann
also aus (1.12) alle $U_{i,1}$ berechnen, daraus alle $U_{i,2}$ usw.
Ein solches System, bei dem man die Lösung explizit schreiben kann, heißt <u>explizites Differenzenschema</u>.

Interpretieren wir t als physikalische Zeit, so können wir
von den "Zeitschichten" oder "Zeitebenen" n = 0,1,2,3,4,...
sprechen. Betrachten wir Gleichung (1.11) unter diesem Gesichtspunkt, so sehen wir, daß wir die Ableitung u_{xx} auf der
Zeitebene n diskretisiert haben, auf der alle U-Werte schon
bekannt sind. Wir haben also $(u_{xx})_n$ in ein Differenzenschema
überführt. Mit gleicher Berechtigung können wir auch die Ab-

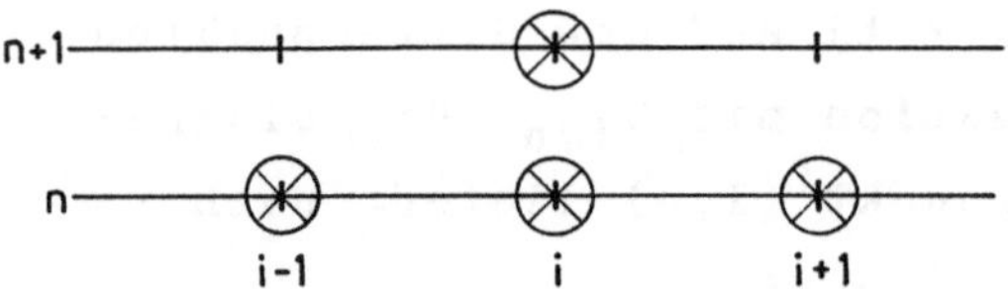

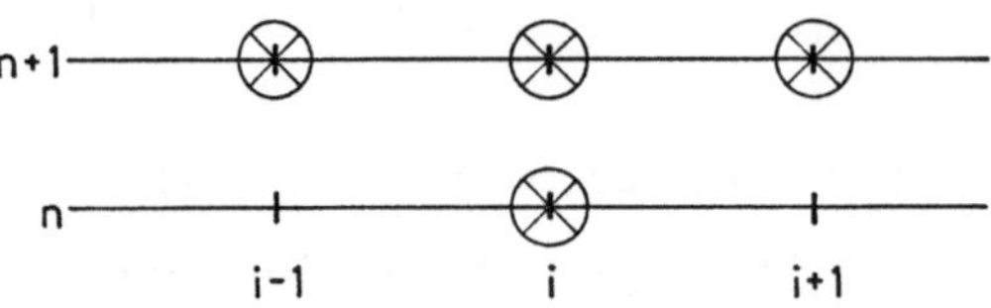

Abb. 1.2. Oben: Schema für das explizite System (1.12).
Unten: Schema für das implizite System (1.13). Die Werte der Zeitschicht n sind bekannt, die Werte der Zeitschicht n+1 sind gesucht

leitung $(u_{xx})_{n+1}$ diskretisieren und erhalten dann anstelle
von (1.11)

$$(U_{i-1,n+1} - 2U_{i,n+1} + U_{i+1,n+1})/h^2 = c(U_{i,n+1} - U_{i,n})/\Delta t$$

$$(1.13)$$

Nunmehr sind bis auf $U_{i,n}$ alle U-Werte unbekannt. Wir müssen
deshalb bei jedem Zeitschritt ein lineares Gleichungssystem
mit den m−1 Unbekannten $U_{i,n+1}$ (i=1,2,3,...,m−1) lösen. Ein
solches System (es kann auch nichtlinear sein) heißt implizites Differenzenschema.

1.6 Stabile und instabile Systeme

Viele Differenzengleichungen sind rundungsempfindlich (instabil). Dies bedeutet, daß auch kleinste Anfangs- oder Rundungsfehler sich im Lauf der Rechnung mit wachsendem Betrag
fortpflanzen und das Ergebnis bis zur völligen Unbrauchbar-
keit verfälschen. Hingegen ist ein System stabil, wenn der
Einfluß von Fehlern im Lauf der Rechnung abklingt. Implizite Systeme neigen weitaus weniger zu Instabilität als explizite Differenzengleichungen, die fast stets nur bedingt stabil sind (conditionally stable), d.h. stabil nur bei Wahl

bestimmter Schrittweiten. Viele implizite Systeme sind bedingungslos stabil (unconditionally stable), d.h. stabil bei
beliebiger Schrittlängenwahl.

Instabilität ist i.a. weder an den Diskretisationsfehler gebunden noch an das Konvergenzverhalten der Differenzengleichung, die im Grenzfall verschwindender Schrittlänge in die
Ausgangsdifferentialgleichung übergehen sollte. Ein System
mit sehr großem Diskretisationsfehler kann stabil sein und
umgekehrt ein System mit sehr kleinem Diskretisationsfehler
instabil.

Betrachten wir dazu als Beispiel das explizite System (1.11),
das im Grenzfall in $u_{xx} = cu_t$ übergeht und dessen Diskretisationsfehler beliebig klein gemacht werden kann. Dennoch ist
(1.11) nur unter bestimmten, praktisch ungünstigen Bedingungen stabil. Um dies zu zeigen, wählen wir in (1.12) $u(x,0)=0$
für alle x, $u(0,t) = u(1,t) = 0$ für alle t sowie L=1, h=¼
und C=1 bzw. C=½. Die exakte Lösung lautet $u(x,t)=0$ für alle
x und t des Definitionsbereichs. Zu berechnen sind $U_{1,n}$ an
der Stelle x=0.25, $U_{2,n}$ für x=0.5 und $U_{3,n}$ für x=0.75. Für
t=0, d.h. n=0 trete an der Stelle x=0.5 ein Anfangsfehler
der Größe 1 auf. Diese Störung muß mit wachsender Zeit, d.h.
mit zunehmendem n abklingen. Wir erhalten aus (1.12):

C = ½:

n	U_{0n}	U_{1n}	U_{2n}	U_{3n}	U_{4n}
0	0	0	1	0	0
1	0	½	0	½	0
2	0	0	½	0	0
3	0	¼	0	¼	0
4	0	0	¼	0	0

C = 1:

n	U_{0n}	U_{1n}	U_{2n}	U_{3n}	U_{4n}
0	0	0	1	0	0
1	0	1	-1	1	0
2	0	-2	3	-2	0
3	0	5	-7	5	0
4	0	-12	17	-12	0

Das Verfahren ist also offenbar für C=½ stabil und für C=1
instabil. Die Analyse in der nächsten Ziffer wird zeigen,

daß (1.12) genau für C>½ instabil ist und damit i.a. sehr kleine Zeitschritte Δt erfordert.

Die numerische Prüfung auf Stabilität ist auch in schwierigen Fällen wie bei nichtlinearen Systemen partieller Differentialgleichungen stets durchführbar,hat aber den Nachteil, nur eine gewählte Schrittlängenkombination zu testen. Dies vermeidet das folgende Verfahren. Es ist im wesentlichen auf lineare bzw. annähernd "linearisierbare" Anfangswertprobleme zugeschnitten, deckt jedoch den größten Teil unserer Bedürfnisse ab, da die Stabilität reiner Randwertaufgaben selten problematisch ist. Der an Stabilitätsuntersuchungen nicht interessierte Leser mag die folgende Betrachtung überschlagen und sofort zu Ziffer 1.8 gehen.

1.7 Stabilität im Sinne John von Neumanns

Es sei i ein Gitterpunkt einer Koordinatenachse, n eine Zeitschicht und $U_{i,n}$ die exakte Lösung der Differenzengleichungen eines Anfangs-Randwertproblems mit einer Ortskoordinate (die Verallgemeinerung auf mehrdimensionale Probleme ist einfach). Ferner sei $V_{i,n}$ die tatsächliche, insbesondere mit Rundungsfehlern behaftete Rechnerlösung. Ihr absoluter Fehler sei definiert durch $V_{i,n} - U_{i,n} = e_{i,n}$. Diesen Fehler denken wir uns durch eine endliche trigonometrische Summe der Form

$$e_{i,n} = A_{1,n}\cos(i\beta_1) + A_{2,n}\cos(i\beta_2) + \ldots + A_{s,n}\cos(i\beta_s)$$

$$(1.14)$$

mit nicht verschwindenden A-Koeffizienten dargestellt. s ist die Anzahl der Gitterpunkte auf der Koordinatenachse oder eine größere ganze Zahl. Für den Fehler $e_{i,n+1}$ der (n+1)-ten Zeitschicht gelte (1.14) gleichermaßen, d.h. es sei $A_{p,n}$ mit p=1,2,3,...,s durch $A_{p,n+1}$ ersetzt. Man kann (1.14) auch als Sinussumme oder komplexe Exponentialsumme anschreiben. (In jedem Fall läßt sich so jede beliebige Fehlerverteilung darstellen, was hier allerdings nicht bewiesen sei.) Ist nun

$$|A_{p,n+1}| \le |A_{p,n}| \qquad\qquad p = 1,2,3,\ldots,s \qquad\qquad (1.15)$$

so ist $\sigma = \sum_p |A_{p,n}|$ nicht nur obere Schranke von $\max_i |e_{i,n}|$ sondern auch von $\max_i |e_{i,n+1}|$. Sind die Ungleichungen (1.15) erfüllt, so heißt das zugehörige Differenzengleichungssystem <u>stabil im von Neumannschen Sinne</u>. In Worten besagt dieses Kriterium im wesentlichen:" Treten in der n-ten Zeitschicht Fehler auf, so können die von ihnen in den folgenden Zeitschichten erzeugten Fehler dem Betrag nach die Schranke σ nicht übersteigen."

Untersuchen wir nun die Stabilität von (1.11). Die Näherungslösung $V_{i,n}$ gehorcht derselben Beziehung mit V statt U, und Subtraktion V-U ergibt die <u>Fehlergleichung</u>

$$e_{i-1,n} - 2e_{i,n} + e_{i+1,n} = (e_{i,n+1} - e_{i,n})/C \qquad\qquad (1.16)$$

Anstatt (1.14) wählen wir zunächst den einfacheren Ansatz

$$e_{i,n} = A_n\cos(i\beta) \qquad\qquad e_{i,n+1} = A_{n+1}\cos(i\beta) \qquad\qquad (1.17)$$

Einsetzen in (1.16) ergibt

$$\cos(i-1)\beta - 2\cos(i\beta) + \cos(i+1)\beta =$$

$$(1/C)[(A_{n+1}/A_n) - 1]\cos(i\beta) \qquad\qquad (1.18)$$

Wenden wir auf $\cos(i\beta\pm\beta)$ das Additionstheorem des cosinus an, so erhalten wir nach kurzer Rechnung

$$A_{n+1}/A_n = 1 - 2C(1 - \cos\beta) \qquad\qquad (1.19)$$

Der Absolutbetrag von A_{n+1}/A_n ist höchstens gleich 1, wenn

$$-1 \le 1 - 2C(1 - \cos\beta) \le +1 \qquad\qquad (1.20)$$

gilt. Die rechte Ungleichung ist für nichtnegative Werte von

C stets erfüllt, die linke für $1/C \geq 1 - \cos\beta$ und damit für alle β genau dann wenn $1/C \geq 2$, also $C \leq \frac{1}{2}$ ist. Ersetzen wir (1.17) durch (1.14), so erhalten wir dasselbe Ergebnis.

1.8 Elliptische, parabolische und hyperbolische Gleichungen

Gegeben sei

$$Au_{xx} + Bu_{xy} + Cu_{yy} + E(x,y,u,u_x,u_y) = 0 \qquad (1.21)$$

A, B und C seien Funktionen der Ortskoordinaten, die an keinem Punkt des Definitionsbereichs D zugleich verschwinden, sodaß also Entartung zu E = 0 nicht auftreten kann. Auf einem glatten Kurvenstück $y = f(x)$ seien u und seine ersten partiellen Ableitungen bekannt. M.a.W. sind Funktionen $v(x) = u(x,y)$, $w(x) = u_x(x,y)$ und $z(x) = u_y(x,y)$ gegeben. Wir differenzieren w und z mit Hilfe der Kettenregel und erhalten

$$dw/dx = u_{xx} + u_{xy}(df/dx) \qquad dz/dx = u_{yx} + u_{yy}(df/dx) \qquad (1.22)$$

Ist $u_{xy} = u_{yx}$, so bilden (1.21) und (1.22) ein lineares System dreier Gleichungen für die Unbekannten u_{xx}, u_{xy}, u_{yy} auf dem Kurvenstück $y = f(x)$ mit $A = A(x,f(x))$ usw. In dieser Weise können wir fortfahren, die höheren Ableitungen von u berechnen und damit vermittels der Taylorentwicklung von $u(x,y)$ diese Funktion als Potenzreihe darstellen.

Das Verfahren versagt jedoch, wenn das System (1.21), (1.22) keine oder unendlich viele Lösungen besitzt. Dieser Fall tritt genau ein für

$$A(dy/dx)^2 - B(dy/dx) + C = 0 \qquad (1.23)$$

Gleichung (1.23) heißt <u>charakteristische Gleichung</u>, ihre Lösungen <u>Charakteristiken</u> der Differentialgleichung (1.21). Je nachdem $B^2 - 4AC$ größer, gleich oder kleiner als Null ist, hat

(1.23) zwei, eine oder gar keine reelle Lösung, und man nennt diese Fälle hyperbolisch, parabolisch bzw. elliptisch:

$$\begin{array}{lll} \underline{\text{hyperbolisch}}: & B^2 - 4AC > 0 & \\ \underline{\text{parabolisch}}: & B^2 - 4AC = 0 & \qquad(1.24) \\ \underline{\text{elliptisch}}: & B^2 - 4AC < 0 & \end{array}$$

Diese Klassifikation wird auch auf andere lineare und nicht-lineare Gleichungen zweiter Ordnung ausgedehnt. So nennt man $u_{xx} + u_{yy} + u_{zz} = F(x,y,z)$ elliptisch und $u_{xx} + u_{yy} = u_t$ parabolisch (u_{tt} fehlt).

Beispiele. Das einfachste Modell einer Gasströmung im Schall-grenzbereich ist die Tricomi-Gleichung $yu_{xx} + u_{yy} = 0$. Sie ist hyperbolisch in der Halbebene $y < 0$, elliptisch für $y > 0$ und parabolisch auf der x-Achse.- Für Stromstärke I und Spannung U langer Leitungen gilt $-I_x = g(U)U + cU_t$ und $-U_x = rI + dI_t$, wobei $g(U)$ die Leckverluste berücksichtigt und r, c und d den Ohmschen, kapazitiven und induktiven Widerstand je Längenein-heit darstellen. Differenziert man die erste Gleichung nach t und die zweite nach x, so erhalten wir schließlich die überall hyperbolische Telegraphengleichung für die Spannung:

$$U_{xx} - cdU_{tt} = rUg(U) + (rc + dg(U) + dUg'(U))U_t$$

1.9 Gitter und Randbedingungen

Gegeben sei eine Differentialgleichung mit der Lösung $u(x,y)$ bzw. $u(x,y,t)$ auf dem Rechteck R: $a \le x \le b$, $A \le y \le B$. Wir unter-teilen R in achsenparallele Rechteckblöcke (blocks, cells) mit den Kantenlängen (<u>Maschenweiten</u>) h und k und legen die Gitterpunkte (Abb.1.3) in die Blockecken (Eckgitter) oder in die Blockmitten (<u>blockzentriertes Gitter</u>, regular block-cen-tered grid). Jeder Gitterpunkt ist durch die Zeiger i und j festgelegt; i läuft von 1 bis I, j von 1 bis J.

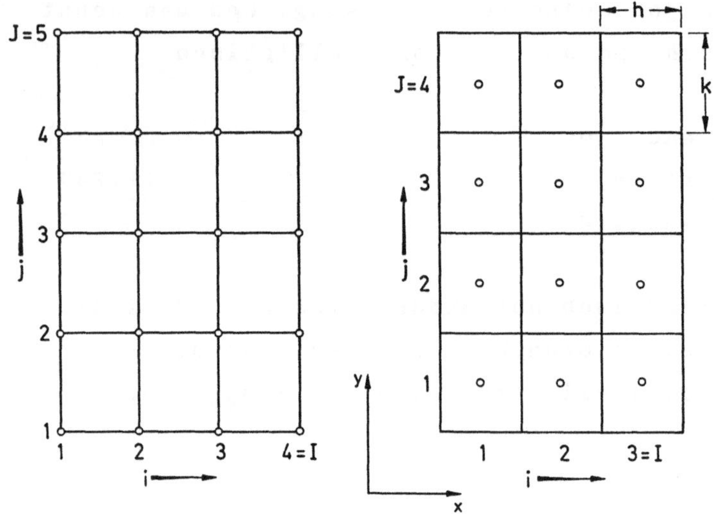

Abb. 1.3. Reguläre, achsenparallele Gitter der Maschenweite h in x-Richtung und k in y-Richtung. Jeder Punkt
ist durch Doppelindizierung i,j festgelegt. Links: Gitterpunkte in Blockecken. Rechts: blockzentriertes Gitter. Quadratisches Gitter: h=k

Eckbezogene und blockzentrierte Gitter begünstigen jeweils
bestimmte Randbedingungen (boundary conditions):

Dirichletsche Randbedingungen: am Rand ist u vorgegeben. Am
vorteilhaftesten ist das Eckgitter.

Neumannsche Randbedingungen: am Rand ist die Normalableitung
$\partial u/\partial n$ gegeben (z.B. $\partial u/\partial n$ = 0); die Normale ist stets vom Rand
nach Außen gerichtet. Am vorteilhaftesten ist das blockzen-
trierte Gitter. Man führt am Rand fiktive Gitterpunkte mit
formalen u-Werten ein. So zeigt Abb.1.4 oben eine Blockreihe
j mit den fiktiven Blöcken i=0 und i=I+1. Rechts ist die Normalableitung gleich $u_x = (u_{I+1,j} - u_{I,j})/h$, links gleich $-u_x$
$= -(u_{1,j} - u_{0,j})/h$. Die Formeln sind mittlere Differenzenquotienten, da die Normalableitung auf dem Rand i=½ bzw. i=I+½
diskretisiert wird. Also ist der Diskretisationsfehler $O(h^2)$.
Zu jedem fiktiven Gitterpunkt gehört eine Gleichung, so daß
die Anzahl der unbekannten U-Werte gleich der Anzahl der Gleichungen bleibt.

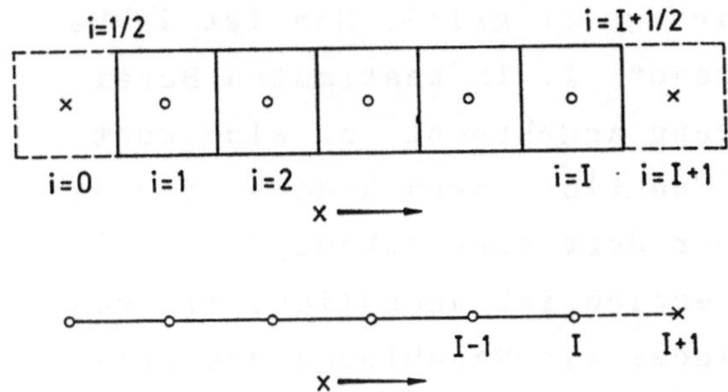

Abb. 1.4. Kreise: Gitterpunkte im Definitionsbereich der Differentialgleichung. Kreuze: fiktive Gitterpunkte außerhalb des Definitionsbereichs. Oben: j-te Blockreihe des blockzentrierten Gitters. Rand des Definitionsbereichs: $i=\frac{1}{2}$ und $i=I+\frac{1}{2}$. Unten: j-te Gitterreihe des Eckgitters mit fiktivem Gitterpunkt rechts. I ist rechter Rand des Definitionsbereichs

Gemischte Randbedingungen: Am Rand gelte für die Normalableitung mit von Null verschiedenen Werten von α und β

$$\alpha(\partial u/\partial n) + \beta u = \Gamma \tag{1.25}$$

Am vorteilhaftesten ist das Eckgitter mit fiktiven Gitterpunkten am Rand. So gilt für Abb.1.4 unten mit $O(h^2)$

$$\alpha(u_{I+1,j} - u_{I-1,j})/2h + \beta u_{I,j} = \Gamma \tag{1.26}$$

Strahlungsrandbedingung: Am Rand sei

$$\partial u/\partial n = \alpha u^4 - \beta \tag{1.27}$$

Man linearisiere die Randbedingung mit einer bekannten Näherung v von u so, daß u^4 durch $v^3 u$ ersetzt wird; s.Ziffer 2.5.

1.10 Unregelmäßige Gitter. Mehrgitterverfahren Lokale Netzverfeinerung

Das reguläre Rechteckgitter läßt sich leicht verallgemeinern. So können wir unregelmäßige Gitterabstände h(i) mit i = 1,I und k(j) mit j = 1,J wählen (irregular grid). Das ist insbesondere in zwei Fällen interessant: 1. In bestimmten Bereichen sei eine Maschenverfeinerung angebracht, da sich dort die Ableitungen der gesuchten Funktion rasch ändern oder der untersuchte physikalische Körper dort sehr inhomogen ist (Abb.1.5). 2. Der Definitionsbereich ist unendlich. Wir können dies annähernd erfassen, indem wir Randblöcke und ihre Nachbarn sehr groß wählen (Abb.1.6). Nachteil des Verfahrens ist, daß relativ kleine Blöcke auch dort auftreten, wo sie nicht benötigt werden. Dies vermeidet die Methode der <u>lokalen Netzverfeinerung</u> (local grid refinement, Abb.1.7), die allerdings einen höheren Programmieraufwand erfordert.

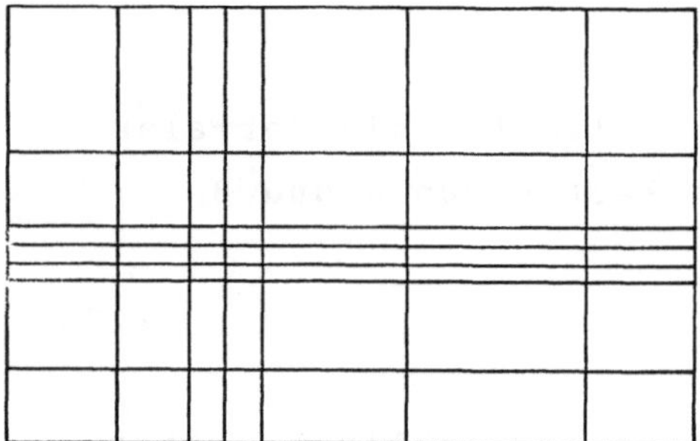

Abb. 1.5. Gitter mit unregelmäßigen Schrittweiten

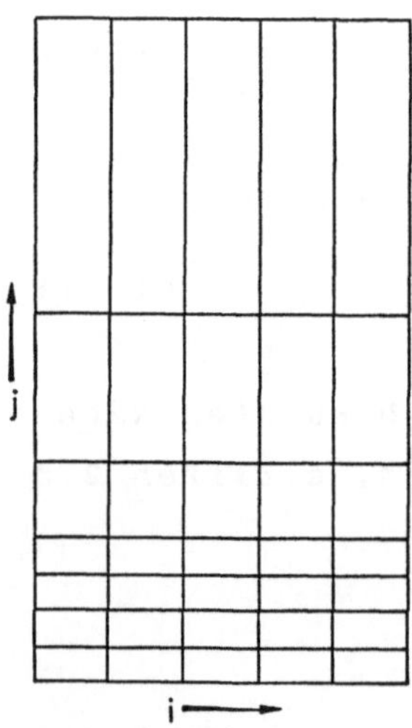

Abb. 1.6. Erfassung sehr großer Definitionsbereiche, in denen sich die Lösung nur wenig ändert; hier durch laufende Verdoppelung der Schrittweiten in j-Richtung

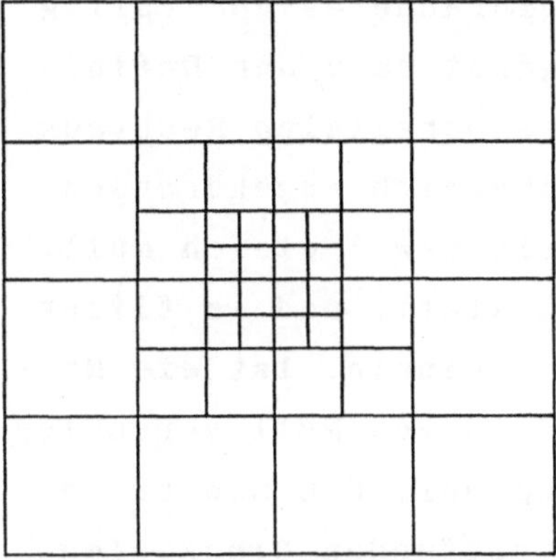

Abb. 1.7. Beispiel einer lokalen Netzverfeinerung

Die Beschränkung auf Rechteckgitter ist offenbar zu eng. Wir verwenden deshalb i.a. <u>Gitter mit unregelmäßigem Rand</u> (non-rectangular grids), wobei der Rand aus achsenparallelen Strecken besteht (Abb.1.8). Die Figur enthält auch einen Innenbereich, der nicht zum Grundgebiet der Differentialgleichung gehört. Oft läßt sich bei unregelmäßigem Rand die Indizierung der Gitterpunkte mit dem Ansatz

$$j = 1,J: \qquad i = imin(j) \qquad bis \qquad i = imax(j) \qquad (1.28)$$

mit $imin \geq 1$ und $imax \leq I$ bewältigen.

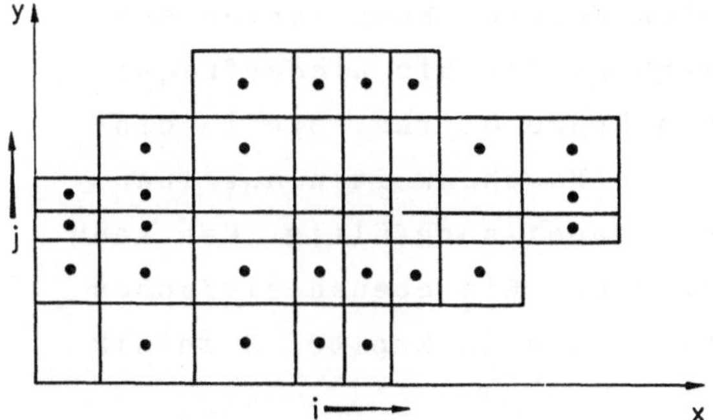

Abb. 1.8. Gitter bei unregelmäßiger Berandung des Definitionsbereichs. Das Gitter ist blockzentriert, nicht gepunktete Blöcke gehören nicht zum Definitionsbereich der Lösung der Differentialgleichung

Bei Ausbreitungsvorgängen kann man ein einfacheres und völlig allgemeines Verfahren verwenden. Man ergänzt dazu den Definitionsbereich (z.B. der Abb.1.8) zum achsenparallelen Rechteck und setzt in allen nicht dem Definitionsbereich angehörenden Blöcken die Leitfähigkeit (Durchlässigkeit usw.) gleich Null. Damit findet in diesen Blöcken kein Fluß statt, und es fließt nichts aus ihnen heraus und nichts in sie hinein. Ist die Normalableitung der gesuchten Funktion am Rand von Null verschieden, so tritt dort ein Zufluß bzw. Abfluß auf, den man durch einen Quellenterm bzw. eine Senke im betreffenden Block simuliert. Damit lassen sich recht leicht Programme für quasi beliebige Gestalt des Definitionsbereichs entwickeln.

Der Übergang vom 2-dimensionalen auf den 3- oder 1-dimensionalen Fall ist offensichtlich. Bei letzterem entartet das Gitter zu einer Blockreihe.Wird der Definitionsbereich von Kurven oder gekrümmten Flächen begrenzt, so kann man ihn vielfach durch eine Orthogonaltransformation auf ein Rechteck bzw. Quader abbilden.

Ein Lösungsverfahrenstyp benutzt mehr als ein Gitter (_Mehrgitterverfahren_, multigrid method).Es löst die Differenzengleichungssysteme iterativ und beruht wesentlich auf folgender Erkenntnis: Werden die Fehler der Iterationsnäherungen auf den Gitterpunkten durch Fourier-Reihen dargestellt, so zeigt sich, daß mit wenigen Iterationsschritten bei kleiner Maschenweite h die hochfrequenten Fourier-Komponenten sehr klein werden und bei großer Maschenweite die niederfrequenten Terme. Man benutzt deshalb mehrere Gitter, die im einfachsten Fall durch Halbierung der Maschenweiten auseinander hervorgehen und interpoliert dabei sorgfältig. Man kann damit die Rechenzeit sehr reduzieren. Ein ebenso einfaches wie effektives Mehrgitterprogramm wird in Kapitel 3 entwickelt.

1.11 Höhere Ableitungen auf quadratischen Gittern

Wir betrachten hier die Diskretisierung höherer Ableitungen
der zweistelligen, hinreichend oft stetig differenzierbaren
Funktion $u(x,y)$ auf einem achsenparallelen Gitter mit den
Maschenweiten h und k, wobei h=k ist. Um die Schreibweise
zu vereinfachen, benutzen wir <u>Schablonen</u> (stencils); maxi-
mal die 13-Punkte-Schablone, die sich auf folgende Gitterpunkte stützt:

$$
\begin{array}{cccccc}
 & & i,j+2 & & & \\
 & i-1,j+1 & i,j+1 & i+1,j+1 & & \\
i-2,j & i-1,j & i,j & i+1,j & i+2,j & \quad(1.29) \\
 & i-1,j-1 & i,j-1 & i+1,j-1 & & \\
 & & i,j-2 & & &
\end{array}
$$

An der Position (p,q) wird der Gewichtsfaktor von $u_{p,q}$ angeschrieben; ein gemeinsamer Faktor wird vor die Schablone ge-
zogen. So steht die Schablone "$(1/h^2)$ 1   -2   1 $O(h^2)$"
für $(u_{i-1,j} - 2u_{i,j} + u_{i+1,j})/h^2$ und damit für u_{xx}.

<u>Die</u> <u>gemischte</u> <u>Ableitung</u> $u_{xy} = (u_x)_y = (u_y)_x$:
Aus
$$(u_y)_{i\pm1,j} = (u_{i\pm1,j+1} - u_{i\pm1,j-1})/2h$$
und
$$((u_y)_x)_{i,j} = [(u_y)_{i+1,j} - (u_y)_{i-1,j}]/2h$$
folgt

$$
(1/4h^2)\quad
\begin{array}{ccc}
-1 & 0 & 1 \\
0 & 0 & 0 \\
1 & 0 & -1
\end{array}
\quad O(h^2) \qquad (1.30)
$$

<u>Der</u> <u>Laplace-Ausdruck</u> $\nabla^2 u = u_{xx} + u_{yy}$:

$$
(1/h^2)\quad
\begin{array}{ccc}
 & 1 & \\
1 & -4 & 1 \\
 & 1 &
\end{array}
\quad O(h^2) \qquad (1.31)
$$

<u>**Die Biharmonische**</u> $\nabla^2(\nabla^2 u) = \nabla^4 u = u_{xxxx} + 2u_{xxyy} + u_{yyyy}$

$$
(1/h^4) \quad
\begin{array}{ccccc}
 & & 1 & & \\
 & 2 & -8 & 2 & \\
1 & -8 & 20 & -8 & 1 \\
 & 2 & -8 & 2 & \\
 & & 1 & & \\
\end{array}
\quad O(h^2) \qquad (1.32)
$$

Die Laplace-Schablone folgt aus (1.4), die biharmonische z.B.
aus der Taylorentwicklung zweistelliger Funktionen. Bei Verwendung von (1.32) muß man am Rand quadratisch oder kubisch
extrapolieren; Einzelheiten s. Ziffer 1.12.

1.12 Differenzenformeln hoher Genauigkeit

Aus den Taylorentwicklungen von $f(x\pm sh)$ folgen unmittelbar
Grundformeln für die Diskretisierung gerader bzw. ungerader
Ableitungen in symmetrischer Form:

$$
f(x+sh) - 2f(x) + f(x-sh) = s^2h^2 f''(x) + (2/4!)s^4h^4 f''''(x) + \\
+ \ldots \qquad (1.33)
$$

$$
f(x+sh) - f(x-sh) = 2shf'(x) + (2/3!)s^3h^3 f^{(3)}(x) + \ldots \\
(1.34)
$$

Beispiel. Wir wählen in (1.34) s=1 bzw. s=2 und multiplizieren mit noch unbekannten Zahlen a und b:

$$
af(x+h) - af(x-h) = 2ahf'(x) + (a/3)h^3 f^{(3)}(x) + O(h^5)
$$

$$
bf(x+2h) - bf(x-2h) = 4bhf'(x) + (8b/3)h^3 f^{(3)}(x) + O(h^5)
$$

Addieren wir beide Beziehungen und setzen 2a+4b = 1 sowie
a+8b = 0, so verschwindet der h^3-Term und wir erhalten mit
a=8/12 und b=-1/12 eine Differenzenformel für $f'(x)$, die
$O(h^4)$ ist. Setzen wir hingegen 2a+4b=0 und a+8b=3, so re-

sultiert eine Formel für $f^{(3)}(x)$, die $O(h^2)$ ist. Soll sie $O(h^4)$ sein, so müssen wir in (1.34) rechts noch einen Term hinzunehmen, $s=1,2,3$ setzen, mit unbekannten Zahlen a,b,c multiplizieren und addieren. Wir bekommen 3 lineare Gleichungen mit den 3 Unbekannten a,b,c, deren Lösung die gesuchte Differenzenformel ergibt. Mit (1.33) verfahren wir in gleicher Weise. Wir können damit für beliebige Ableitungen Differenzenformeln $O(h^n)$ mit $n=2,4,6,\ldots$ finden.

Die Formelreihe beginnt mit

$$f'(x): \qquad (1/12h) \quad 1 \quad -8 \quad 0 \quad 8 \quad -1 \quad O(h^4) \qquad (1.35)$$

$$f''(x): \qquad (1/12h^2) \quad -1 \quad 16 \quad -30 \quad 16 \quad -1 \quad O(h^4) \qquad (1.36)$$

Enthält wie hier oder in Beziehung (1.32) eine Differenzenformel außer f_{i-1}, f_i, f_{i+1} noch Terme wie f_{i+2}, f_{i-2} usw., so sind die Randbedingungen nicht mehr voll mit den Betrachtungen von Ziffer 1.9 erfaßt. Z.B. sei die Lösung f auf dem Randpunkt i=n gegeben, Definitionsbereich der Lösung sei die Punktmenge $i=1,2,3,\ldots,n-1,n$, und für den randnächsten Punkt $i = n-1$ laute die Differenzenformel

$$(\text{Ableitung von } f)_{n-1} = \qquad pf_{n-2} + qf_{n-1} + pf_n$$

bzw.

$$(\text{Ableitung von } f)_{n-1} = af_{n-3} + bf_{n-2} + cf_{n-1} + bf_n + af_{n+1}$$

Bei der 3-Punkte-Formel treten am Rand keine Probleme auf. Wie müssen lediglich beachten, daß f_n bereits gegeben ist. Bei der 5-Punkte-Formel hingegen tritt der f-Wert f_{n+1} an einem Punkt i=n+1 auf, der nicht im Definitionsbereich der Lösung liegt. Dieser Wert f_{n+1} muß durch Extrapolation der Zahlenfolge f_n, f_{n-1}, $f_{n-2},\ldots$ ermittelt werden, und zwar möglichst ohne Verlust an Genauigkeit. Immerhin ist bei den Schablonen (1.35) bzw. (1.36) der Diskretisationsfehler et-

wa proportional der fünften bzw. sechsten Ableitung von f,
so daß zumindest biquadratische Polynome noch exakt dargestellt werden. Zu beachten ist, daß die Extrapolation kei-
nesfalls die Stabilität des Systems beeinträchtigen darf.-
Man kann auch auf die Anwendung der 5-Punkte-Formel an der
Stelle i = n-1 verzichten und f_{n-1} durch Interpolation aus
den Werten f_n, f_{n-2}, f_{n-3}, ... ermitteln.

1.13 Differentialgleichungen mit variablen Koeffizienten Eichung/history matching. Stream weighting

Sind Koeffizienten einer Differentialgleichung Funktionen
der Ortskoordinaten und/oder der Lösung, so können gewisse
Eigenheiten auftreten.

Instabilität. Die Differentialgleichung beschreibe das physikalische Verhalten eines Körpers oder Raumes. Ist dieser
sehr inhomogen, sind also seine Eigenschaften stark ortsabhängig, so kann der Fall eintreten, daß die Differentialgleichung unlösbar ist, da ihre Differenzensysteme instabil
sind. Man muß dann mit einem geglätteten oder sogar homoge-
nisierten Ersatzmodell arbeiten und sich mit einer entsprechend idealisierten Lösung begnügen.

Eichung (history matching). Vielfach - z.B. bei geowissen-
schaftlichen Problemen - ist die Ortsabhängigkeit der Koeffizienten der Differentialgleichung nicht hinreichend bekannt, wohl aber die Lösung des Problems für gewisse Rand-
und Anfangswerte. Man legt dann die Ortsabhängigkeit der
Koeffizienten nach bestem Wissen fest und verändert sie so-
lange, bis die numerische Lösung hinreichend genau mit den
beobachteten Werten übereinstimmt. Die so geeichte Differentialgleichung benutzt man dann für andere Anfangs- und
Randwerte. Beispiel: Ermittlung der Parameter eines Grund-
wasserträgers durch Spiegelhöhenmessungen und Pumpversuche.

Mittelung. Bei komplexen Differentialgleichungen benötigt
man vielfach Mittelwerte der Koeffizienten und muß sie aus

bekannten Werten an den Gitterpunkten errechnen. Dabei ist übliche arithmetische Mittelung nicht immer ratsam.Mechanische, elektrische, Wärme- und andere Leitfähigkeiten sowie Kapazitäten sollten <u>harmonisch gemittelt</u> werden. In manchen Fällen führen physikalische oder mathematische Überlegungen mehr oder weniger zwangsläufig auf eine recht unkonventionelle Form der Mittelung, <u>upstream</u> (<u>downstream</u>) <u>weighting</u> genannt. Man kann dies etwa mit "flußaufwärts (flußabwärts) Gewichtung" übersetzen. Das Prinzip ist einfach. E_i, E_{i+1} seien die Werte der Eigenschaft E an den Gitterpunkten i und i+1. Der Mittelwert e wird mit einem noch unbestimmten Gewichtsfaktor w angesetzt zu

$$e = wE_i + (1-w)E_{i+1} \qquad\qquad (1.37)$$

Das Computerprogramm ordnet jedem Gitterpunkt einen w-Wert zu, wobei nur w=1 oder w=0 zugelassen ist. Bei der Mittelung tritt also kein Zwischenwert auf, sondern entweder E_i oder E_{i+1}. Eine allgemeine Theorie dieser Art von Gewichtung gibt es nicht. Der Bearbeiter muß von Fall zu Fall auf Grund seiner Kenntnisse der zu beschreibenden physikalischen Phänomene und evtl. auf Grund einer Untersuchung der Differenzengleichungen entscheiden. In manchen Fällen ist stream-weighting notwendig, in anderen verbessert es das Ergebnis qualitativ und arbeitet physikalisch zu erwartende Einzelheiten heraus, die bei arithmetischer Mittelung verwischt werden.

1.14 Numerische Dispersion 1

Es liege eine diskretisierte Transportgleichung vor, die irgendeinen Ausbreitungs- oder Strömungsvorgang beschreibe. Transportiertes, das einen Gitterpunkt verläßt, wird i.a.bei nicht achsenparalleler Strömung auf zwei Nachbargitterpunkte quer zur Fließrichtung verbracht, da die Strömungsrichtung gewöhnlich nicht auf der Verbindungsgeraden zweier Gitterpunkte liegt. Die Verteilung des Transportierten erfährt dadurch ei-

ne <u>Aufweitung</u> allein als Folge der Diskretisierung (<u>Querdis-</u>
<u>persion</u>).

Aber auch bei achsenparalleler Strömung tritt eine rein numerisch bedingte Aufweitung der Verteilung des Transportierten ein: Das Transportierte wandere während der betrachteten
Zeitspanne zu einem Punkt zwischen zwei Gitterpunkten in Ach-
senrichtung, wird vom Modell jedoch auf beide verteilt (<u>Längs-</u>
<u>dispersion</u>).

Reine Längsdispersion läßt sich gut an Gleichungen des Typs
$c_t + uc_x = 0$ studieren, die konvektiven Transport und andere
Phänomene beschreiben (bei Konvektion ist c die Konzentration
eines Stoffes, der sich in einem mit der Geschwindigkeit u
strömenden Medium befindet). Allgemeine numerische Dispersion
ist sehr deutlich beim Gleichungstyp $c_t + u$ grad $c = 0$.

Grundsätzlich verringern kann man numerische Dispersion durch
Gitterverfeinerung und Wahl von Differenzenformeln höherer Genauigkeit. Allerdings wird dies oft erst bei extrem kleinen
Maschenweiten effizient. Sehr hinderlich ist es auch, wenn die
Lösung eine Schockwelle oder eine geknickte Kurve bzw. Fläche
darstellt (Unstetigkeit der Lösung bzw. ihrer ersten Ortsab-
leitung).

Querdispersion konvektiver Strömungen kann man recht gut vermeiden, indem man anstelle der Differenzenmethode finite Elemente benutzt, die durch Stromlinien und Äquipotentiallinien
der Transportmittelströmung begrenzt werden. Ändern sich diese im Lauf der Zeit, so wird der Ansatz allerdings sehr pro-
grammier- und rechenaufwendig. Nicht leicht ist dann auch die
Berücksichtigung von Singularitäten.

1.15 Numerische Dispersion 2

Ein anderer Aspekt der numerischen Dispersion (numerical dispersion) ist eng mit dem besprochenen verknüpft. Die Mehrzahl

der partiellen Differentialgleichungen der Physik sind Vektor-
oder Tensorgleichungen, deren Lösung von der Wahl des Koordinatensystems, insbesondere einer Rotation, unabhängig ist.
Hingegen sind die zugehörigen Differenzengleichungen nicht invariant gegen Drehungen des Koordinatensystems. In innerem Zusammenhang damit können bei bestimmter Gestalt des Definitionsbereichs und bestimmter Verteilung der Quellen und Senken so
starke Längs- und/oder Querdispersionen auftreten, daß das Ergebnis sogar qualitativ unbrauchbar wird.

Der Grund ist zumindest im Prinzip leicht einzusehen. Betrach-
wir z.B. die Schablone (1.31) von $u_{xx} + u_{yy}$. Ihr Stern

$$
\begin{array}{ccc}
 & 1 & \\
1 & -4 & 1 \\
 & 1 &
\end{array}
$$

verknüpft den Block (i,j) nur mit den Nachbarblöcken in Nord-
Süd- sowie Ost-West-Richtung und erzwingt damit eine numerische Anisotropie, die erst beim Grenzübergang zur Maschenweite $h \rightarrow 0$ verschwindet. Wahl von kleinem h kann also wichtig
sein, ist aber auch hier wie in Ziffer 1.14 oft erst bei sehr
kleinen Werten von h effizient. Wirkung zeigt i.a. eine Erniedrigung der numerischen Anisotropie durch Einbeziehen der in
Nordost, Nordwest, Südost und Südwest stehenden Nachbarblöcke
von (i,j) in die Schablone. Damit geht z.B. der obige Stern
in die Figur

$$
\begin{array}{ccc}
\alpha & \beta & \alpha \\
\beta & \sigma & \beta \\
\alpha & \beta & \alpha
\end{array}
$$

mit passenden Zahlen α, β, σ über. Eine entsprechende Differenzenformel wird in Ziffer 1.16 besprochen und in Ziffer 1.17
hergeleitet.

1.16 Neun-Punkte Formeln für den Laplace Operator

Den in Ziffer 1.11 dargestellten Standardformeln auf quadratischen Gittern sollen nun Differenzenausdrücke für die Ableitung $\nabla^2 u = u_{xx} + u_{yy}$ hinzugefügt werden, die für gewisse Gleichungsklassen bzw. Probleme nützlich sind. Wie in Ziffer 1.11 gelten alle Approximationen im Gitterpunkt (i,j) und für die Maschenweiten h,k mit k=h. Aus Beziehung (1.36) Ziffer 1.12 folgt die Schablone

$$
(1/12h^2) \quad
\begin{array}{ccccc}
 & & -1 & & \\
 & & 16 & & \\
-1 & 16 & -60 & 16 & -1 \\
 & & 16 & & \\
 & & -1 & & \\
\end{array}
\quad O(h^4) \qquad (1.38)
$$

Sie ist bemerkenswert genau, wird jedoch, da sie sorgfältige Interpolation bzw. Extrapolation am Rand verlangt, seltener benutzt (vgl. Ziffer 1.12). In mehrfacher Hinsicht interessant ist die leicht zu handhabende Schablone

$$
[(p+2)h^2]^{-1} \quad
\begin{array}{ccc}
1 & p & 1 \\
p & q & p \\
1 & p & 1 \\
\end{array}
\qquad q = -4(p+1) \qquad (1.39)
$$

mit beliebiger reeller Zahl p. Ausführlich geschrieben lautet (1.39)

$$
\begin{aligned}
D(p,u) \;\equiv\; & [pu_{i-1,j} + pu_{i+1,j} + pu_{i,j-1} + pu_{i,j+1} + \\
& + u_{i-1,j-1} + u_{i+1,j-1} + u_{i-1,j+1} + u_{i+1,j+1} - \\
& - 4(p+1)u_{i,j}]/[(p+2)h^2]
\end{aligned}
\qquad (1.40)
$$

Für den Diskretisationsfehler gilt

$$
\begin{aligned}
(\nabla^2 u)_{i,j} = {} & D(p,u) - (h^2/12)(u_{xxxx} + u_{yyyy}) - \\
& - [h^2/(p+2)]u_{xxyy} + O(h^4)
\end{aligned}
\qquad (1.41)
$$

sofern alle Ableitungen einschließlich den sechsten stetig differenzierbar sind. Alle vierten Ableitungen in (1.41) sind am Gitterpunkt (i,j) zu nehmen. Der Term $O(h^4)$ verschwindet identisch, wenn u ein Polynom in x und y höchstens fünften Grades ist. In der Literatur ist D(p,u) bekannt für p=4. Dann wird

$$\nabla^2 u = D(4,u) - (h^2/12)\nabla^4 u + O(h^4) \qquad (1.42)$$

Aus $\nabla^2 u = f$ folgt $\nabla^4 u = \nabla^2 f$. Also gilt

Laplace Gleichung $\nabla^2 u = 0$:

$$D(4,u) = 0 \qquad\qquad O(h^4) \qquad (1.43)$$

Poisson Gleichung $\nabla^2 u = f(x,y)$:

$$D(4,u) = f + (h^2/12)\nabla^2 f \qquad O(h^4) \qquad (1.44)$$

Damit haben wir zwei wichtige Differentialgleichungstypen mit Formeln hoher Genauigkeit erfaßt, wobei keine Interpolationsprobleme an den Rändern auftreten und die Ergebnisse bei beliebigen Werten von h noch für Polynome fünfter Ordnung exakt sind.

Wie die Schablone (1.39) zeigt, bedeutet die Wahl von p=4 eine deutliche Bevorzugung der Nord-Süd- und der Ost-West-Richtung gegenüber den Eckblöcken mit dem Gewichtsfaktor 1: Schablone (1.39) ist nur invariant gegen Koordinatendrehungen von 90° oder einem Vielfachen davon. Bei Wahl von p=1 ist hingegen keine der Himmelsrichtungen N, S, E, W, NE, SW, NW, SE bevorzugt. Andererseits geht nach (1.41) für p=1 die gemischte Ableitung von u stärker in den Diskretisationsfehler ein als für p=4, was wiederum bei kleiner Maschenweite nur wenig ins Gewicht fällt. Man sollte also bei Auftreten von numerischer Dispersion in Gleichungen, die nicht zum Laplace- oder Poissontyp gehören, alle Gesichtspunkte gegeneinander abwägen und gegebenenfalls versuchen, den optimalen p-Wert durch systematisches Probieren finden.

1.17 Herleitung der Neun-Punkte Formel D(p,u)

Wir numerieren die Gitterpunkte der Schablone (1.39) so:

$$
\begin{array}{ccc}
6 & 2 & 5 \\
3 & 0 & 1 \\
7 & 4 & 8
\end{array}
$$

Also ist mit x=ih und y=jh

$$u_0 = u(x,y), \quad u_1 = u(x+h,y), \quad u_2 = u(x,y+h),$$

$$u_3 = u(x-h,y), \quad u_4 = u(x,y-h),$$

$$u_5 = u(x+h,y+h), \quad u_6 = u(x-h,y+h),$$

$$u_7 = u(x-h,y-h), \quad u_8 = u(x+h,y-j).$$

Wir wollen die Summen

$$S_1 = u_1 + u_2 + u_3 + u_4$$

$$S_2 = u_5 + u_6 + u_7 + u_8$$

berechnen und den Ansatz

$$u_{xx} + u_{yy} = pS_1 + S_2 + qu_0 + \text{Fehlerterm}$$

versuchen. Fehlen bei Ableitungen die Argumente, so ist stets der Gitterpunkt (i,j) gemeint. Bei jedem Schritt benutzen wir die Taylorentwicklung (vgl. (1.33) Ziffer 1.12)

$$f(z-h) - 2f(z) + f(z+h) = h^2 f''(z) + (1/12)h^4 f^{(4)}(z) + O(h^6)$$

mit $z=x$ oder $z=y$. Wir setzen

$$D^2 = u_{xx} + u_{yy} \qquad \text{und} \qquad D^4 = u_{xxxx} + u_{yyyy}$$

und berechnen

$$u_1 - 2u_0 + u_3 = h^2 u_{xx} + (1/12)h^4 u_{xxxx} + O(h^6)$$

$$u_2 - 2u_0 + u_4 = h^2 u_{yy} + (1/12)h^4 u_{yyyy} + O(h^6)$$

Die Summe ist

$$S_1 - 4u_0 = h^2 D^2 + (1/12)h^4 D^4 + O(h^6) \qquad (1.45)$$

Dies ist die <u>5-Punkte Formel</u> (1.31) Ziffer 1.11 mit Fehlerterm. Bei Weglassen von $O(h^6)$ und unter Beachtung von

$$u_{yy}(x+h,y) + u_{yy}(x-h,y) = 2u_{yy}(x,y) + h^2 u_{yyxx}(x,y) + O(h^6)$$

$$u_{yyyy}(x+h,y) + u_{yyyy}(x-h,y) = 2u_{yyyy}(x,y) + O(h^2)$$

erhalten wir

$$u_5 - 2u_1 + u_8 = h^2 u_{yy}(x+h,y) + (1/12)h^4 u_{yyyy}(x+h,y) + \dots$$

$$u_6 - 2u_3 + u_7 = h^2 u_{yy}(x-h,y) + (1/12)h^4 u_{yyyy}(x-h,y) + \dots$$

mit der Summe

$$S_2 - 2u_1 - 2u_3 = 2h^2 u_{yy} + (1/6)h^4 u_{yyyy} + h^4 u_{yyxx} + O(h^6)$$

In derselben Weise entwickeln wir $u_5 - 2u_2 + u_6$ sowie $u_8 - 2u_4 + u_7$, addieren die Ergebnisse zur letzten Summe und erhalten

$$S_2 - S_1 = h^2 D^2 + (1/12)h^4 D^4 + h^4 u_{xxyy} + O(h^6)$$

und damit schließlich

$$pS_1 + S_2 - 4(p+1)u_0 = (p+2)h^2D^2 + (1/12)(p+2)h^4D^4 +$$

$$+ h^4u_{xxyy} + O(h^6) \qquad (1.46)$$

1.18 Praktische Fragen

Die Lösung eines Problems erfolgt in den Schritten

1. Auswahl des Gitters
2. Auswahl des Lösungsverfahrens
3. Aufstellung der Differenzengleichungen
4. Einbau der Anfangs- und Randbedingungen
5. Programmierung
6. Festlegen der Maschenweiten
7. Programmablauf

Explizite Verfahren werden bei parabolischen Gleichungen wegen ihrer gewöhnlich nur bedingten Stabilität selten benutzt, spielen jedoch bei der Lösung hyperbolischer Gleichungen eine dominierende Rolle. Im übrigen sind für die Auswahl des Lösungsverfahrens drei zum Teil kontrapunktive Kriterien entscheidend:

1. Programmieraufwand
2. Speicherplatzbedarf
3. Rechenaufwand

Je häufiger ein Programm laufen soll, umso mehr verschiebt sich der Nachdruck von der Minimierung des Programmieraufwandes zur Minimierung des Rechenaufwandes. Speicherplatzbedarf und Rechenaufwand sind je nach Verfahren proportional N bis N^2, wobei N etwa die Anzahl der Gitterpunkte (je Zeitschritt bei Anfangswertproblemen) ist.- Für spezielle Klassen von Differentialgleichungen gibt es Spezialverfahren, z.B. die extrem schnellen Poisson Löser (fast Poisson

Solvers) zur Lösung der Poisson-Gleichung auf rechteckigen Grundgebieten.

Die Wahl der Maschenweiten entscheidet wesentlich über die Genauigkeit der Ergebnisse. Sind die Maschenweiten zu klein, so sind Rechenzeiten und Speicherplatzbedarf zu hoch. Sind jedoch die Maschenweiten zu groß, so kann der Diskretisationsfehler beträchtlich sein. Man sollte deshalb nach Möglichkeit in Probeläufen die Maschenweiten systematisch verkleinern, bis sich das Ergebnis kaum noch verändert. Der Fehler der numerischen Lösung ist dann im allgemeinen vernachlässigbar oder (bei Unstetigkeiten in Anfangs- oder Randbedingungen) etwa gleich einem Restfehler, der beim Grenzübergang zu verschwindenden Maschenweiten erhalten bleibt.

1.19 Fehlernormen

Wir beschäftigen uns in diesem Buch nicht mit theoretischen Fragen der numerischen Analysis, sollten aber doch die bisherigen Bemerkungen über Fehler kurz zusammenfassen und verallgemeinern.

Es sei Lu ein Differentialoperator für u auf einem Kontinuum, $L_h u_h$ seine diskretisierte Form auf einem dazugehörigen Gitter mit den Maschenweiten $h,k,\ldots$ und $Lu=f$ die approximativ zu lösende Differentialgleichung. Dann ist $Lu - L_h u_h$ der Diskretisationsfehler und $u-u_h$ der Fehler der Näherungslösung. $L_h u_h = f_h$ ist das Differenzengleichungssystem für die Unbekannten u_h. Wir verlangen:

1. $h\to0$ impliziert $|Lu-L_h u_h| \to 0$ (Konsistenz)
2. $h\to0$ impliziert $|u-u_h| \to 0$ (Konvergenz der Lösung)
3. $L_h u_h = f_h$ ist stabil (Stabilität)

Hierbei ist $|.|$ irgendeine passende Norm, die dem Problem angemessen ist. Bedingung 1 ist lediglich eine Verallgemeinerung unserer Forderung, daß der Diskretisationsfehler $O(h^\alpha)$ mit $\alpha>0$ sein soll. Bei 1 können pathologische Fälle auftreten. Z.B. hänge $L_h u_h$ von zwei Maschenweiten h und k ab, und es sei k Funktion von h, d.h. $k=g(h)$. Dann kann es von g abhängen, ob $L_h u_h$ für $h\to 0$ gegen Lu oder einen anderen Differentialoperator oder gar gegen unendlich strebt. Es kann also ein Differenzenoperator nicht nur aus Stabilitätsgründen, sondern auch aus Konsistenzgründen gewisse Zusammenhänge zwischen den Maschenweiten erfordern. Ist 1 erfüllt, so ist damit noch keineswegs notwendigerweise 2 gesichert. Man beachte schließlich, daß sich 3 nur auf die Differenzengleichungen bezieht.

Ist die Lösung eines linearen Anfangswertproblems eindeutig und hängt sie stetig von den Nebenbedingungen (Anfangs- und Randwerten) ab, so ist Stabilität der Differenzengleichung notwendig und hinreichend für Konvergenz, wenn das System konsistent ist, d.h. wenn der Diskretisationsfehler zusammen mit den Maschenweiten gegen Null strebt (<u>Äquivalenztheorem</u> <u>von</u> <u>Lax</u>, s.[20]).

Die folgenden Beispiele zeigen, daß Diskretisierung zu unerwarteten Ergebnissen führen kann. Ersetzt man nach Richardson in der parabolischen Gleichung $u_t=u_{xx}$ zwar die rechte Seite wie üblich durch $(U_{i+1,j} - 2U_{i,j} + U_{i-1,j})/h^2$, die Zeitableitung jedoch nicht durch $(U_{i,j+1} - U_{i,j})/k$, sondern durch den genaueren Differenzenquotienten $(U_{i,j+1} - U_{i,j-1})/2k$, so erhält man eine für alle Werte von k/h^2 instabile Formel; s. [18] S.55. Deshalb ersetzten DuFort und Frankel $2U_{i,j}$ durch $U_{i,j-1} + U_{i,j+1}$ und erhielten so eine stets stabile Differenzengleichung. Es ist jedoch

$$(U_{i+1,j} - U_{i,j+1} - U_{i,j-1} + U_{i-1,j})/h^2 =$$

$$(U_{i+1,j} - 2U_{i,j} + U_{i-1,j})/h^2 - (U_{i,j+1} - 2U_{i,j} + U_{i,j-1})/h^2$$

Für $k/h=c$ und damit $1/h^2=c^2/k^2$ geht der zweite Term der rechten Seite bei $h \to 0$ in $-c^2 u_{tt}$ und damit das Schema von DuFort-Frankel in die hyperbolische Gleichung $u_t = u_{xx} - c^2 u_{tt}$ über!

1.20 Diskretisierung der selbstadjungierten Form $(Ku_x)_x$

Bei vielen physikalischen Prozessen tritt eine "Stromdichte" $\lambda = -\kappa$ grad ν auf, für die ein Erhaltungssatz div $\lambda = -\alpha u_t$ gilt, so daß die Differentialgleichung div κ grad $\nu = \alpha u_t$ resultiert, ausgeschrieben für ein kartesisches Koordinatensystem x,y,z mit u statt ν

$$(\kappa u_x)_x + (\kappa u_y)_y + (\kappa u_z)_z = \alpha u_t \tag{1.47}$$

Dabei treten zwei wichtige Sonderfälle auf:

1. κ ist ein konstanter Skalar. (1.47) vereinfacht sich zu

$$u_{xx} + u_{yy} + u_{zz} = cu_t \qquad (c=\alpha/\kappa) \tag{1.48}$$

2. κ ist ein ortsabhängiger Tensor, der vielleicht auch noch von der gesuchten Funktion u oder der Zeit t abhängt und dessen Hauptachsen in die Richtung der Koordinatenachsen fallen:

$$(\kappa_1 u_x)_x + (\kappa_2 u_y)_y + (\kappa_3 u_z)_z = \alpha u_t \tag{1.49}$$

(1.48) wird in Kapitel 2 behandelt, (1.49) in Kapitel 3 und 5. Dazu benötigen wir die Diskretisierung des selbstadjungierten Operators

$$(Ku_x)_x = K_x u_x + Ku_{xx} \tag{1.50}$$

die wir für den allgemeinsten Fall - das unregelmäßige, zentrierte Gitter der Abb.1.9 - vornehmen wollen. Wir wählen Δx_i und setzen

$$[(Ku_x)_x]_{i,j,k} = [(Ku_x)_{i+\frac{1}{2},j,k} - (Ku_x)_{i-\frac{1}{2},j,k}]/\Delta x_i \tag{1.51}$$

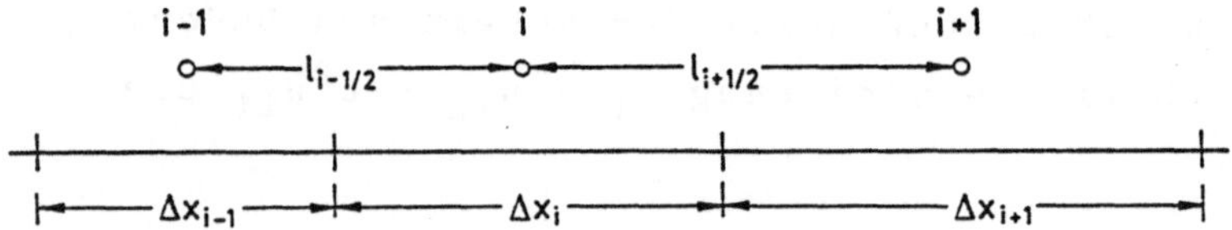

Abb. 1.9. Zur Diskretisierung selbstadjungierter Operatoren

wobei i,j,k für x_i,y_j,z_k steht und damit z.B. i±½ für die Koordinaten x_i ± ½Δx_i. Weitere Diskretisierung ergibt

$$[(Ku_x)_x]_{i,j,k} = K_{i+\frac{1}{2},j,k}(U_{i+1,j,k} - U_{i,j,k})/(\Delta x_i \ell_{i+\frac{1}{2}})$$

$$- K_{i-\frac{1}{2},j,k}(U_{i,j,k} - U_{i-1,j,k})/(\Delta x_i \ell_{i-\frac{1}{2}})$$

$$(1.52)$$

mit

$$\ell_{i\pm\frac{1}{2}} = \frac{1}{2}(\Delta x_i + \Delta x_{i\pm 1}) \qquad (1.53)$$

Die sachgerechte Bestimmung von K auf den Zwischenpunkten
(i±½,j,k) durch arithmetische, geometrische, harmonische oder
stream weighting Mittelung wird jeweils an der notwendigen
Stelle besprochen.

1.21 Das Liebmannsche Mittelungsverfahren: Ein elementares klassisches Beispiel der Differenzenmethode

Zur Abrundung des Einführungskapitels sei ein Lösungsverfahren betrachtet, das bereits 1918 von Liebmann in den Sitzungs-
berichten der Math.-Naturwiss. Klasse der Bayerischen Akademie
der Wissenschaften zu München eingeführt wurde (385-416). Es
zeichnet sich durch große Einfachheit aus und ist Vorläufer
moderner Algorithmen.

Zu lösen sei die elliptische Poisson-Gleichung $u_{xx}+u_{yy}=-1$ mit
u=0 auf dem Rand eines achsenparallelen Rechtecks der Seitenlängen 3 und 2. Wir wählen ein quadratisches Gitter mit der

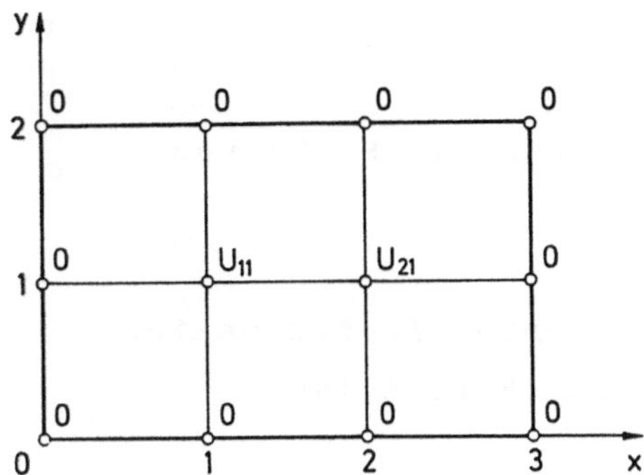

Abb. 1.10. Zum Liebmannschen Mittelungsverfahren (G. Schulz, Formelsammlung zur praktischen Mathematik, Sammlung Göschen S.136 Berlin Leipzig 1937)

Maschenweite h und erhalten aus (1.4) Ziffer 1.1 (der Gitterpunkt (i,j) habe die Koordinaten x=ih, y=jh; vgl. Abb.1.10)

$$U_{i+1,j} + U_{i-1,j} + U_{i,j+1} + U_{i,j-1} - 4U_{ij} = -h^2 \qquad (1.54)$$

und aufgelöst nach U_{ij}

$$U_{ij} = \tfrac{1}{4}(U_{i+1,j} + U_{i-1,j} + U_{i,j+1} + U_{i,j-1}) + \tfrac{1}{4}h^2 \qquad (1.55)$$

für jeden inneren Gitterpunkt des Rechtecks. Wählen wir h=1, so sind nur U_{11} und U_{21} unbekannt, und es ist

$$0 + 0 + 0 + U_{21} - 4U_{11} = -1$$
$$0 + 0 + 0 + U_{11} - 4U_{21} = -1$$

also $U_{11}=U_{21}=1/3$. (Tatsächlich kommen wir mit einer Gleichung aus, da aus Symmetriegründen $U_{11}=U_{21}$ ist.) Wählen wir ein feineres Gitter wie $h=\tfrac{1}{2}$, so können wir entweder (1.54) direkt lösen - z.B. nach dem Eliminationsverfahren von Gauß - oder - und dies ist das Liebmannsche Mittelungsverfahren - für die U-Werte der rechten Seite von (1.55) Näherungen einsetzen und damit verbesserte Werte bestimmen, die wiederum auf den rechten Seiten eingesetzt neue Näherungen ergeben usw. Dieses sehr einfach programmierbare Iterationsverfahren konvergiert für alle Startwerte, jedoch nur langsam.

1.22 Literatur

Zu Ziffer 1.2, Taylor-Restglied von Peano: s. S.228 von

[1]   Fichtenholtz, G.M.:
        Differential- und Integralrechnung I. 572 Seiten,
        VEB Deutscher Verlag der Wiss. Berlin 1964

Zu Ziffer 1.7, Stabilität im Sinne von John von Neumann:

[2]   O'Brien, G.G., Hyman, M.A., Kaplan, S.:
        A Study of the Numerical Solution of Partial Dif-
        rential Equations. J. Math. Phys. Vol.29   223-251
        (1951)

Zu Ziffer 1.7, Darstellbarkeit von Gitterfehlern durch endliche trigonometrische Summen: s. S.165, Abschnitt 3.9 von

[3]   Marsal, D.:
        Die numerische Lösung partieller Differentialglei-
        chungen in Wissenschaft und Technik. 574 Seiten,
        B.I.-Wissenschaftsverlag Mannheim 1976

Zu Ziffer 1.10. Literatur über lokale Netzverfeinerung in

[4]   Heinemann, Z., Gerken, G., Meister, S.:
        Anwendung der lokalen Netzverfeinerung bei Lager-
        stättensimulationen. Erdöl Erdgas Z. 199-204 (1983)

Zu Ziffer 1.10, Mehrgitterverfahren. Z.Zt. größenordnungsmäßig 1000 Publikationen. Besonders gepflegt u.a. bei der
GMD, Postfach 1240, Schloß Birlinghoven, D-5205 Sankt Au-
gustin 1. Auswahl aus der Einführungsliteratur:

[5]   Brand, K., Lemke, M., Linden, J.:
        Multigrid Bibliography Edition 4, May 1986 GMD

[6]   Brandt, A,:
           Multigrid techniques: 1984 guide with applications
           to fluid dynamics. GMD

[7]   Hackbusch, W.:
           Multigrid methods and applications.Springer Series
           in Comp. Math. 4. Springer Berlin 1985

[8]   Hackbusch, W., Trottenberg, U. (Ed.):
           Multigrid Methods. Lecture Notes in Mathematics
           960. Springer Berlin 1982

[9]   Ruge, J., Stüben, K.:
           Algebraic Multigrid (AMG) GMD 1986

[10] Stüben, K., Linden, J.:
           Multigrid Methods: An Overview with Emphasis on
           Grid Generation Processes GMD 1986

[11] Stüben, K., Trottenberg, U.:
           Multigrid Methods: Fundamental Algorithms, Model
           Problem Analysis and Applications. Lecture Notes
           in Mathematics 960. Springer Berlin 1982

[12] Trottenberg, U.:
           Schnelle Lösung elliptischer Differentialgleichun-
           gen nach dem Mehrgitterprinzip. GMD 1983

Zu Ziffer 1.16, 9-Punkte-Formel für den Laplace Operator mit
Gewichtsfaktor p=4: S.251-252 von

[13] Smith, G.D.:
           Numerical solution of partial differential equations:
           Finite difference methods. 3rd ed., Clarendon Press
           Oxford 1985

Zu Ziffer 1.18, schnelle Poisson Löser auf Rechteckgebieten:

[14] Buzbee, B.L., Golub, G.H., Nielson, C.W.:
       On direct methods for solving Poisson's equation.
       SIAM J. Num. Anal.7. S.627-656 1970
       ("Buneman-Algorithmus", einfach programmierbar)

[15] Hockney, R.W., Eastwood, J.W.:
       Computer Simulation Using Particles. McGraw-Hill
       New York 1981
       (FACR-Verfahren von Hockney/Temperton, sehr schnell)

[16] Schröder, J., Trottenberg, U.:
       Reduktionsverfahren für Differenzengleichungen bei
       Randwertaufgaben I. Num. Math. 22. S.37-68 1973
       (sehr stabil)

Zu Ziffer 1.19, "pathologische" Fälle und Laxtheorem:

[17] Richardson, L.F.:
       Phil. Trans. R. Soc. A210 307 (1910)

[18] Ames, W.F.:
       Numerical Methods for Partial Differential Equations
       Academic Press New York San Francisco 2nd ed. 1977

[19] DuFort, E.C., Frankel, S.P.:
       Mathl. Tabl. natn. Res. Coun., Wash Vol.7 135 (1953)

[20] Richtmyer, R.D.:
       Difference Methods for Initial Value Problems
       Wiley (Interscience) New York 2nd ed. 1967

2 Parabolische Gleichungen I

2.1   Zusammenfassung

In diesem Kapitel betrachten wir die Lösung der parabolischen Wärmeleitungsgleichung div grad u + $Q(x,y,z,t)$ = cu_t in einer und mehreren Dimensionen für kartesische Koordinaten auf einfachen Grundgebieten und für die wichtigsten Randbedingungen (die Dirichletsche, die Neumannsche und die gemischte Randbedingung, Strahlung, natürliche Konvektion und das Newtonsche Abkühlungsgesetz). Unregelmäßig berandete Gebiete, nichtkartesische Koordinaten und nichtlineare parabolische Gleichungen mit ortsabhängigen Koeffizienten und anderen Eigentümlichkeiten werden insbesondere in Kapitel 5 und ab Ziffer 3.9 behandelt.

2.2   Lineare tridiagonale Systeme
Das Programm Algorithmus TRIDIA

Die folgenden Probleme führen auf ein Gleichungssystem der m Unbekannten U_1, U_2, U_3, ..., U_m in der Form

$$A_i U_{i-1} + B_i U_i + C_i U_{i+1} = D_i \qquad i = 1,2,3,...,m$$

$$A_1 = 0 \qquad C_m = 0 \qquad\qquad\qquad (2.1)$$

Es heißt <u>tridiagonal</u>, weil alle Elemente der Koeffizientenmatrix bis auf die der Hauptdiagonale $/B_1\ B_2\ B_3\ ...\ B_m/$, der

Subdiagonale /A_2 A_3 ... A_m/ und der Superdiagonale /C_1 C_2 C_3 ... C_{m-1})/ verschwinden.

Wir eliminieren die Subdiagonale, indem wir die erste Gleichung (i=1) mit A_2/B_1 multiplizieren, sie von der zweiten abziehen und so fortfahren. Das verbleibende System wird, beginnend mit U_m, rekursiv gelöst. Der Rechenaufwand ist proportional m. Für m=1 ist (2.2) durch U(1)=D(1)/B(1) zu zu ersetzen. Für m=2 werden die DO-Schleifen nur einmal durchlaufen. Diese Sonderfälle sind in den Programmen nicht berücksichtigt und müssen, wenn notwendig, eingefügt werden.

Algorithmus TRIDIA

```
      A(1)=0.
      C(M)=0.
      R(1)=C(1)/B(1)
      Q(1)=D(1)/B(1)


      DO 1   L=2,M
          P=B(L)-A(L)*R(L-1)
          R(L)=C(L)/P
   1      Q(L)=(D(L)-A(L)*Q(L-1))/P


      U(M)=Q(M)
      DO 2   L=M-1,1,-1
   2  U(L)=Q(L)-R(L)*U(L+1)
```
$$(2.2)$$

P,Q,R sind Zwischenwerte; R(M) wird nicht benötigt.-Offenbar ist (2.2) genau dann durchführbar, wenn B_1 und P für L = 2,m nicht verschwinden. Dies ist erfüllt für

1. $B_i > 0$ $i = 1,m$
2. $B_1 > |C_1|$
3. $B_m \geq |A_m|$
4. $B_i \geq |A_i| + |C_i|$ $i = 2,m-1$
5. $C_i \neq 0$ $A_i \neq 0$ $i = 2,m-1$ (2.3)

Ist B_i negativ, so multipliziere man Gleichung i mit -1.

Da der Ausdruck 1/(a-b) für a fast gleich b sehr rundungsempfindlich ist, wird TRIDIA instabil, wenn die als Nenner
auftretende Differenz P für irgendein L von der Größenordnung der Rundungsfehler ist. Rechnen mit höherer Genauigkeit, Änderung der Schrittweiten oder Ersetzen von TRIDIA
durch den Gauss-Algorithmus für Bandmatrizen können dann
Abhilfe schaffen.

2.3   Nichtlineare tridiagonale Systeme

Bei manchen Tridiagonalsystemen ist D_i nichtlineare Funktion
der Unbekannten. Ändert sich D_i nicht stark mit den U_j, so
setze man in D_i eine möglichst gute Näherung der U_j ein. Wir
sind dann wieder in (2.1) und erhalten U_j-Werte, die wir als
verbesserte Näherung in D_i einsetzen können usw. Bei parabolischen Problemen wähle man als Anfangsnäherung die Werte vom
letzten Zeitschritt. Vgl. Ziffer 2.11 Punkt 2.

Allgemeiner ist das Problem

$$f_i(U_{i-1}, U_i, U_{i+1}) = 0 \qquad\qquad i = 1, m \qquad\qquad (2.4)$$

Entwickelt man die linke Seite in eine Taylorreihe nach den
Potenzen von $\Delta U_i = U_i - U_{i,1}$ ($U_{i,1}$ ist eine Näherung von
U_i) und bricht nach der ersten Ableitung ab, so erhält man
bei Vernachlässigung des Abbrechfehlers

$$\sum_j (\partial f_i / \partial U_j)\Delta U_j = -f_i(U_{i-1,1}, U_{i,1}, U_{i+1,1}) \qquad\qquad (2.5)$$

Die Summation läuft von j=i-1 bis j=i+1; die Ableitungen sind
an der Stelle der Anfangsnäherung $U_{i,1}$ zu berechnen. (2.5) ist
ein tridiagonales Linearsystem für die Unbekannten ΔU_j, und

$$U_{i,2} = U_{i,1} + \Delta U_i \qquad\qquad (2.6)$$

ist oft eine bessere Näherung als $U_{i,1}$ (bei Verschwinden des Abbrechfehlers sogar die exakte Lösung U_i). Ersetzt man in (2.5) $U_{i,1}$ durch $U_{i,2}$, berechnet neue ΔU-Werte und fährt so fort, so erhält man – Konvergenz der Iteration vorausgesetzt– ein gutes Verfahren zur Lösung des Systems (2.4). Bei den in den Anwendungen vorkommenden Nichtlinearitäten ist Konvergenz zumeist gegeben, wenn die Anfangsnäherung hinreichend nahe an der Lösung liegt.

(2.5) ist ein Sonderfall des Verfahrens von <u>Newton-Raphson</u>, bei dem (2.4) zu $f_i(U_1,U_2,U_3,\ldots,U_m) = 0$ verallgemeinert ist.

2.4 Implizite Lösung von $u_{xx} + Q(x,t) = cu_t$

Es sei $h = x_{i+1} - x_i$ die Schrittweite in x-Richtung und Δt die Zeitschrittlänge. Das Indexpaar (i,n) stehe für den Gitterpunkt x_i zum Zeitpunkt $t = n\Delta t$. Wir wählen den für alle h und Δt stabilen Ansatz der Ordnung $O(h^2)+O(\Delta t)$

$$(u_{xx})_{i,n+1} + Q_{i,n+1} = c(u_{i,n+1} - u_{i,n})/\Delta t \tag{2.7}$$

ausgeschrieben

$$U_{i,n+1} - U_{i,n} = C(U_{i-1,n+1} - 2U_{i,n+1} + U_{i+1,n+1}) +$$
$$+ Q_{i,n+1}\Delta t/c \tag{2.8}$$

mit

$$C = \Delta t/h^2 c \qquad\qquad i=1,m \qquad\qquad n=0,1,2,3,\ldots \tag{2.9}$$

Der Gitterpunkt i=0 ist der linke Rand, der Gitterpunkt i=m+1 der rechte Rand des Definitionsbereichs der Differentialgleichung (Abb.2.1). Die U-Werte der Zeitschicht n sind bekannt, die $U_{i,n+1}$ unbekannt. Bringt man die Unbekannten auf die linke Seite, so resultiert das Tridiagonalsystem

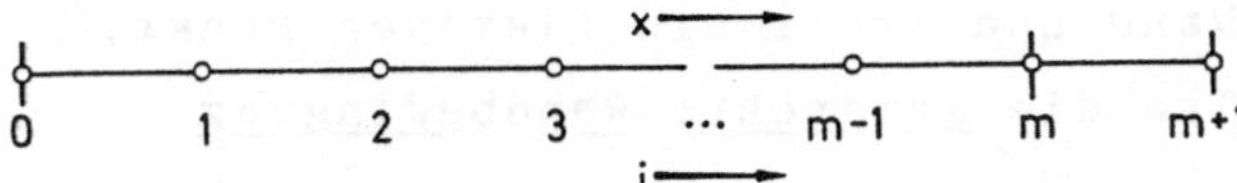

Abb. 2.1. Die Gitterpunkte i=0,1,2,3,...,m-1,m,m+1 für den eindimensionalen Fall. i=0: linker Rand. i=m+1: rechter Rand bei Dirichletscher Randbedingung. i=m: rechter Rand bei gemischter Randbedingung; i=m+1 ist dann ein fiktiver Gitterpunkt

Hauptdiagonale: B_i = 1+2C

Subdiagonale: A_i = -C

Superdiagonale: C_i = -C

rechte Seite: $D_i = U_{i,n} + (\Delta t/c)Q_{i,n+1}$ (i=1,m)   (2.10)

Die erste (i=1) bzw. letzte (i=m) Gleichung zu (2.10) lautet, wenn wir bei U den Zeitindex n+1 unterdrücken,

$$A_1 U_0 + B_1 U_1 + C_1 U_2 = D_1 \qquad\qquad A_1 = -C \qquad (2.11)$$

$$A_m U_{m-1} + B_m U_m + C_m U_{m+1} = D_m \qquad\qquad C_m = -C \qquad (2.12)$$

Wegen (2.1) muß der erste Term von (2.11) und der dritte Term von (2.12) verschwinden. Dies erreichen wir durch Elimination von U_0 und U_{m+1} vermittels der Randbedingungen.

2.5 Randbedingungen

1. Am Rand i=0 (linker Rand) bzw. i=m+1 (rechter Rand, vgl. Abb. 2.1) sei $U_{0,n}$ bzw. $U_{m+1,n}$ für alle Zeitpunkte n gegeben (<u>Dirichletsche Randbedingungen</u>). Damit wird aus (2.11) die erste Gleichung des Tridiagonalsystems

$$B_1 U_{1,n+1} + C_1 U_{2,n+1} = D_1 - A_1 U_{0,n+1} \qquad\qquad A_1 = -C \qquad (2.13)$$

und aus (2.12) die letzte Gleichung des Tridiagonalsystems

$$A_m U_{m-1,n+1} + B_m U_{m,n+1} = D_m - C_m U_{m+1,n+1} \qquad C_m = -C \qquad (2.14)$$

2. Nun sei i=m der rechte Rand und i=m+1 ein fiktiver Punkt, und am rechten Rand i=m gelte die <u>gemischte Randbedingung</u>

$$u_x + \beta u = \Gamma \qquad\qquad (2.15)$$

Sie geht für $\beta=0$ in die <u>Neumannsche Randbedingung</u> $u_x=\Gamma$ über. Wir diskretisieren sie gemäß

$$(U_{m+1} - U_{m-1})/2h + \beta U_m = \Gamma \qquad\qquad (2.16)$$

Sie ist $O(h^2)$. Wir eliminieren mit ihrer Hilfe U_{m+1} aus (2.12) und erhalten - es ist D der D_m-Wert von (2.10) -

$$A_m = -2C, \qquad B_m = 1+2C+2h\beta C, \qquad D_m = D+2h\Gamma C \qquad (2.17)$$

Die Lösbarkeitsbedingung 3,(2.3) ist erfüllt für

$$1+2h\beta C \geq 0 \qquad\qquad (2.18)$$

also stets für $\beta\geq 0$. Am linken Rand i=1 verfährt man analog. (Man setzt in (2.16) m=1 und eliminiert damit U_0 in (2.11)) Es muß dann $1-2h\beta C>0$, also z.B. $\beta\leq 0$ sein. Die Randbedingung (2.15) für $\beta>0$ am rechten und $\beta<0$ am linken Rand ist insbesondere in zwei Fällen wichtig.

Gibt ein Körper der Temperatur T (Kelvin) Wärme an die Umgebung mit der kleineren Temperatur V ab, so gilt oft ("<u>Newton</u><u>sches Abkühlungsgesetz</u>")

$$\partial T/\partial n + \alpha(T-V) = 0 \qquad\qquad (\alpha>0) \qquad\qquad (2.19)$$

wobei n die nach außen, in die Umgebung hinein gerichtete Normale ist. Am rechten Rand ist die Normalableitung gleich T_x und am linken gleich $-T_x$ (das ist die Ableitung von T in negativer x-Richtung,vgl.Abb.2.1).

Strahlt ein Körper Wärme an die Umgebung ab, so gilt zumeist in recht guter Näherung die <u>Strahlungsrandbedingung</u>

$$\partial T/\partial n + \alpha(T^4 - V^4) = 0 \qquad\qquad (2.20)$$

Ersetzen wir nach Unterdrückung der i-Indizes $(T_{n+1})^4$ durch $(T_n)^3 T_{n+1}$, so wird, da T_n bekannt ist, das Problem linearisiert und auf die gemischte Randbedingung zurückgeführt. Ist V nicht sehr von T verschieden, so mag man T^4 durch $V^3 T$ ersetzen und ist damit wieder in (2.15).

Bei (2.20) kann Instabilität nicht grundsätzlich ausgeschlossen werden. Bei (2.19) und (2.20) bleibt T stets größer als V. Sind die Schritte $h, \Delta t$ der diskretisierten Beziehungen zu groß, so kann diese Ungleichung wegen zu hoher Diskretisationsfehler verletzt werden.

2.6   Das Programm implizit.f77

Es löst $u_{xx} + Q(x,t) = cu_t$ für beliebige Anfangsbedingungen auf den Gitterpunkten $i=1,m$ für $t=n\Delta t$ mit $n=1, n_{max}$. Am linken Rand $i=0$ ist $u(0,n)$ gegeben (Dirichlet-Bedingung). Für den rechten Rand gilt (NUM ist ein Programmschalter):

1. NUM=1: Am rechten Rand $i=m+1$ ist $u(m+1,n)$ gegeben.
2. NUM=2: Am rechten Rand $i=m$ ist $u_x+\beta u=\Gamma$. Sonderfälle: $\beta=0$: Neumannsche Randbedingung, $\beta=\Gamma=0$: Rand undurchlässig.
3. NUM=3: Am rechten Rand $i=m$ gilt (2.19). Es ist $\beta=\alpha$, $\Gamma=\alpha V$.
4. NUM=4: Am rechten Rand $i=m$ gilt die Strahlungsrandbedingung (2.20). Es ist $\beta=\alpha(U_{m,n})^3$ und $\Gamma=\alpha V^4$.- c=CWERT steht als Parameter im Programm.

Numerische Beispiele. Die Funktion $u=\exp(t-x)$ befriedigt die Differentialgleichungen $u_{xx}=u_t$, $u_x+u=0$ sowie die im Programmvorspann stehenden Anfangs- und Randwerte. Der Gitterpunkt $i=0$, $n=0$ fällt mit dem Koordinatenursprung $x=t=0$ zusammen. Es ist also $u(i,n)=\exp(n\Delta t-ih)$. Wahl von NUM=1, $h=\Delta t=0.1$, $m=10$ und $n_{max}=30$ liefert die richtige Lösung mit einem Höchstfehler von 0.66%. Wahl von NUM=2, $\beta=1$ und $\Gamma=0$ unter Beibehaltung

der übrigen Werte liefert die Lösung mit einem Maximalfehler
von 1.5%. Alle Ergebnisse sind geringfügig zu hoch.

2.7 Die Crank-Nicolson Variante CN. Das Programm cranknic.f77

CN ist $O(h^2)+O(\Delta t^2)$ und entsteht durch Mittelung von

$$(u_{xx})_{i,n} + Q_{i,n} = c(u_{i,n+1} - u_{i,n})/\Delta t \qquad (2.21)$$

und

$$(u_{xx})_{i,n+1} + Q_{i,n+1} = c(u_{i,n+1} - u_{i,n})/\Delta t \qquad (2.22)$$

Mit

$$C = \Delta t/h^2 c \qquad (2.23)$$

und $i=1,m$ resultiert das Tridiagonalsystem

$$
\begin{aligned}
&\text{Hauptdiagonale:} \quad B_i = 1+C && (2.24)\\
&\text{Subdiagonale:} \quad A_i = -\tfrac{1}{2}C\\
&\text{Superdiagonale:} \quad C_i = -\tfrac{1}{2}C\\
&\text{rechte Seite:} \quad D_i = U_{i,n} + \tfrac{1}{2}C(U_{i-1,n} - 2U_{i,n} + U_{i+1,n}) +\\
&\qquad\qquad\qquad\qquad + \tfrac{1}{2}(Q_{i,n} + Q_{i,n+1})\Delta t/c \quad .
\end{aligned}
$$

Die Übertragung des Gedankens der Zeitschichtenmittelung auf
mehrdimensionale parabolische Gleichungen ist offensichtlich.
Unter Umständen neigt CN zu Oszillationen, die sich bis zu
Instabilitäten steigern können. Einzelheiten s.S.122/4 des in
Ziffer 1.22 zitierten Buches [13].

Randbedingungen. <u>Dirichletsche</u>: Die Ränder seien (wie in Ziffer 2.5) i=0 bzw. i=m+1, und dort seien u(0,n) bzw. u(m+1,n)
für die Zeitpunkte $n=0,n_{max}$ vorgegeben. <u>Neumannsche Randbedin-
gung</u>: der rechte Rand des Definitionsgebiets der Differential-

gleichung liege auf dem Gitterpunkt $i=m+\frac{1}{2}$, d.h. in der Mitte zwischen den Gitterpunkten $i=m$ und $i=m+1$. Dies läßt sich stets durch entsprechende Schrittlängenwahl h einrichten. Dann ist die Diskretisation von $u_x=\Gamma(t)$ durch $(U_{m+1}-U_m)/h = \Gamma_{m+\frac{1}{2}}$ von der Ordnung $O(h^2)$ und wegen $h<2h$ gewöhnlich genauer als (2.16), also empfehlenswert für das recht hohen Genauigkeitsanforderungen genügende Crank-Nicolson Verfahren. Elimination von U_{m+1} aus $A_m U_{m-1} + B_m U_m + C_m U_{m+1} = D_m$ und $U_{m+1} = U_m +h\Gamma_{m+\frac{1}{2}}$ ergibt die m-te Gleichung $A_m U_{m-1} + (B_m+C_m)U_m = D_m - C_m h\Gamma_{m+\frac{1}{2}}$ des Tridiagonalsystems. <u>Gemischte</u> <u>und</u> <u>daraus</u> <u>folgende</u> <u>Randbedingungen</u>: es kommt im wesentlichen nur (2.16) in Frage, da Verallgemeinerung des obigen Ansatzes den unbekannten Zwischenwert $U_{m+\frac{1}{2}}$ einführt.

Das Programm cranknic.f77 löst $u_{xx} + Q(x,t) = cu_t$ auf den Gitterpunkten $i=1,m$ für $t=n\Delta t$ mit $n=1,n_{max}$ für zwei Fälle:
1. NUM=1: An den Rändern $i=0$ und $i=m+1$ sind $u(0,n)$, $u(m+1,n)$ für $n=0$ bis n_{max} vorgegeben (Dirichletsche Randbedingungen).
2. NUM=2: Randbedingung auf linkem Rand $i=0$ wie bei 1.; auf dem rechten Rand $i=m+\frac{1}{2}$ ist $u_x=\Gamma(t)$ vorgegeben (Neumann).
In beiden Fällen sind die Anfangswerte $u(i,0)$ für $i=1,m$ bekannt; c=CWERT steht als Parameter im Programm. Die Anfangs-, Rand- und Γ-Werte sind beliebig auswechselbar.

Numerische Beispiele. Die Anfangsrandwerte sind so vorgegeben, daß die Lösung $u=\exp(x+t)$ mit $c=1$ und $Q=0$ ist und der Punkt $i=0,n=0$ mit dem Koordinatenanfang $x=t=0$ zusammenfällt. Also gilt für NUM=1 und NUM=2 gleichermaßen $u(i,n)=\exp(ih+n\Delta t)$.
Für $h=\Delta t=0.1$, $m=10$ und $n_{max}=40$ liegt der maximale Fehler bei 0.02% (NUM=1) bzw. bei 0.03% (NUM=2).

2.8 Die Gleichung $u_{xx} + u_{yy} + Q(x,y,t) = cu_y$. ADIP

Wir diskretisieren die Gleichung auf dem Gitterpunkt x_i, y_j zum Zeitpunkt $(n+1)\Delta t$ und nehmen an, daß die Lösung zum Zeitpunkt $n\Delta t$ bereits bekannt ist:

$$(u_{xx})_{i,j,n+1} + (u_{yy})_{i,j,n+1} + Q_{i,j,n+1} =$$

$$= c(u_{i,j,n+1} - u_{i,j,n})/\Delta t \qquad (2.25)$$

Das Indexpaar (i,j) stehe für den Gitterpunkt x_i,y_j, (i±1,j) für $x_{i±1},y_j$ und (i,j±1) für $x_i,y_{j±1}$; Abb.2.2. Ferner seien $h = x_{i+1} - x_i$ und $k = y_{j+1} - y_j$ die festen Gitterabstände in x- bzw. y-Richtung (regelmäßiges Punktgitter). Dann ist, wobei wir zur Vereinfachung der Schreibweise den Zeitindex n+1 weglassen,

$$(u_{xx})_{i,j} = (U_{i-1,j} - 2U_{i,j} + U_{i+1,j})/h^2 \qquad (2.26)$$

$$(u_{yy})_{i,j} = (U_{i,j-1} - 2U_{i,j} + U_{i,j+1})/k^2 \qquad (2.27)$$

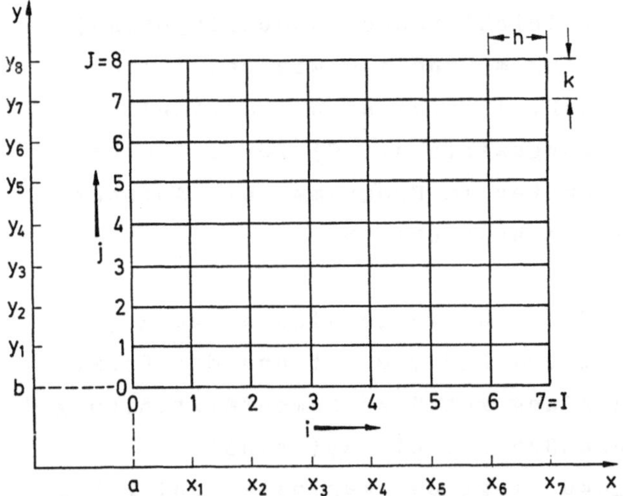

Abb. 2.2. Unterteilung eines rechteckigen Definitionsbereichs in Blöcke (Rechtecke) gleicher Größe. Die Eckpunkte der Blöcke bilden das Punktgitter

Besteht das Gesamtgitter aus N Gitterpunkten, auf denen U unbekannt ist, so stellt das implizite System (2.25)-(2.27) ein lineares System von N Gleichungen mit N Unbekannten dar. Wir wollen es annähernd mit dem Ansatz von Peaceman und Rachford, genannt "alternating-direction implicit procedure" (ADIP),lösen. Dieses Verfahren teilt das Problem in zwei tridiagonale, bei denen alternierend die x- und y-Richtung bevorzugt werden. Man berechnet zunächst Zwischenwerte $v_{i,j}$ aus

$$(v_{xx})_{i,j} + (u_{yy})_{i,j,n} + Q_{i,j,n+\frac{1}{2}} = c(v_{i,j} - u_{i,j,n})/\frac{1}{2}\Delta t \tag{2.28}$$

und löst anschließend

$$(v_{xx})_{i,j} + (u_{yy})_{i,j,n+1} + Q_{i,j,n+1} = c(u_{i,j,n+1} - v_{i,j})/\frac{1}{2}\Delta t \tag{2.29}$$

nach $u_{i,j,n+1}$. Es ist $v_{i,j}$ annähernd gleich $u_{i,j,n+\frac{1}{2}}$ zum Zwischenzeitpunkt $(n+\frac{1}{2})\Delta t$ (s. jedoch übernächsten Absatz). Der Rechenaufwand ist, wie man sich leicht überlegt, proportional der Anzahl der Unbekannten N.

Sowohl der implizite Ansatz (2.25)-(2.27) als auch ADIP sind stabil für alle Tripel $h,k,\Delta t$, wenn $c/\Delta t$ positiv ist.(Damit ist auch die unbedingte Stabilität von (2.8) Ziffer 2.4 gesichert.) Der Beweis geht wie in Ziffer 1.7 und sei angedeutet für das implizite Verfahren mit $h=k$. Wir setzen in Analogie zu (1.17) $e_{i,j,m} = A_m(\cos i\alpha)(\cos j\beta)$ mit $m=n,n+1$ und erhalten nach kurzer Rechnung mit $r=h^2 c/\Delta t$

$$A_{n+1}/A_n = [1 + 4r^{-1}(\sin^2\tfrac{1}{2}\alpha + \sin^2\tfrac{1}{2}\beta)]^{-1} \tag{2.30'}$$

Dieser Ausdruck ist für $r>0$ nie größer als 1. Zwar gilt für ADIP auch stets $A_{n+1}/A_n \leq 1$, aber diese unbedingte Stabilität des Gesamtsystems (2.28),(2.29) ist nicht generell für die Einzelgleichungen (2.28) und (2.29) erfüllt. Die v-Zwischenwerte sind also im allgemeinen unbrauchbar. Um zu hohe Zwischenbeträge zu vermeiden, sollten die Maschenweiten h und k nach Möglichkeit gleich oder annähernd gleich sein.

2.9   Das ADIP-Programm adipr.f77 auf Rechteckgebieten

Definitionsbereich der Differentialgleichung sei ein achsenparalleles Rechteck. Es werde unterteilt in Blöcke der Kantenlänge h in x-Richtung und k in y-Richtung; Abb.2.2. Die
Blockeckpunkte bilden die Gitterpunkte, die eindeutig durch
das Indexpaar (i,j) bestimmt sind. Der Punkt (0,0) habe die
Koordinaten a,b. Dann hat (i,j) die Koordinaten a+ih, b+jk
mit i=0,I und j=0,J.- Randpunkte des Grundgebiets sind:
linker Rand: i=0, j=1,J-1; rechter Rand: i=I, j=1,J-1;unte-
rer Rand: j=0, i=1,I-1; oberer Rand: j=J, i=1,I-1. Die Eckpunkte (0,0), (I,0), (I,J), (0,J) werden nicht benötigt.

Wir multiplizieren (2.28) mit h^2, (2.29) mit k^2 und erhalten J-1 Tridiagonalsysteme

$$j = 1, J-1:$$

$$
\begin{aligned}
B_i &= 2 + 2h^2 c/\Delta t \\
A_i &= -1 \\
C_i &= -1 \\
D_i &= (2h^2 c/\Delta t) U_{i,j,n} + h^2 (u_{yy})_{i,j,n} + \tfrac{1}{2} h^2 (Q_{i,j,n} + Q_{i,j,n+1}) \\
&\quad i = 1, I-1
\end{aligned}
\tag{2.31}
$$

für die Zwischenwerte $V_{i,j}$ sowie I-1 Tridiagonalsysteme

$$i = 1, I-1$$

$$
\begin{aligned}
B_j &= 2 + 2k^2 c/\Delta t \\
A_j &= -1 \\
C_j &= -1 \\
D_j &= (2k^2 c/\Delta t) V_{i,j} + k^2 (v_{xx})_{i,j} + k^2 Q_{i,j,n+1} \\
&\quad j = 1, J-1
\end{aligned}
\tag{2.32}
$$

für die neuen U-Werte $U_{i,j,n+1}$. Diese sind beim nächsten Zeit-
schritt die Ausgangswerte $U_{i,j,n}$. U und V können also bei jedem
Schritt überspeichert werden, so daß im wesentlichen nur 2IJ
Speicherplätze nötig sind; der Zeitindex n bei U kann entfallen.

Das Programm ist leicht verständlich, wenn die folgende Zuordnung beachtet wird:

Programm	CW	I	J	N	IM	JM	NM	H	K	QU	DT
Text	c	i	j	n	I	J	n_{max}	h	k	Q	Δt

Numerisches Beispiel. Eine Lösung der Differentialgleichung $u_{xx} + u_{yy} = 2u_t$ lautet $u=\exp(x+y+t)$. Entsprechend sind die Anfangsrandwerte vorgegeben. Der Gitterpunkt $i=j=n=0$ ist so gewählt, daß er mit dem Koordinatenanfang $x=y=t=0$ zusammenfällt. Also ist $u(i,j,n)=\exp(ih+jk+n\Delta t)$. Für $h=0.1$, $k=0.2$, $\Delta t=0.1$, $n=10$ und die im Programm angegebenen Parameter finden wir Übereinstimmung der ADIP-Näherung U mit der exakten Lösung u für mindestens 3 geltende Ziffern.

<u>Andere Randbedingungen</u>. Da in adipr die Werte auf den Randpunkten vorgegeben sind, treten $(I-1)(J-1)$ Unbekannte auf. Ist jedoch auf dem Rand die im allgemeinen ortsabhängige gemischte Randbedingung $\partial u/\partial n+\beta u=\Gamma$ gegeben, so muß U auch auf den Randpunkten berechnet werden, (2.31) läuft von $i=0,I$ und (2.32) von $j=0,J$. Die Anzahl der Unbekannten ist dann etwa $(I+1)(J+1)$. Die Normalableitung $\partial u/\partial n$ ist $+u_x$ am rechten Rand, $-u_x$ am linken, $+u_y$ am oberen und $-u_y$ am unteren. So lautet die diskretisierte gemischte Randbedingung für jeden unteren Gitterpunkt $(i,0)$

$$-(U_{i,1} - U_{i,-1})/2k + \beta U_{i,0} = \Gamma_{i,0} \qquad\qquad i=1,I-1 \qquad (2.33)$$

Sie enthält mit $U_{i,-1}$ Werte, die außerhalb des Definitionsbereichs der Differentialgleichung liegen, auch in den Tridiagonalgleichungen vorkommen und dort mit Hilfe von (2.33) zu eliminieren sind.

Bei Einbeziehen einer gemischten Randbedingung wird das Programm adipr recht allgemein (vgl. Ziffer 2.5) und enthält in der Form $\partial u/\partial n+\alpha(u-u_0)=0$ ($\alpha>0$, u_0 ist der Wert von u im Außenraum) auch die Dirichletsche Randbedingung: ist α hinreichend groß, so sind u und u_0 praktisch gleich.

2.10 Die Gleichung $u_{xx} + u_{yy} + u_{zz} + Q(x, y, z, t) = cu_t$

Wir können sie auf einem dreidimensionalen Raumgitter nach
dem Vorbild von (2.25) Ziffer 2.8 diskretisieren. Es resultiert ein vollständig implizites, unbedingt stabiles System.
Wollen wir zur Lösung nur den Algorithmus TRIDIA verwenden,
so müssen wir das Verfahren von Douglas-Rachford benutzen:
Wir bestimmen aus der ersten Gleichung von (2.34) eine erste
Näherung v von U_{n+1}, sodann aus der zweiten Gleichung eine
zweite Approximation w von U_{n+1} und schließlich aus der dritten U_{n+1} (die Ortsindizes sind weggelassen):

$$v_{xx} + (u_{yy})_n + (u_{zz})_n + Q_{n+1} = c(v - u_n)/\Delta t$$

$$v_{xx} + w_{yy} + (u_{zz})_n + Q_{n+1} = c(w - u_n)/\Delta t$$

$$v_{xx} + w_{yy} + (u_{zz})_{n+1} + Q_{n+1} = c(u_{n+1} - u_n)/\Delta t \qquad (2.34)$$

Das Halbschrittverfahren ADIP ist im dreidimensionalen Fall
instabil. Die Douglas-Rachford-Methode ist auch im zweidimensionalen Fall stabil, jedoch dort mit einem größeren Diskretisationsfehler als ADIP behaftet.

Ändert sich u im wesentlichen nur in einer Richtung - z.B.
in z-Richtung - so kann der Ansatz

$$(u_{xx})_n + (u_{yy})_n + (u_{zz})_{n+1} + Q_{n+1} = c(u_{n+1} - u_n)/\Delta t \qquad (2.35)$$

nützlich sein.

2.11 Nichtlinearitäten, Nichtrechteckgebiete und Anisotropie

1. Der Definitionsbereich ist kein Rechteck (Quader). Man un-
terteile das Gebiet in achsenparallele Blöcke so, daß seine
Gestalt möglichst gut approximiert wird (Abb.2.3). Detailliert
und mit Programmen sind unregelmäßig berandete Bereiche in Kapitel 5 und ab Ziffer 3.6 behandelt.

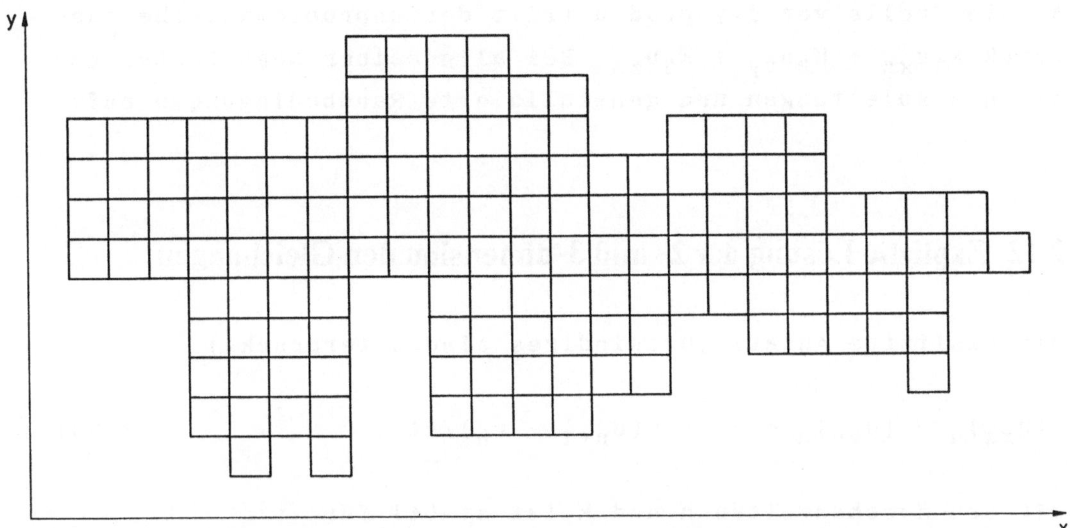

Abb. 2.3. Unterteilung eines unregelmäßig berandeten Gebiets in achsenparallele Blöcke

2. Der Quellterm Q ist Funktion der Lösung u, z.B. proportional exp(-k/u). Entweder ersetzt man u durch den bereits bekannten Wert u_n der n-ten Zeitschicht oder benutzt eines der iterativen Verfahren von Ziffer 2.3. Ist dabei Δt groß, so sind viele Iterationen je Zeitschritt notwendig oder es tritt sogar Divergenz ein. Im allgemeinen gibt es zu jedem Problem einen Δt-Wert, der die Rechenzeit minimalisiert. Erfahrungsgemäß sollte sich das Ergebnis etwa nach der dritten Iteration (im Rahmen der vorgegebenen Genauigkeit) nicht mehr ändern.

3. Eine Randbedingung ist nichtlinear wie z.B. bei der <u>natürlichen Konvektion</u> mit einer Wärmeableitungsrate proportional der 5/4-Potenz der Differenz zwischen Innen- und Außentemperatur. Vorgehen wie in 2.

4. Der Koeffizient c von u_t ist zeitabhängig. Man wähle hinreichend kleine, im allgemeinen von n abhängige Zeitschritte.

5. Der betrachtete physikalische Körper ist anisotrop, die Hauptachsen verlaufen parallel zu den Koordinatenachsen x,y,z.

An die Stelle von div grad u tritt der unproblematische Ausdruck $K_1 u_{xx} + K_2 u_{yy} + K_3 u_{zz}$. Bei allgemeiner Lage treten gemischte Ableitungen und generalisierte Randbedingungen auf.

2.12 Explizite Lösung der 2- und 3-dimensionalen Gleichungen

Der explizite Ansatz (Ortsindizes sind unterdrückt)

$$(u_{xx})_n + (u_{yy})_n + Q_n = c(u_{n+1} - u_n)/\Delta t \qquad (2.36)$$

mit den Maschenweiten h und k ist stabil für

$$[(1/h)^2 + (1/k)^2]\Delta t \leq \tfrac{1}{2}c \qquad (2.37)$$

Dieser und der analoge dreidimensionale Ansatz mit entsprechend erweiterter Gleichung (2.37) können wegen ihrer leichten Programmierbarkeit interessant sein. Es gibt auch als Gegenstück zu ADIP das explizite Zwischenwertverfahren ADEP,das allerdings nicht schneller programmierbar ist und einen höheren Diskretisationsfehler als ADIP aufweist.

2.13 Literatur

Zu Ziffer 2.2, Tridiagonalsysteme: s. S.442 von

[1]   Young, D.M.:
        Iterative Solution of Large Linear Systems. 570 S.
        Academic Press New York and London 1971

Zu Ziffer 2.5 und 2.11, physikalische Randbedingungen:

[2]   Carslaw, H.S., JAEGER, J.C.:
        Conduction of Heat in Solids, Chapter I. 510 S.
        2nd ed., Clarendon Press Oxford 1959

Zu Ziffer 2.7, Crank-Nicolson Variante:

[3]   Crank, J., Nicolson, P.:
      A Practical Method for Numerical Evaluation of
      Solutions of Partial Differential Equations of
      the Heat-Conduction Type. Proc. Camb. Phil. Soc.
      Vol.43 50-67 (1947)

[4]   Crank, J.:
      The Mathematics of Diffusion.   347 S. 2nd ed.
      Clarendon Press Oxford 1975

Diskretisationsfehler: S.131 von [3],Ziffer 1.21

Literatur zu stabilen impliziten Methoden (Ziffer 2.8,2.10):

[5]   Douglas, Jr., J.:
      On the Numerical Integration of $\partial^2 u/\partial x^2 + \partial^2 u/\partial y^2 =
      \partial u/\partial t$ by Implicit Methods. J. Soc. Industr. Appl.
      Math. Vol.3 42-65 (1955)

[6]   Peaceman, P.W., Rachford, Jr., H.H.:
      The Numerical Solution of Parabolic and Elliptic
      Differential Equations. J. Soc. Industr. Appl. Math.
      Vol.3 28-41 (1955)

[7]   Douglas, Jr., J., Rachford, Jr., H.H.:
      On the Numerical Solution of Heat Conduction Problems
      in Two and Three Space Variables. Trans. Amer. Math.
      Soc. Vol.82 421-439 (1956)

[8]   Douglas, Jr., J.:
      Alternating Direction Methods for Three Space Varia-
      bles. Num. Math. Vol.4 41-63 (1962)

Zur Stabilität von ADIP vgl. [5] S.48

Literatur zu stabilen expliziten Methoden (ADEP, Ziffer 2.12)

[9]   Larkin, B.K.:
        Some Stable Explicit Difference Approximations to
        the Diffusion Equation. Math. of Comp. Vol.18
        196-202 (1964)

[10] Coats, K.H., Terhune, M.H.:
        Comparison of Alternating Direction Explicit and
        Implicit Procedures in Two-Dimensional Flow Cal-
        culations. Soc. Petr. Eng. J. SPE Vol.6 350-362
        (1966)

Beweis von (2.37) Ziffer 2.12: S.166/7 von [3],Ziffer 1.21

3 Elliptische Gleichungen

3.1 Zusammenfassung

Während im vorigen Kapitel alle Probleme einheitlich mit Hilfe des speziellen Algorithmus TRIDIA gelöst wurden, seien nun allgemeinere Methoden eingeführt. Im Vordergrund stehen die direkte Lösung und ein Mehrgitterverfahren für die Gleichungen von Helmholtz, Laplace und Poisson auf Rechtecken sowie nichtlineare selbstadjungierte elliptisch-parabolische Gleichungen auf unregelmäßig berandeten Gebieten, gelöst durch eine iterative Variante des Verfahrens von Douglas und Rachford.

3.2 Bandmatrizen
Der Gauß-Algorithmus BANDMATRIX

Es sei A die Koeffizientenmatrix

$$A = \begin{matrix} a_{11} & a_{12} & a_{13} & \cdots & a_{1m} \\ a_{21} & a_{22} & a_{23} & \cdots & a_{2m} \\ a_{31} & a_{32} & a_{33} & \cdots & a_{3m} \\ \cdots\cdots\cdots\cdots\cdots\cdots\cdots \\ a_{m1} & a_{m2} & a_{m3} & \cdots & a_{mm} \end{matrix} \qquad (3.1)$$

des linearen Gleichungssystems

$$a_{i1}x_1 + a_{i2}x_2 + a_{i3}x_3 + \ldots + a_{im}x_m = b_i \qquad (i=1,m) \qquad (3.2)$$

mit den m Unbekannten x_1, x_2, x_3, ..., x_m, in Matrixschreibweise Ax=B. Nun besitze (3.2) für alle i die spezielle Form

$$a_{i,i-s}x_{i-s} + \cdots + a_{i,i}x_i + \cdots a_{i,i+r}x_{i+r} = b_i \qquad (3.3)$$

oder - da i-s nicht kleiner als 1 und i+r nicht größer als m sein darf - genauer geschrieben

$$a_{i,p}x_p + a_{i,p+1}x_{p+1} + \cdots + a_{i,i}x_i + \cdots + a_{i,q}x_q = b_i$$
$$p = max(1,i-s)$$
$$q = min(i+r,m)$$
$$i = 1,m \qquad (3.4)$$

Die Koeffizienten dieses Systems bilden in der Matrix A ein von Null-Elementen flankiertes Band, das parallel zur Diagonale $/a_{11}$ a_{22} a_{33} ... $a_{mm}/$ verläuft. Ist z.B. s=1, r=2 und m=7, so hat die Koeffizientenmatrix das Aussehen (Bandelemente sind als Kreuze dargestellt):

$$A = \begin{matrix} x & x & x & 0 & 0 & 0 & 0 \\ x & x & x & x & 0 & 0 & 0 \\ 0 & x & x & x & x & 0 & 0 \\ 0 & 0 & x & x & x & x & 0 \\ 0 & 0 & 0 & x & x & x & x \\ 0 & 0 & 0 & 0 & x & x & x \\ 0 & 0 & 0 & 0 & 0 & x & x \end{matrix}$$

Die "Bandbreite" dieser Matrix ist 4 (allgemein s+1+r: s Subdiagonalen, eine Hauptdiagonale, r Superdiagonalen).Für s=r=1 resultiert das tridiagonale System von Ziffer 2.2. Wir lösen (3.4) durch folgenden Ansatz (mit U statt x):

Algorithmus BANDMATRIX

```
    DO 1  L=2,M
    DO 1  I=L,MIN(M,L+S-1)
      C=A(I,L-1)/A(L-1,L-1)
        DO 2  J=L,MIN(M,L+R-1)
2             A(I,J)=A(I,J)-C*A(L-1,J)
1       B(I)=B(I)-C*B(L-1)
```

```
      U(M)=B(M)/A(M,M)
      DO 4   I=M-1,1,-1
         U(I)=B(I)
            DO 3   J=MIN(M,I+R),I+1,-1
3                U(I)=U(I)-A(I,J)*U(J)
4        U(I)=U(I)/A(I,I)
```
$$(3.5)$$

Ersetzt man in (3.5) jedes MIN durch die Anzahl M der Gleichungen und Unbekannten, so resultiert der Gauß-Algorithmus
ohne Zeilen- und Spaltenvertauschung. Der Rechenaufwand für
(3.5) ist proportional m^2, der Rechenaufwand für Gauß proportional m^3. (3.5) benötigt m^2 Speicherplätze für die Matrix A. Ein platzsparendes Programm ist in Kapitel 6 angegeben.

3.3 Direkte Lösung der Gleichungen von Laplace und Poisson mit hoher Genauigkeit

Zu lösen sei die Poisson-Gleichung (für f≡0 die von Laplace)

$$\nabla^2 u = f(x,y) \tag{3.6}$$

auf einem achsenparallelen Rechteck, das in Abb.3.1 gestrichelt umrandet ist. Der linke untere Gitterpunkt i=j=0 habe
die Koordinaten x=a, y=b. Auf dem gestrichelten Rand sei die
Lösung u(x,y) gegeben (erste Randwertaufgabe). Wir unterteilen den Definitionsbereich durch ein quadratisches Gitter der
Maschenweite h. Die Gitterpunkte liegen auf den Schnittpunkten des Strichgitters. Die bekannten Randwerte seien:

$$j=0, \; i=0,I+1: \; u_{i,j} = V(1,i); \quad j=J+1, \; i=0,I+1: \; u_{i,j} = V(2,i)$$
$$i=0, \; j=0,J+1: \; u_{i,j} = W(1,j); \quad i=I+1, \; j=0,J+1: \; u_{i,j} = W(2,j)$$

Bei den inneren - nicht auf dem Rand liegenden - Gitterpunkten
ersetzen wir die Indizierung (i,j) durch die Einfachindizierung

$$k = i + (j-1)I \tag{3.7}$$

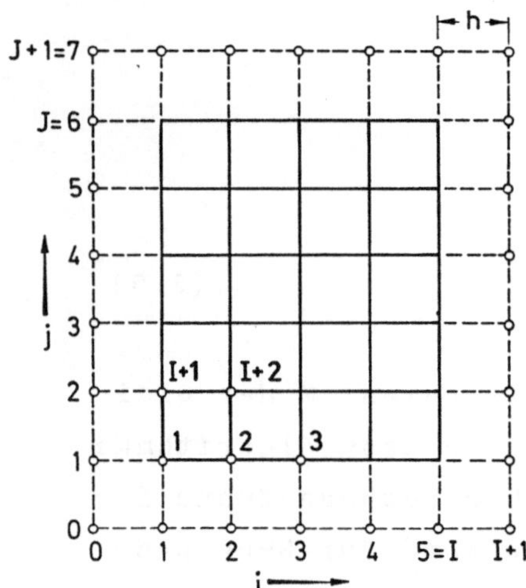

Abb. 3.1. Quadratisch unterteilter rechteckiger Definitions-
bereich der Gleichungen von Poisson, Laplace und Helmholtz.
Fettdruck:Einfachindizierung der Gitterpunkte. Normaldruck:
Doppelindizierung der Gitterpunkte

Damit geht z.B. in Abb.3.1 $u_{1,2}$ in $u_{I+1} = u_6$ über. Nach Ziffer 1.16 Gleichung (1.44) können wir statt (3.6)

$$D(4,u) = f_{i,j} + (h^2/12)(\nabla^2 f)_{i,j} \qquad (3.8)$$

schreiben. (3.8) ist $O(h^4)$ und sogar exakt, wenn $u(x,y)$ ein
Polynom höchstens 5. Ordnung ist. $D(4,u)$ ist in Ziffer 1.16
Gleichung (1.40) definiert und besetzt die in Abb.3.2 darge-
stellten Gitterpunkte. Damit ergibt sich folgende allgemeine
Differenzengleichung für die Innenpunkte:

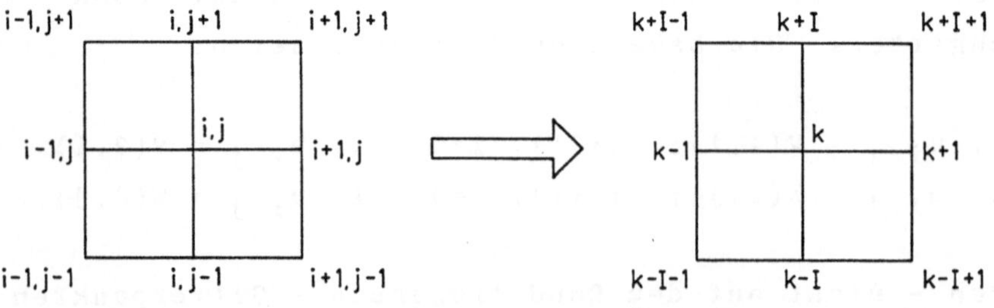

Abb. 3.2. Die vom Differenzenoperator D(4,u) belegten Gitterpunkte. Links: Gitterpunkte doppelt indiziert. Rechts: Gitterpunkte einfach indiziert

$$U_{k-I-1} + 4U_{k-I} + U_{k-I+1} + 4U_{k-1} - 20U_k + 4U_{k+1} + U_{k+I-1} +$$

$$+ 4U_{k+I} + U_{k+I+1} = h^2[6f(x_i,y_j) + \tfrac{1}{2}h^2\nabla^2 f_{i,j}]$$

$$k = 1,m \quad (m = IJ) \tag{3.9}$$

Das ist ein Bandmatrixsystem mit r=s=I+1 (Ziffer 3.2) und der Bandbreite 2I+3. Da die Anzahl der Rechenoperationen von der Bandbreite abhängt, soll I möglichst klein sein. Ist also J<I, so vertausche man i und j oder ersetze (3.7) durch k=j+(i-1)J. Aus (3.9) folgt für ihre Koeffizientenmatrix A

$$a_{k,k-I-1} = a_{k,k-I+1} = a_{k,k+I-1} = a_{k,k+I+1} = 1$$

$$a_{k,k-I} = a_{k,k-1} = a_{k,k+1} = a_{k,k+I} = 4$$

$$a_{k,k} = -20 \qquad k = 1,m \quad (m = IJ) \tag{3.10}$$

Dabei ist zu berücksichtigen, daß bei den randnächsten inneren Gitterpunkten die U-Werte z.T. Randwerte sind und dann die entsprechenden $a_{kj}U_j$-Terme in (3.9) auf die rechte Seite wandern. So lautet (3.9) für k=1 (vgl. Abb.3.1)

$$-20U_1 + 4U_2 + 4U_{I+1} + U_{I+2} = h^2[6f_{1,1} + \tfrac{1}{2}h^2\nabla^2 f_{1,1}] -$$

$$- V(1,0) - 4V(1,1) - V(1,2) - 4W(1,1) - W(1,2)$$

Beispiel: Das Band der Koeffizientenmatrix A für I=J=3:

```
-20    4    0    4    1
  4  -20    4    1    4    1
  0    4  -20    0    1    4    0
  4    1    0  -20    4    0    4    1
  1    4    1    4  -20    4    1    4    1
       1    4    0    4  -20    0    1    4
            0    4    1    0  -20    4    0
                 1    4    1    4  -20    4
                      1    4    0    4  -20
```

Im allgemeinen treten innerhalb des Bandes Diagonalen auf, die nur mit Nullen besetzt sind. Dies hängt damit zusammen, daß D(4,u) eine Neunpunkteformel ist, während die Bandbreite 2I+3 bei praktischen Problemen erheblich größer als neun ist (z.B.103 für I=50). Am Lösungsalgorithmus ändert dies nichts.

3.4   Das Programm poisson1.f77

Es erfüllt alle Spezifikationen der letzten Ziffer und wird bei Beachtung folgender Zuordnung leicht verständlich:

Programm	I	J	IM	JM	K	M	H	R	S	A(K,L)
Text	i	j	I	J	k	m	h	r	s	a_{kl}

Die Berücksichtigung der Randbedingungen in der Koeffizientenmatrix ist etwas mühselig. Ich habe hier einen Weg gewählt, der Doppel- und Einfachindizierung nebeneinander benutzt und IF-Abfragen vermeidet. Speicherplatz fällt nur für die k-Indizierung an. Will man mit dem Programm arbeiten, so muß man im Hauptprogramm die Parameter IM und JM sowie die Randbedingungen V und W entsprechend ändern sowie Zeile 9 im UP pmat.f77. Dort muß B(K) gleich $h^2[6f_{ij} + \frac{1}{2}h^2\Delta^2 f_{ij}]$ gesetzt werden. Im Programm ist das Beispiel $u_{xx} + u_{yy} = 2$ mit $u=\frac{1}{2}(x+y)^2$ und I=3, J=3 eingesetzt (bei dieser Wahl von I und J werden mehrere DO-Schleifen in pmat nur einmal durchlaufen!). Das Ergebnis der Testrechnung ist für jede Wahl von h exakt.

Weitere Beispiele sind die Laplace Gleichung $u_{xx}+u_{yy}=0$ für u=1 auf dem gesamten Rand mit der Lösung u=1 auf allen Gitterpunkten und die Helmholtz Gleichung $u_{xx} + u_{yy} = 2u$ mit der Randbedingung u=exp(-x-y). Für die Lösung der zweiten Gleichung ist eine kleine Programmänderung nötig: im Unterprogramm pmat.f77 muß in Zeile 8 das Hauptdiagonalelement -20 ergänzt werden, da auf der rechten Seite der Differentialgleichung der neue Term 2u auftritt (vgl.Ziffer 3.7). Ferner ist in Zeile 9 des Unterprogramms B(K)=0 zu wählen, da f(x,y) in $u_{xx} + u_{yy} = 2u$ nicht vorkommt. Die Lösung der Differentialgleichung ist u=exp(-x-y).

3.5 Ein einfaches Mehrgitterverfahren für die Gleichungen von Poisson und Laplace

Gesucht sei die Lösung von $u_{xx} + u_{yy} = f(x,y)$ auf einem achsenparallelen Rechteck mit den Seitenlängen A und B. Auf dem
Rechteckrand sei u(x,y) bekannt (erste Randwertaufgabe). Wir
wählen ein rechteckiges Gitter mit den Maschenweiten h in x-
Richtung und k in y-Richtung. Die Gitterpunkte liegen auf den
Schnittpunkten der Gitterlinien (Abb.3.3). Die Gitterpunktin-
dizes i in x-Richtung und j in y-Richtung laufen beide von 1
bis p. Die Eckpunkte des Rechtecks sind die Gitterpunkte (1,1),
(p,1), (1,p) und (p,p). Also ist h(p-1)=A und k(p-1)=B.Die bekannten Randwerte haben die Indizes (i,1) bzw.(i,p) mit i=1,p
sowie (1,j) bzw. (p,j) mit j=1,p.

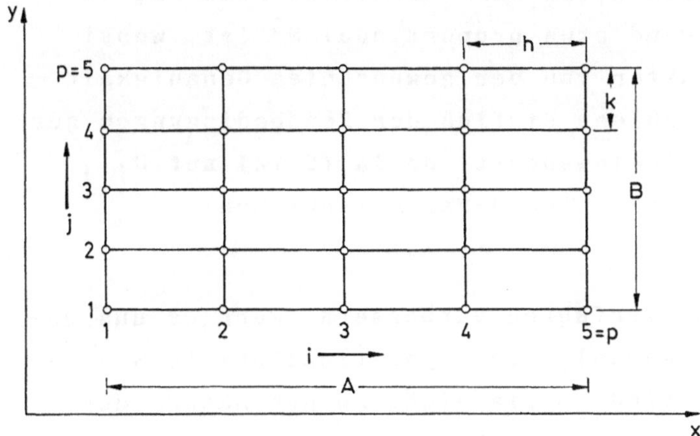

Abb. 3.3. Das Gitternetz beim Mehrgitterverfahren für p=5

Wir diskretisieren die Differentialgleichung mit Hilfe des Ansatzes (1.4) Ziffer 1.1 und erhalten für i = 2,3,...,p-1 sowie
j = 2,3,...,p-1 das Differenzensystem quadratischer Konvergenz

$$(U_{i-1,j} - 2U_{i,j} + U_{i+1,j})/h^2 + (U_{i,j-1} - 2U_{i,j} + U_{i,j+1})/k^2$$

$$= f(x_i, y_j) \qquad (3.11)$$

Es besteht aus $(p-2)^2$ linearen Gleichungen mit $N=(p-2)^2$ Unbekannten. Schreiben wir es in der Form

$$U_{i,j} = \tfrac{1}{2}[C(U_{i-1,j} + U_{i+1,j})+D(U_{i,j-1} + U_{i,j+1})-f_{i,j}]/(C+D)$$

$$C = 1/h^2 \qquad D = 1/k^2 \qquad i = 2,p-1 \qquad j = 2,p-1 \qquad (3.12)$$

so können wir es iterativ lösen, indem wir auf der rechten Seite bekannte Näherungen von U einsetzen, damit einen verbesserten Wert $U_{i,j}$ berechnen und so fortfahren. Da die Methode für beliebige Startwerte konvergiert, genügt es, auf allen inneren Gitterpunkten als Anfangswert U=0 zu wählen. Das zugehörige Programm ist sehr einfach, speicherplatzsparend und umfaßt kaum ein Dutzend Anweisungen. Die Rechenzeit ist hoch, da die Konvergenzgeschwindigkeit nach relativ wenigen Iterationsschritten klein wird. Generell kann man sagen, daß der Rechenaufwand etwa proportional N^2 ist, wobei der Proportionalitätsfaktor von der gewünschten Genauigkeit abhängt. Hinzu tritt, daß der Einfluß der Randbedingungen nur langsam in das Innere hineinwandert, da in (3.12) auf $U_{i,j}$ unmittelbar nur die benachbarten U-Werte einwirken.

Offenbar können wir das Verfahren verbessern, wenn es uns gelingt, durch geschickt gewählte Interpolationsformeln Startwerte der Iteration zu finden, die dicht an der Lösung des Differenzensystems (3.12) liegen. Um dies mit möglichst wenig Aufwand zu erreichen, wählen wir zunächst ein grobes Gitter, das uns eine erste, rohe Annäherung liefert, und verbessern dann das Ergebnis auf feineren Maschensystemen.

Wir beginnen mit dem Gitter p=3, h=A/2, k=B/2 (Abb.3.4 links), das nur einen inneren Gitterpunkt besitzt, und zwar das Zentrum des Rechtecks mit den Indizes i=j=2. $U_{2,2}$ erhalten wir dann durch einmalige Anwendung von (3.12), die den Einfluß der Randwerte schon beim ersten Schritt in das Rechteckinnere zieht. Sodann halbieren wir das Gitter (Abb.3.4 rechts) und erhalten p=5, h=A/4, k=B/4, und aus $U_{2,2}$ im bisherigen Gitter

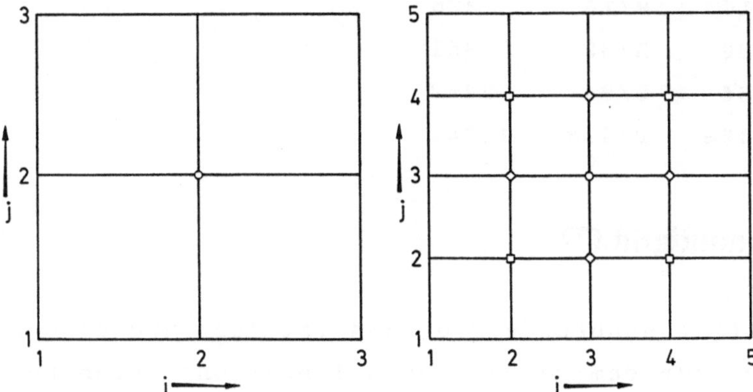

Abb. 3.4. Links: Startgitter mit p=3 und einem Innenpunkt.
Rechts: Das nächstfeinere Gitter mit p=5 und 9 Innenpunkten. Der Gitterpunkt (2,2) des linken Gitters entspricht dem Gitterpunkt (3,3) des rechten Gitters

wird $U_{3,3}$ im neuen Gitter. Kennen wir befriedigende Startwerte für alle Punkte mit geraden Gitterindizes (in Abb.3.4 sind diese Punkte durch kleine Quadrate gekennzeichnet), so können wir für alle noch nicht belegten (durch kleine Rhomben markierten) Gitterpunkte (3.12) als Interpolationsformel benutzen und schließlich, auf den so erhaltenen Startwerten fußend, diese durch Iteration vermittels (3.12) verbessern. Alsdann können wir das Gitter wiederum halbieren und so fortfahren. Die Startwerte auf den Punkten mit geraden Gitterindizes können wir mit Hilfe einer quadratischen Interpolationsformel berechnen - auch (3.12) ist, da von der Ordnung $O(h^2)$, eine quadratische Interpolationsformel.

Versehen wir die durch h,k-Halbierung auseinander entstehenden Gitter mit dem Laufindex ITT, so ist $p_{ITT+1} = 2p_{ITT} - 1$, und für die Gitterkonstanten gilt (N ist die Anzahl der inneren Gitterpunkte und damit die Anzahl der Unbekannten)

ITT	p	h	k	$N=(p-2)^2$
1	3	A/2	B/2	1
2	5	A/4	B/4	9
3	9	A/8	B/8	49

4	17	A/16	B/16	225
5	33	A/32	B/32	961
6	65	A/64	B/64	3969
7	129	A/128	B/128	16641

3.6 Das Programm multigrid.f77

Das zur letzten Ziffer gehörende Programm ist kurz und einfach, insbesondere aber dem gewöhnlichen Iterationsverfahren
nach (3.12) weit überlegen, wie das folgende Torsionsproblem
zeigt. Es sei $u_{xx} + u_{yy} = -1$ auf einem Rechteck mit den Seitenlängen A=3 und B=2. Auf dem Rand verschwinde u identisch.
Ausgedruckt sei nur der U-Wert des Mittelpunktes. Die Lösung
der Differentialgleichung ist dort etwas größer als 0.4020.
ITT bezeichne wie in der vorigen Ziffer das Gitter. ITE ist
die Anzahl der Iterationen von (3.12) je Gitter, wobei stets
der Gauß-Seidel Algorithmus (Ziffer 5.2) benutzt wird.

Lösung durch multigrid.f77:

	ITE=10	ITE=20	ITE=30
ITT=1:	0.3462	0.3462	0.3462
ITT=2:	0.3859	0.3860	0.3860
ITT=3:	0.3956	0.3979	0.3984
ITT=4:	0.3973	0.3997	0.4005
ITT=5:	0.3977	0.4001	0.4010

Lösung nur durch Iteration mit den Startwerten U=0:

	ITE=10	ITE=20	ITE=30	ITE=100	ITE=120	ITE=200
ITT=4:	0.1051	0.1940	0.2593	0.3924	0.3976	0.4017

Das hier entwickelte Multigridverfahren liefert also U für
die Gitter ITT=4 (ca. 300 Gitterpunkte) und ITT=5 (ca. 1000
Gitterpunkte) bereits mit 10 Iterationen auf etwa 1% genau.
Das reine Iterationsverfahren schafft dies für ITT=4 erst
mit 120 Iterationen.

Die aus der Literatur bekannten Multigridverfahren sind wesentlich komplexer und sehr unterschiedlich konzipiert. Die Rechenzeiten sind etwa proportional der Anzahl N der Unbekannten mit unterschiedlichen Proportionalitätsfaktoren.

Will man mit multigrid.f77 Laplacesche und Poissonsche Differentialgleichungen lösen, so muß man im Programm an einer Stelle für $F(2,2)=f_{2,2}$ und an vier Stellen für $F(I,J)=f_{i,j}$ den entsprechenden Formelausdruck einsetzen und bei den DO-Schleifen 20 und 30 die Randwerte definieren. [Läßt man den Koordinatenursprung mit dem Gitterpunkt (α,β) zusammenfallen, so sind die Koordinaten x_i,y_j einer beliebigen Gitterfunktion $G(x_i,y_j)$ – z.B. $G\equiv F$ oder $G\equiv U$ – durch $x_i=(i-\alpha)h$ und $y_j=(j-\beta)k$ gegeben.]

Zur Berechnung der Startwerte sei noch ein Programmdetail erwähnt. Auch auf Gitterpunkten mit geraden Indizes wird (3.12) als Interpolationsformel benutzt, wobei zunächst die U-Werte durch arithmetische Mittelung der bekannten Nachbarwerte gewonnen werden. Beispiel: $U_{i,j+1}$ wird ersetzt durch $\frac{1}{2}(U_{i-1,j+1} + U_{i+1,j+1})$. Diese nur linear approximierten Startwerte werden dann über eine Steuergröße Q durch mehrmalige Anwendung von (3.12) auf fast quadratische Genauigkeit gebracht.[Das Eigentümliche des hier gewählten Ansatzes besteht also darin, daß die Iterationsformeln überall auch als Interpolationsformeln benutzt werden.]

3.7 Die Gleichung von Helmholtz

Lautet die Differentialgleichung

$$u_{xx} + u_{yy} = f(x,y) + g(x,y)u(x,y) \qquad\qquad g(x,y)\geq 0 \qquad (3.13)$$

so können die obigen Programme für die Poisson Gleichung ohne wesentliche Änderung benutzt werden. In (3.9) Ziffer 3.3 tritt auf der rechten Seite zusätzlich der Term $6h^2g(x_i,y_j)U_{i,j}$ auf.

Also muß im Unterprogramm pmat.f77 in Zeile 8 das Hauptdiagonalelement -20 durch $-6h^2g_{i,j}$ ergänzt werden. Bei Verwendung des Mehrgitterverfahrens ist zu beachten, daß auf der rechten Seite von (3.11) Ziffer 3.5 der Term $g(x_i,y_j)U_{i,j}$ hinzukommt. Ein Testbeispiel mit bekannter Lösung ist im letzten Absatz von Ziffer 3.4 angegeben.

3.8 Fehlerabschätzung nach Richardson

Ist die benutzte Differenzenformel von der Ordnung $O(h^p)$ – z.B. $p=4$ in poisson1.f77 und $p=2$ in multigrid.f77 – so kann man mit aller Vorsicht (vgl. Ziffer 1.2) $u-U_1 = A(h_1)^p$ sowie $u-U_2 = A(h_2)^p$ setzen, wobei sich u,U_1,U_2 auf denselben Punkt x_i,y_j beziehen und U_q mit $q=1,2$ die Näherung von u bei Wahl der Maschenweite h_q ist. Daraus folgt die Abschätzung

$$u = (m_2U_1 - m_1U_2)/(m_2 - m_1) \tag{3.14}$$

mit $m_q=(h_q)^p$. (3.14) erfaßt weder Rundungsfehler noch den Fehler, der bei Iterationsverfahren durch Abbrechen der Iteration nach endlich vielen Schritten auftritt.

3.9 Die nichtlineare selbstadjungierte elliptisch-parabolische Gleichung auf inhomogenen, unregelmäßig berandeten Gebieten

Wir beschäftigen uns nun mit einem wesentlich allgemeineren Differentialgleichungstyp, der alle bisher behandelten (auch die eindimensionalen) als Sonderfälle enthält und dessen Programm unschwer auf drei Ortskoordinaten x,y,z erweiterbar ist:

$$(Au_x)_x + (Bu_y)_y + Q(x,y,t,u) = C(x,y,t,u)u + \beta u_t$$

$$A=A(x,y,t,u)>0, \qquad B=B(x,y,t,u)>0, \qquad C\geq 0, \qquad \beta\geq 0 \tag{3.15}$$

(3.15) ist parabolisch für $\beta>0$ und elliptisch für zeitunabhängige Parameter, Randbedingungen und $\beta=0$. Hat die parabolische Aufgabe eine stationäre Lösung $v(x,y)$ für $t\to\infty$ (ist also asymptotisch $u_t\equiv0$), so ist $v(x,y)$ auch die Lösung des zugehörigen elliptischen Randwertproblems. Wir können deshalb mit einem Programm den parabolischen und den elliptischen Fall zusammen erledigen.

(3.15) sei definiert auf einem Bereich, dessen Rand stückweise parallel zu den Koordinatenachsen verlaufe und der in Blöcke (Rechtecke) mit den Kantenlängen $\Delta x(i)$, $\Delta y(j)$ mit $i=1,i_{max}$, $j=1,j_{max}$ unterteilt sei. Alle Gitterpunkte sind blockzentriert; Abb.3.5.

Das Definitionsgebiet besteht aus Streifen in x- und y-Richtung. In x-Richtung laufen die Streifen von $i=i_a$ bis $i=i_e$, wobei i_a und i_e im allgemeinen j-abhängig sind. Entsprechendes gilt für $j=j_a(i)$ und $j=j_e(i)$ in y-Richtung. So ist für Abb.3.5

j	i_a	i_e	i	j_a	j_e
1	1	4	1	1	5
2	1	5	2	1	6
3	1	6	3	1	7
4	1	6	4	1	7
5	1	4	5	2	4
6	2	4	6	3	4
7	3	4			

Kein Streifen darf unterbrochen sein. Das Grundgebiet darf also weder geschlitzt noch gelocht noch mehrfach zusammenhängend sein. Dies würde das Programm komplizieren (bei Definitionsbereichen allgemeinster Gestalt verwende man das gewöhnlich allerdings langsamere Generalprogramm von Kapitel 5). Hier lösen wir die Differenzengleichungen streifenweise alternierend, wählen jedoch nicht Peaceman-Rachford von Ziffer 2.8, sondern Douglas-Rachford von Ziffer 2.10,

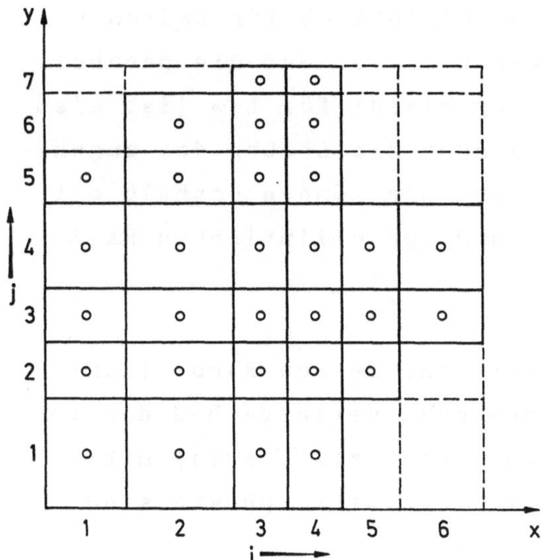

Abb. 3.5. Achsenparalleles Blocksystem aus Blöcken unterschiedlicher Größe, eingebettet in ein Rechteck. Alle Gitterpunkte (i,j) sind blockzentriert. Zum Definitionsbereich der Differentialgleichung gehören nur die dick umrandeten Blöcke.

und zwar aus zwei Gründen: Douglas-Rachford läßt sich auf 2- und 3-dimensionale Probleme gleichermaßen anwenden, und es gestattet eine iterative Variante, die für höhere Genauigkeit bürgt, größere Zeitschritte zuläßt und stabiler ist.

3.10 Die selbstadjungierte elliptische bzw. parabolische Differenzengleichung

Die Diskretisation von (3.15) gemäß Ziffer 1.20 ergibt für variable Zeitschritte und mit Koeffizienten S und T (s.u.)

$$S_{i+\frac{1}{2},j}(U_{i+1,j} - U_{i,j}) - S_{i-\frac{1}{2},j}(U_{i,j} - U_{i-1,j}) - \tfrac{1}{2}C_{i,j}U_{i,j} +$$

$$T_{i,j+\frac{1}{2}}(U_{i,j+1} - U_{i,j}) - T_{i,j-\frac{1}{2}}(U_{i,j} - U_{i,j-1}) - \tfrac{1}{2}C_{i,j}U_{i,j} =$$

$$= \beta_n(U_{i,j,n+1} - U_{i,j,n}) - Q_{i,j,n+\frac{1}{2}} \qquad (\beta_n = \beta/\Delta t_n) \qquad (3.16)$$

Wir ersetzen in der ersten Zeile U durch V, in der zweiten U
durch W, und lösen abwechselnd nach V und W. Bei Lösung nach
V ist $U_{i,j,n+1}$ (dritte Zeile) gleich $V_{i,j}$, bei Lösung nach W
gleich $W_{i,j}$. Man beachte, daß $U_{i,j,n}$ als U-Wert der vorhergehenden Zeitschicht nicht der Iteration unterliegt. Die hier
gewählte iterative Douglas Rachford Variante DRI führt auf
die Lösung der voll impliziten Differenzengleichung. DRI ist
also genauer als ADIP, das nur eine Näherung der Lösung des
voll impliziten Systems liefert.

3.11 Die Koeffizienten S und T

Nach (3.15) und (1.52) von Ziffer 1.20 gilt für die Koeffizienten S und T von (3.16)

$$S_{i\pm\frac{1}{2},j} = A_{i\pm\frac{1}{2},j}/(\Delta x_i \ell_{i\pm\frac{1}{2}})$$

$$\ell_{i\pm\frac{1}{2}} = \tfrac{1}{2}(\Delta x_i + \Delta x_{i\pm\frac{1}{2}})$$

$$T_{i,j\pm\frac{1}{2}} = B_{i,j\pm\frac{1}{2}}/(\Delta y_j \ell_{j\pm\frac{1}{2}})$$

$$\ell_{j\pm\frac{1}{2}} = \tfrac{1}{2}(\Delta y_j + \Delta y_{j\pm1}) \tag{3.17}$$

Dabei steht (Ziffer 1.20) das Indexpaar i,j für die Koordi-
naten x_i,y_j, der Index $i\pm\frac{1}{2}$ für $x_i\pm\frac{1}{2}\Delta x_i$ sowie $j\pm\frac{1}{2}$ für $y_j\pm\frac{1}{2}\Delta y_j$.
Die Funktion A=A(x,y,t,u) ist gewöhnlich ein Produkt mehrerer
Faktoren unterschiedlicher physikalischer Bedeutung, für das
wir vereinfachend A=aL schreiben, wobei L eine Leitfähigkeit
ist. Wenn nicht Verhältnisse vorliegen, die stream weighting
erfordern (Kapitel 5), kann "a" arithmetisch gemittelt werden
(besser: gewogen) und L/ℓ harmonisch (das harmonische Mittel
der Zahlen b,c,d,... ist der Kehrwert des arithmetischen oder
gewogenen Mittels der Zahlen 1/b,1/c,1/d,...):

$$L_{i\pm\frac{1}{2},j}/\ell_{i\pm\frac{1}{2}} = 2L_{i,j}L_{i\pm1,j}/(L_{i,j}\Delta x_{i\pm1} + L_{i\pm1,j}\Delta x_i)$$

$$a_{i\pm\frac{1}{2},j} = \tfrac{1}{2}(a_{i,j} + a_{i\pm1,j}) \tag{3.18}$$

Für B=B(x,y,t,u) gilt eine analoge Faktorzerlegung und Mittelung. A und B dürfen in keinem Block des Definitionsbereichs der Differentialgleichung verschwinden, da andernfalls der zur Lösung von (3.16) benutzte Algorithmus Tridia versagt (man nehme dann das Generalprogramm von Kapitel 5). Beim m+1-ten Iterationsschritt zur Berechnung von U_{n+1} setze man $A=A(x,y,t_{n+½},U_m)$ oder $A=A(x,y,t_{n+1},U_n)$, entsprechend B. Als Startwert der Iteration bei Bestimmung von U_{n+1} wähle man U_n.

3.12 Die Randbedingungen

1. Am Rand eines Blocks ist $u=u_o$ gegeben.
2. Ein Blockrand ist undurchlässig (L=0).
3. Durch den Rand findet ein Fluß statt.

Bedingung 3 wird auf 2 zurückgeführt: Es gilt 2; der Fluß in den Randblock (i,j) wird durch Q(i,j) simuliert. Bedingung 2 wird automatisch über die Koeffizienten S und T gesteuert.

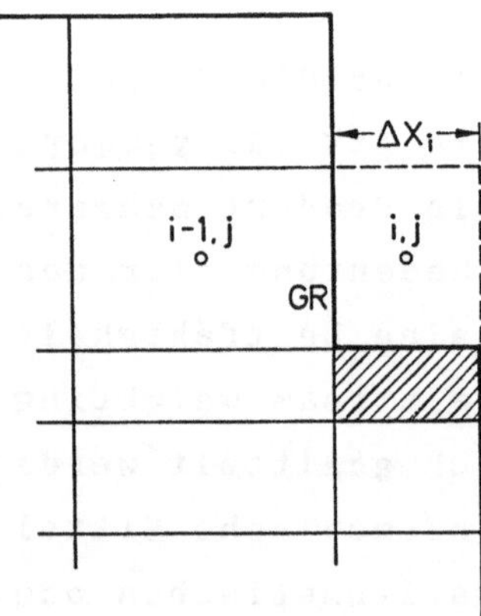

Abb. 3.6. Zur ersten Randbedingung. Starke Linien: Grenze des Definitionsbereichs der Differentialgleichung. Dünne Linien: Blockgrenzen von Blöcken des Definitionsbereichs. Gestrichelt: Blockgrenzen von Blöcken außerhalb des Definitionsbereichs. GR: gemeinsamer Rand der Blöcke (i-1,j) und (i,j); s.Text

Jedem außerhalb des Definitionsbereichs der Differentialgleichung liegenden Block ordnet das Programm den Wert L=0 zu. Grenzt nun ein Randblock (i,j) an einen Außenblock $(i+1,j)$, so ist $S_{i+\frac{1}{2},j} = 0$, da wegen $L_{i+1,j} = 0$ das harmonische Mittel (3.18) verschwindet, und entsprechendes gilt für jeden anderen Rand. Bedingung 2 ist also für jeden Randblock von selbst erfüllt.

Randbedingung 1 muß eingegeben werden. Beispiel (Abb.3.6): Auf dem gemeinsamen Rand GR der Blöcke $(i-1,j)$ und (i,j) sei $u=u_0$ vorgegeben; Block $(i-1,j)$ gehöre zum Definitionsbereich, Block (i,j) liege außerhalb. Dann muß das Tripel i,j,u_0 eingegeben werden. u_0 liegt auf dem Gitterpunkt (i,j) und muß auf GR liegen. Also ist bei Berechnung von S formal $\Delta x_i=0$ zu setzen. (Im Programm wird, was auf dasselbe hinauskommt, $L_{i,j}$ gleich unendlich gesetzt und damit zugleich die programminterne Randbedingung 2 mit $L_{i,j}=0$ aufgehoben.) Man beachte: in Abb.3.6 grenzt auch der schraffierte Block an den Block (i,j). Also wird durch Eingabe des Tripels i,j,u_0 auch der u-Randwert für den schraffierten Block vorgegeben. Entsprechendes gilt an jeder einspringenden Ecke des Definitionsbereichs und kann durch Programmverfeinerung eliminiert werden.

3.13 Das Programm adj.f77

Variablenzuweisung:

Programm	I	J	IM	JM	IA(J)	IE(J)	JA(I)	JE(I)
Text	i	j	i_{max}	j_{max}	i_a	i_e	j_a	j_e

Programm	N	NM	DX(I)	DY(J)	ITM	IT
Text	n	n_{max}	Δx_i	Δy_j	IT_{max}	Iterationsindex

Programm	AU	BU	CU	QU	SP(I,J)	SM(I,J)	TP(I,J)	TM(I,J)
Text	A	B	C	Q	$S_{i+\frac{1}{2},j}$	$S_{i-\frac{1}{2},j}$	$T_{i,j+\frac{1}{2}}$	$T_{i,j-\frac{1}{2}}$

Programmteil Parameter: UNENDL=10^8 steht für L=∞ (vgl. letzte

Ziffer, Randbedingung 1). Sind die Leitfähigkeiten von dieser Größenordnung, so muß UNENDL entsprechend höher sein.

Programmteil Zeitstartwert: In (3.16) ist $\beta/\Delta t_n=\beta_n$ gesetzt. Das Programm beginnt mit n=0. Es sei $\Delta t_n = t_{n+1} - t_n$ mit t_0 =0 und n=0,1,2,3,... Dann setzt das Programm die geometrische Reihe β_n = BETA*(ALPHA)^n (s. BETA=BETA*ALPHA am Programmende). Dies läßt sich leicht in eine beliebig andere Abfolge ändern.

Programmteil Initialisierung: DX(0) bis DY(JM1) werden bei Verarbeiten der Randbedingung 1 durch UNENDL dividiert. Sie sind feste formale Programmkonstanten. $A_{i,j} = B_{i,j} = 0$ bedeutet Verschwinden von L im Block (i,j). Die Initialisierung C=Q=0 für alle i,j erleichtert die Eingabe von C und Q, da C zumeist identisch verschwindet und Q oft bis auf wenige Blökke. U=0 ist häufig der Anfangswert (fast stets bei Lösen einer elliptischen Gleichung).Ist U für t=0 eine Ortsfunktion, so ist diese im Programmteil Initialisierung einzufügen.

Programmteil Parameter der Differentialgleichung: Ist durch eine entsprechende Eingaberoutine zu ersetzen.

Programmteil Berechnung von S und T: A und B werden nicht in Faktoren zerlegt sondern als Ganzes harmonisch gemittelt. Zusätzlich notwendige arithmetische Mittelungen sind in diesem Programmteil einzufügen.

Nichtlinearität und Zeitabhängigkeit: A,B,C,Q und die Randbedingungen sind im Programm nur Ortsfunktionen A=A(x,y) usw. Hängen sie zusätzlich von der Zeit t ab, so muß insbesondere neben der Erweiterung von $A_{i,j}$ zu $A_{i,j,n}$ usw. die rechenzeitaufwendige Ermittlung von S und T in die Zeitschleife einbezogen werden. Dieser Zeitaufwand läßt sich halbieren: $S_{i-\frac{1}{2},j}$ geht aus $S_{i+\frac{1}{2},j}$ durch Indexverschiebung hervor, und entsprechendes gilt für T. Nichtlinearitäten bereiten kaum Probleme, wenn man das am Schluß von Ziffer 3.11 Gesagte beachtet und analog auf C und Q und nichtlineare Randbedingungen anwendet.

Programmteste. Es sei $u_{xx} + u_{yy} + 1 = 0$ auf einem achsenpa-
ralllelen Quadrat der Kantenlänge 3. Auf dem Rand verschwinde
u. Mit $\Delta x = \Delta y = 1$ für alle i und j erhält man:

```
0.266    0.389    0.266
0.389    0.580    0.389
0.266    0.389    0.266
```

Diskretisiert man die Differentialgleichung nach (1.4) Ziffer
1.1 und nimmt nur einen inneren Gitterpunkt und damit h=1.5,
so erhält man $-4U + h^2 = 0$, d.h. U=0.5625. Dieser Wert sowie
die Symmetrie der obigen Lösung deuten an, daß adjung zumindest "global" richtig ist. Besseren Aufschluß über die Zuverlässigkeit des Programms erhält man durch das Beispiel A=y,
B=x, C≡0, Q=-2x-2y, β=0, $u=x^2+y^2$ auf dem Quadrat $0\leq x\leq 1, 0\leq y\leq 1$.
Die Normalableitung verschwindet auf dem Rand des Quadrates,
der auf der x- bzw. y-Achse liegt. Dies entspricht Undurch-
lässigkeit, wird also vom Programm automatisch berücksichtigt.
Am rechten Rand (x=1) ist $u=1+y^2$; am oberen Rand (y=1) ist
$u=1+x^2$.

3.14 Lösung elliptischer Gleichungen mit adjung.f77

Schreiben wir (3.15) in der Kurzform $Du = \beta(u_{n+1} - u_n)/\Delta t_n$
mit diskretisierter Zeitableitung βu_t und n=0,1,2,3,... ! .
Strebt die Lösung u(x,y,t) für $t\to\infty$ asymptotisch der Lösung
v(x,y) der elliptischen Gleichung Du=0 zu, so nähert sich
u gewöhnlich anfangs relativ schnell, mit wachsender Zeit
jedoch immer langsamer der Grenzfunktion. Wir können also
$\Delta t_{n+1}>\Delta t_n$ (n=0,1,2,3,...) wählen und damit $\beta_n=\beta/\Delta t_n$ bei
jedem Schritt verkleinern, mit anderen Worten eine monoton
fallende Folge $\beta_0,\beta_1,\beta_2,\beta_3,...$ nehmen, wobei wir zwischen β
und Δt_n nicht mehr unterscheiden müssen. Es hat sich dabei
als vorteilhaft erwiesen, die Folge $\beta_0,\beta_0\alpha,\beta_0\alpha^2,....,\beta_0\alpha^m$,
$\beta_0,\beta_0\alpha,\beta_0\alpha^2,....,\beta_0\alpha^m$ mit $0.1\leq\alpha\leq 0.5$ zu wählen. (Dies sind
zwei "Zyklen" der geometrischen Folge $\beta_n=\beta_0\alpha^n$ mit n=0,m.)

Man wähle zunächst $\beta_0=1$ wenn die Funktionen A und B größenordnungsmäßig gleich sind, und andernfalls $\beta_0=2$. Weiter wähle man $\alpha=0.25$ und $m=5$ bis 10. Der Wert von β_0 ist nicht kritisch, eher schon $\beta_0\alpha^m$, der kleinste Wert der Folge. Er ist proportional $1/M^2$ mit $M=\max(i_{max},j_{max})$, nimmt also bei Gitterverfeinerung stark ab. Tritt keine hinreichende Stabilisierung von u ein, so verkleinere man α und eventuell β_0. Bei guter Parameterwahl sollte man mit $m=5$ bis 10 auskommen.- Im Programm steht ALPHA für α und BETA für β_n.

Läßt man den physikalischen Bezug fallen, so ist β_n ein formaler Iterationsparameter, dessen Konvergenzverhalten theoretisch untersucht werden kann.

3.15 Die Austauschbarkeit elliptischer und parabolischer Programme

Offenbar können wir alle Programme des Kapitels 2 zur Lösung elliptischer Gleichungen benutzen und umgekehrt das direkte Lösungsverfahren und das Mehrgitterverfahren dieses Kapitels nach geringfügiger Erweiterung zur Lösung parabolischer Probleme einsetzen.

3.16 Douglas-Rachford iterativ (DRI)

Es sei hier näher auf den Algorithmus "DRI" eingegangen, mit dem wir die Differenzengleichungen (3.16) gelöst haben. Der Einfachheit halber betrachten wir $u_{xx} + u_{yy} + Q = cu_t$ und denken uns u_{xx} durch $(Au_x)_x$ und u_{yy} durch $(Bu_y)_y$ ersetzt. Es ist v eine Näherung der Lösung auf der (n+1)-ten Zeitschicht. Der Iterationsindex ist m mit dem Semikolon als Abtrennungszeichen. Man beachte, daß $u_{i,j,n}$ als u-Wert der letzten Zeitschicht nicht der Iteration unterliegt:

$$(v_{xx})_{i,j} + (u_{yy})_{i,j;m} + Q_{i,j,n+1} = c(v_{i,j} - u_{i,j,n})/\Delta t$$

$$(v_{xx})_{i,j} + (u_{yy})_{i,j;m+1} + Q_{i,j,n+1} = c(u_{i,j;m+1} - u_{i,j,n})/\Delta t$$

$$m = 1,2,3,\ldots \qquad (u_{yy})_{i,j;1} = (u_{yy})_{i,j,n} \qquad (3.19)$$

Aus der ersten Gleichung berechnen wir $v_{i,j}$, aus der zweiten $u_{i,j;m+1}$ usw. bis beide hinreichend übereinstimmen und damit eine gute Näherung für $u_{i,j,n+1}$ darstellen. Iteriert man nicht und beläßt es bei m=1, so liegt das bedingungslos stabile Verfahren von Douglas und Rachford mit $u_{i,j,n+1} = u_{i,j;2}$ vor. DRI löst das voll implizite System $(u_{xx})_{n+1} + (u_{yy})_{n+1} + Q_{n+1} = cu_t$. In Programmen nennt man $u_{i,j;m+1}$ am einfachsten $w_{i,j}$. Die Behandlung von $u_{xx} + u_{yy} + u_{zz} + Q = cu_t$ und ihrer Verallgemeinerungen ist offensichtlich.

3.17 Die Biharmonische $\nabla^4 u = \nabla^2(\nabla^2 u) = 0$

Man zerlege die Gleichung $u_{xxxx}+2u_{xxyy}+u_{yyyy}=0$ in $\nabla^2 u=v$ und $\nabla^2 v=0$:

$$u_{xx}+u_{yy}=v \qquad v_{xx}+v_{yy}=0 \qquad (3.20)$$

Im allgemeinen ist u mit seinen ersten Ableitungen auf C, dem Rand des Definitionsbereichs der Differentialgleichung, gegeben, so daß $v=(u_x)_x+(u_y)_y$ auf C bekannt ist. Direkte Differenzenformel für $\nabla^4 u$: (1.32) Ziffer 1.11.

3.18 Literatur

Schnelle Poisson Löser: s. [14] - [16] Ziffer 1.22

Mehrgitterverfahren: s. [5] - [12] Ziffer 1.22

Zu Ziffer 3.8:   s. S.249 von [13] Ziffer 1.22

Zu Ziffer 3.14:

[1]   Peaceman, D.W., Rachford, H.H.:
          Ind. Appl. Math. Vol.3 28 (1955)

[2]   Douglas, J., Rachford, H.H.:
          On the numerical solution of heat conduction
          problems in two or three space variables.
          Trans. Amer. Math. Soc. Vol.82 421-439 (1956)

[3]   Douglas, J., Peaceman, D.W.:
          Numerical solution of two-dimensional heat flow
          problems. AIChE Journal 505 (1955)

[4]   Douglas, J.:
          Alternating direction methods for three space
          variables. Num. Math. Band 4 41 (1962)

4 Hyperbolische Gleichungen

4.1 Zusammenfassung

Dieses Kapitel führt in die numerische Lösung der Wellengleichung und der Gleichungen erster Ordnung ein. Im Mittelpunkt
der Konvergenz- und Stabilitätsbetrachtungen steht das CFL-
Kriterium von Courant, Friedrichs und Lewy. Großer Wert wird
auf die Meisterung der numerischen Längsdispersion gelegt,
die sich bei Gleichungen erster Ordnung leider so häufig be-
merkbar macht. Alle besprochenen Differenzenformeln sind explizit und damit einfach programmierbar. Halbanalytische und
statitistische Verfahren (Charakteristikenmethode, Laplace-
Transformation mit numerischer Inversion und random walk) und
hier nicht behandelte Differenzengleichungen werden im Literaturverzeichnis angesprochen.

4.2 Charakteristiken

In Ziffer 1.8 wurde gezeigt, daß im allgemeinen auf dem Definitionsbereich der Gleichung (1.21) $Au_{xx}+Bu_{xy}+Cu_{yy}+E=0$ Kurven
existieren, von denen aus keine eindeutige analytische Lösung
$u(x,y)$ entwickelt werden kann. Diese Kurven, <u>Charakteristiken</u>
genannt, spielen keine Rolle bei der numerischen Lösung elliptischer oder parabolischer Gleichungen, eine große hingegen
für hyperbolische. Bei ihnen beschränken die Charakteristiken
im allgemeinen das Lösungsgebiet auf einen Ausschnitt des Definitionsbereichs; und auf Charakteristiken können Unstetigkeiten der Lösung oder ihrer Ableitungen auftreten, durch die

Lösungsgebiete voneinander getrennt werden. Physikalisch manifestieren sich diese Unstetigkeiten als Schockwellen, Flammenfronten oder andere Phänomene.

Beispiel. Die Wellengleichung $u_{tt} = c^2 u_{xx}$ (c>0, fest) hat, wie man durch Differenzieren leicht verifiziert, u=f(x+ct)+g(x-ct) als Lösung, wobei u=f(x)+g(x) die Anfangsbedingung (t=0) auf dem Intervall a≤x≤b sei. Diese Lösung gilt jedoch nur auf dem Dreieck der Abb.4.1. Denn ist x+ct>b, so ist f(x+ct) nicht definiert, und ist x-ct<a, so ist g(x-ct) nicht definiert. Die Lösung gilt also nicht auf dem gesamten Streifen a≤x≤b, t>0, sondern nur auf einem Dreieck, das von den Charakteristiken x-ct=a und x+ct=b begrenzt wird.

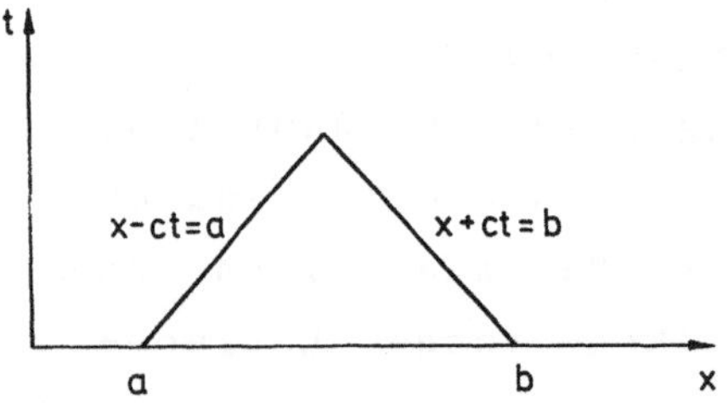

Abb. 4.1. Das Dreieck der Bestimmtheit für das Anfangswertproblem der einfachsten Wellengleichung.

Man löst hyperbolische Probleme numerisch im allgemeinen am besten mit dem _Charakteristikenverfahren_ (method of characteristics), das Lösung und Charakteristiken simultan aufbaut. Es ist ein Hybridverfahren, im zweidimensionalen unschwer zu handhaben, jedoch etwas mühsam zu programmieren; s.Literaturverzeichnis [1],[2],[3]. Im folgenden seien nur reine Differenzenverfahren besprochen. Sie sind zulässig, wenn das _CFL-Kriterium_ von Courant, Friedrichs und Lewy erfüllt ist. Es wird in den Ziffern 4.5, 4.7, 4.8 und 4.11 besprochen.

4.3 Die Gleichung $a(x,y)\,u_{xx} - c(x,y)\,u_{yy}$
$= g(x,y)\,u + f(x,y)$ mit $a(x,y) > 0$ und $c(x,y) > 0$

<u>Das Anfangswertproblem</u>. Vorgegeben seien $u(x,0)=v(x)$ sowie $u_y(x,0)=w(x)$ für $-\infty<x<+\infty$ (Fall 1) oder $\alpha\le x\le\beta$ (Fall 2). Wir wählen das Gitter $x_i=ih$, $y_j=jk$ mit den Schrittlängen h und k und $i=0,\pm1,\pm2,\ldots$ sowie $j=0,\pm1,\pm2,\ldots$ (Fall 1) bzw. $y_j=jk$ und $x_i=\alpha+ih$ mit $h=(\beta-\alpha)/n$ und $i=0,1,2,\ldots,n$ sowie $j=0,1,2,3,4,\ldots$ (Fall 2). Diskretisierung nach (1.4) Ziffer 1.1 ergibt

$$(a_{i,j}/h^2)(U_{i+1,j} - 2U_{i,j} + U_{i-1,j}) -$$

$$- (c_{i,j}/k^2)(U_{i,j+1} - 2U_{i,j} + U_{i,j-1}) = g_{i,j}U_{i,j} + f_{i,j} \tag{4.1}$$

Wir lösen nach $U_{i,j+1}$ auf und berechnen zuerst die $U_{i,1}$-Werte (j=0), daraus die $U_{i,2}$-Werte (j=1) usw. Beim ersten Schritt (Berechnung von $U_{i,1}$) setzen wir $u_{i,0}=v_i$ und eliminieren $U_{i,-1}$ mit Hilfe der Anfangsbedingung

$$(U_{i,1} - U_{i,-1})/2h = w_i \tag{4.2}$$

Offenbar konstituiert (4.1),(4.2) ein explizites Verfahren. Bei dem Sonderfall

$$u_{xx} - u_{yy} = f(x,y) \tag{4.3}$$

ist es stabil für $k/h\le1$, und (4.1) vereinfacht sich für h=k zu

$$U_{i,j+1} = U_{i+1,j} - U_{i,j-1} + U_{i-1,j} - h^2 f_{i,j} \tag{4.4}$$

Für den Anfang (j=0) gilt $U_{i,0}=v_i$ und $U_{i,-1} = U_{i,1} - 2hw_i$ nach (4.2) und damit nach (4.4) für j=0

$$U_{i,1} = \tfrac{1}{2}(v_{i-1} + v_{i+1}) + hw_i - \tfrac{1}{2}h^2 f_{i,0} \tag{4.5}$$

Z.B. sei v_i bekannt für i=0,6. Dann liefern (4.5) und (4.4) lediglich:

j=0: $\quad v_0 \qquad v_1 \qquad v_2 \qquad v_3 \qquad v_4 \qquad v_5 \qquad v_6$

j=1: $\qquad\qquad U_{1,1} \quad U_{2,1} \quad U_{3,1} \quad U_{4,1} \quad U_{5,1}$

j=2: $\qquad\qquad\qquad\quad U_{2,2} \quad U_{3,2} \quad U_{4,2}$

j=3: $\qquad\qquad\qquad\qquad\quad U_{3,3}$

Dies entspricht dem Dreieck der Abb.4.1.

__Das Randwertproblem__. Zu Fall 2 des Anfangswertproblems seien zusätzlich die Randwerte $u(\alpha,y)$ und $u(\beta,y)$ für y>0 gegeben. Wir verfahren wie oben und erhalten jetzt die Lösung auf dem Streifen $\alpha \le x \le \beta$, $y \ge 0$.

4.4 Die Wellengleichungen $u_{tt} = \mu u_{xx} + f$, $u_{tt} = \mu(u_{xx} + u_{yy}) + f$ und $u_{tt} = \mu(u_{xx} + u_{yy} + u_{zz}) + f$ mit $\mu = c^2$

Die Transformation $\theta = D^{\frac{1}{2}} ct$ überführt die D-dimensionale Wellengleichung (D=1,2,3) wegen $u_t = u_\theta \theta_t$ usw. in

$$u_{xx} + F = u_{\theta\theta}, \qquad u_{xx} + u_{yy} + F = 2u_{\theta\theta}, \qquad u_{xx} + u_{yy} + u_{zz} + F = 3u_{\theta\theta} \qquad (4.6)$$

Der 1-dimensionale Fall wurde bereits in Ziffer 4.3 behandelt. Für die 2-dimensionale Wellengleichung $u_{xx} + u_{yy} = 2u_{\theta\theta}$ mit der Lösung $u(x,y,\theta)$ seien für $\theta = 0$ auf einem Bereich B der x,y-Ebene $u(x,y,0) = v(x,y)$ und $u_\theta(x,y,0) = w(x,y)$ vorgegeben. Diskretisation der mittleren Gleichung von (4.6) nach (1.4) Ziffer 1.1 mit h als Maschenweite in x-, y- und θ-Richtung führt auf die stabilen Differenzengleichungen mit x=ih, y=jh und θ=kh (zunächst sei $F \equiv 0$)

$$2U_{i,j,k+1} + 2U_{i,j,k-1} =$$

$$= U_{i+1,j,k} + U_{i-1,j,k} + U_{i,j+1,k} + U_{i,j-1,k} \qquad (4.7)$$

$U_{i,j,k}$ entfällt wegen des Faktors $D^{\frac{1}{2}}$ bei der Transformation von t zu θ. Gesucht ist $U_{i,j,k+1}$, bekannt sind $U_{i,j,k}$ sowie $U_{i,j,k-1}$. Analog wie in Ziffer 4.3 wird $U_{i,j,k-1}$ für k=0 d.h. t=θ=0 bestimmt. Beim Anfangswertproblem baut (4.7) eine Stufenpyramide von U-Werten auf. Beim Randwertproblem ist U auf dem Rand des Bereichs B für t>0 gegeben; und die errechneten U-Werte liegen in einem Zylinder, dessen Projektion auf die x,y-Ebene der Rand von B ist.

Beim 3-dimensionalen Problem müssen u und $u_θ$ auf einem Quader oder einem anderen einfach berandeten Raumgebiet bekannt sein. Im übrigen verfährt man analog wie oben. Alle Maschenweiten und die Zeitschrittlänge haben denselben Wert h.

Verschwindet in (4.6) der Term $F = F(x,y,θ,u_x,u_y,u_z,u_θ)$ nicht identisch, so ist $h^2 F_{i,j,k}$ auf der rechten Seite von (4.7) zu addieren und entsprechend beim ein- und dreidimensionalen Fall zu verfahren. Man beachte, daß wir bei allen Wellengleichungen drei Zeitschichten miteinander verknüpfen, und zwar k-1, k und k+1,wenn k der Zeitindex ist! Erste Ableitungen sind nach Ziffer 1.1 Beziehung (1.3) zu diskretisieren (mittlerer Differenzenquotient), um die Genauigkeit $O(h^2)$ zu konservieren.

4.5 Die Bestimmung der zulässigen Maschenweiten für Wellengleichungen. Das Kriterium von Courant, Friedrichs und Lewy

Selbstverständlich können wir die zulässigen Maschenweiten für ein gegebenes Differenzenschema nach Ziffer 1.9 bestimmen, indem wir Konvergenz, Konsistenz und Stabilität untersuchen. Für die hyperbolische Gleichung zweiter Ordnung sei jedoch ein auf Charakteristiken bezogenes Verfahren von Courant, Friedrichs und Lewy skizziert.

Wir beginnen mit $c^2 u_{xx} = u_{tt}$. Wie in Ziffer 4.2 gezeigt, ist beim Anfangswertproblem (u und u_t auf $a \leq x \leq b$ gegeben) die Lösung u(x,t) in einem Dreieck der "Bestimmtheit" (domain of dependence) festgelegt, das von den duch a und b gehenden Charakteristiken x-ct=a und x+ct=b begrenzt wird. Um u in ihrem Schnittpunkt P berechnen zu können, muß man u(a,0) und u(b,0) kennen.

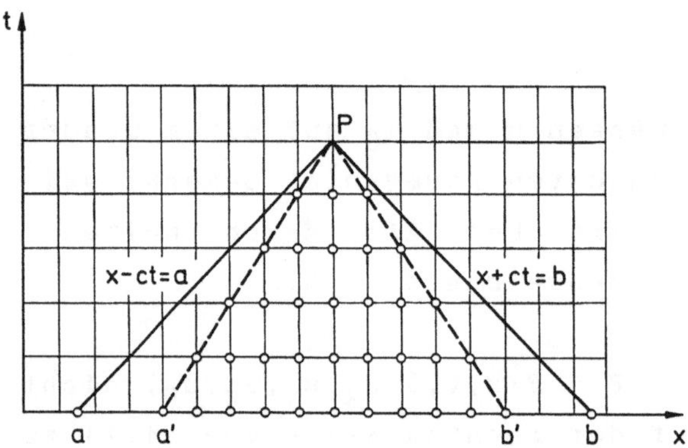

Abb. 4.2. Dreieck a,b,P: Dreieck der Bestimmtheit für die analytische Lösung der Wellengleichung. Dreieck a',b',P: Die numerische Lösung im Punkt P wird nur mit Hilfe jener Gitterpunkte bestimmt, die im Innern und auf dem Rand des Dreiecks a',b',P liegen ([3] S.214)

Ist (wie in Abb.4.2) beim Maschengitter $\Delta t/h$ größer als die Steigung dt/dx=1/c der Charakteristik x-ct=a, so wird u(P) aus Anfangswerten berechnet, die u(a,0) sowie u(b,0) nicht enthalten und damit für $h \to 0$ bei festbleibendem $\Delta t/h$ nicht korrekt sein können. Ist hingegen das Bestimmtheitsdreieck in dem "Bestimmtheitsdreieck" der Gitterpunkte enthalten,so konvergiert, wie Courant, Friedrichs und Lewy gezeigt haben, die Näherung U für $h \to 0$ gegen u(x,t). Also herrscht Konvergenz für $\Delta t/h \leq 1/c$, d.h. für $h = \beta \Delta t$ mit $\beta \geq c$. Speziell muß für c=1, also $u_{xx} = u_{tt}$, $\Delta t/h \leq 1$ sein.

Ist $u_{xx} + u_{yy} = 2u_t$, so ist das Bestimmtheitsgebiet ein Kreiskegel mit zur t-Richtung parallelen Achse und dem Öffnungswinkel α mit tg α = $2^{-\frac{1}{2}}$. Die zugehörige Differenzengleichung ergibt eine Bestimmtheitspyramide, die den Kreiskegel ganz enthalten soll. Das geht am einfachsten mit dem in der vorigen Ziffer gewählten achsenparallelen kubischen Gitter.

Allgemeinere Fälle wie in Ziffer 4.3 kann man erfassen, indem man alle Raumschrittweiten gleich h setzt und Δt so wählt, daß h=βΔt mit genügend großem β ist. Einzelheiten: s. [4] S.58-67 und S.72-74. Stets sind bestimmte Stetigkeits- und Differenzierbarkeitsbedingungen vorausgesetzt. Der additive Term F der vorigen Ziffer hat keinen Einfluß auf die zulässigen Maschenweiten.

4.6 Das Programm welle.f77 für 2D-Wellengleichungen

Das Programm löst das Anfangswertproblem

$$2u_{tt} = u_{xx} + u_{yy} + f(x,y,t,u,u_x,u_y,u_t)$$

$$u(x,y,0) = v(x,y), \qquad u_t(x,y,0) = w(x,y)$$

auf dem Gitter x=ih, y=jh, t=kh mit $i=0,i_{max}$, $j=0,j_{max}$ und k=0,n. Ist $m = \max(i_{max},j_{max})$, so ist n=½m wenn m gerade ist und andernfalls n=½(m-1). In beiden Fällen ist dann der Top der Stufenpyramide erreicht. Der Top kann eine Spitze sein – es gibt nur einen U-Wert U(i,j,n) – ein First oder ein parallel zur x,y-Ebene liegendes Rechteck.

Berechnet wird $U_{i,j,k+1}$ nach (4.7), wobei auf der rechten Seite noch $h^2 f_{i,j,k}$ hinzutritt. Die U-Werte der Zeitschicht k=1 erhält man durch Eliminieren von $U_{i,j,-1}$ aus (4.7) für k=0 und der Anfangsbedingung $(U_{i,j,1} - U_{i,j,-1})/2h = w_{i,j}$. Es resultiert

$$U_{i,j,1} = \tfrac{1}{4}(U_{i+1,j,0} + U_{i-1,j,0} + U_{i,j+1,0} + U_{i,j-1,0}) +$$

$$+ hw_{i,j} + \tfrac{1}{4}h^2 f_{i,j,0}$$

Implementiert ist das Beispiel $f = u_x + u_y$ mit den Anfangsbedingungen $u(x,y,0)=\exp(x+y)$, $u_t(x,y,0)=w(x,y)=2^{\frac{1}{2}}\exp(x+y)$.
Es hat die Lösung $u(x,y,t)=\exp(x+y+2^{\frac{1}{2}}t)$. Numerisches Beispiel für h=0.1: (i,j,k)=(6,6,6): u=7.756, U=7.745; (i,j,k)=
(6,7,6): u=8.572, U=8.560.

Zur Lösung anderer Aufgaben muß man U(I,J,0), W(I,J) sowie
F(I,J,K) entsprechend abändern.

Variablenzuweisung:

Programm	F	H	I	J	K	IM	JM	NM	W
Text	f	h	i	j	k	i_{max}	j_{max}	n	w

4.7 Die Charakteristiken der quasilinearen Gleichung erster Ordnung

Es sei $u(x,y)$ eine Lösung von

$$ap + bq = c \qquad p = u_x \qquad q = u_y \qquad (4.8)$$

mit Koeffizienten a,b,c, die höchstens von x,y,u abhängen.
Es ist du=pdx+qdy die Änderung von u auf einer Kurve C, die
in die x,y-Ebene eingebettet ist und im betrachteten Punkt
P die Steigung dy/dx hat. Einsetzen von (4.8) in du und Elimination von p liefert nach kurzer Umformung

$$q(ady-bdx) + (cdx-adu) = 0 \qquad (4.9)$$

Ist also die Kurve C bestimmt durch

$$ady - bdx = 0 \qquad (4.10)$$

so gehorcht u auf C den gewöhnlichen Differentialgleichungen

$$du = (c/a)dx \qquad und \qquad du = (c/b)dy \qquad (4.11)$$

Man deutet dies durch die laufende Proportion

$$dx/a = dy/b = du/c \qquad\qquad (4.12)$$

an und nennt C <u>Charakteristik</u> von (4.8).

Beispiel. Es sei yp+q=1 und C gehe durch den Punkt $x=x_0$, y=0.
Dann ist C die Kurve $x-x_0 = \frac{1}{2}y^2$, und auf dieser Kurve ist u=
y+B (B constant), z.B. u=y. Auf den rechts und links von C
liegenden Nachbarkurven $x-x_0\pm\varepsilon = \frac{1}{2}y^2$ kann u=y±B sein, m.a.W.
u beim Queren der Charakteristik C um 2B springen.

Es zeigt sich also insbesondere zweierlei: 1.Längs einer Charakteristik C können Lösungsgebiete durch Sprungunstetigkeiten der Lösung getrennt sein. 2.Liegen zwei Punkte P_0 und P
auf C, so ist u(P) vollständig durch den "Anfangswert" $u(P_0)$
und die Differentialgleichung (4.11) auf C bestimmt; Punkte
der x,y-Ebene, die nicht auf C liegen, werden nicht benötigt.

Ersetzen wir (4.8) durch eine Differenzenformel

$$U_{i,j+1} = \alpha U_{i-1,j} + \beta U_{i,j} + \mu U_{i+1,j}$$

die u(P) mit Hilfe der Punkte a,b,c approximiert (Abb.4.3)!

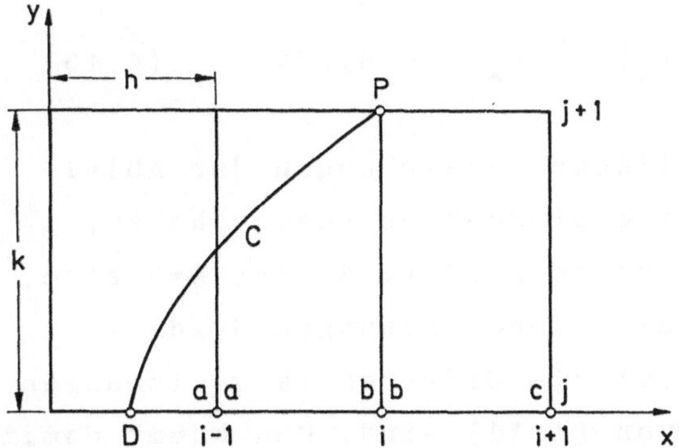

Abb. 4.3. Kurve DP: Stück der Charakteristik C mit einer
Steigung dy/dx, die hier im Mittel kleiner als k/h ist
([3] S.186)

Die Charakteristik C laufe von Punkt D nach P. Der Wert von
u in D bestimmt damit u(P), den Wert von u in P. Liegt (wie
in Abb.4.3) D nicht an einem Endpunkt oder im Innern des Intervalls a-b-c, so kann für h und k gegen Null das Intervall
nicht auf den Punkt D zusammenschrumpfen, sodaß die Näherung
$U_{i,j+1}$ nicht gegen u(P) konvergieren kann. D muß vielmehr dem
Intervall a-b-c angehören und tut dies genau, wenn die Steigung dy/dx=b/a der Charakteristik C größer oder gleich k/h
ist (CFL-Kriterium für Gleichungen erster Ordnung):

$$k/h \leq b/a \qquad\qquad (4.13)$$

wobei a und b die entsprechenden Koeffizienten in (4.8) sind.

4.8   Die Charakteristiken quasilinearer Systeme erster Ordnung

Gegeben sei zunächst das System

$$a_i u_x + b_i u_y + c_i v_x + d_i v_y = f_i \qquad i=1,2 \qquad (4.14)$$

dessen Koeffizienten höchstens von x,y,u,v abhängen. Gesucht
werden Lösungen u*(x)=u(x,y) und v*(x)=v(x,y) auf einer gegebenen Kurve C: y=y(x). Bildet man nach der Kettenregel

$$(u^*)_x = u_x + u_y dy/dx \qquad\qquad (v^*)_x = v_x + v_y dy/dx \qquad (4.15)$$

so stellen (4.14),(4.15) vier lineare Gleichungen der Ableitungen u_x, u_y, v_x, v_y dar, die keine eindeutige Lösung haben,
wenn ihre Systemdeterminante D verschwindet. Es ist D=0 eine
quadratische Gleichung für dy/dx , deren Lösungen dy/dx =
g(x,y,u,v) und dy/dx = h(x,y,u,v) die Differentialgleichungen
der charakteristischen Kurven von (4.14) sind. Man kommt damit
zu entsprechenden Verhältnissen wie in Ziffer 1.8; dort für
Gleichungen zweiter Ordnung (Beispiel: Ziffer 4.11 letzter Absatz).

Erweitert man (4.14) zu einem System von drei Gleichungen mit gesuchten Funktionen $u(x,y)$, $v(x,y)$, $w(x,y)$ und geht wie oben vor, so stellt $D=0$ eine kubische Gleichung für die Ableitung dy/dx der Charakteristiken dar. Auch dann kann man Charakteristikenverfahren entwickeln; [2] S.327. Hängen u,v bzw. u,v,w von x,y,z ab, so sind die Charakteristiken Raumflächen und das zugehörige Charakteristikenverfahren wird recht verwickelt.

4.9   Die Lösung hyperbolischer kanonischer Systeme

Gesucht seien die Lösungen $u=u(x,t)$ und $v=v(x,t)$ des Systems

$$u_t = u_x + au + bv \qquad\qquad v_t = - v_x + cu + dv \qquad\qquad (4.16)$$

für $0 \leq t \leq T$ mit gegebenen Anfangswerten $u(x,0)$, $v(x,0)$ auf dem Intervall $0 \leq x \leq L$. Die Koeffizienten a,b,c,d können von x und t und u abhängen. Wir wählen das Rechteckgitter

$$x=ih \quad (i=0,m \ ; \ mh=L) \qquad\qquad t=jk \quad (j=0,n \ ; \ nk=T) \qquad\qquad (4.17)$$

mit Gitterpunkten (i,j) und Maschenweiten h,k, ersetzen u_t, u_x, v_t durch den vorderen sowie v_x durch den hinteren Differenzenquotienten und multiplizieren mit k. Wir erhalten

$$u_{i,j+1} = (1-\sigma)u_{i,j} + \sigma u_{i+1,j} + ka_{i,j}u_{i,j} + kb_{i,j}v_{i,j} + R$$

$$v_{i,j+1} = (1-\sigma)v_{i,j} + \sigma v_{i-1,j} + kc_{i,j}u_{i,j} + kd_{i,j}v_{i,j} + R$$

$$\sigma = k/h \qquad\qquad R = O(hk) + O(k^2) \qquad\qquad (4.18)$$

Lassen wir R weg und ersetzen die Lösung u,v durch ihre Approximation U,V, so stellt (4.18) ein explizites Verfahren für die Zeitschicht $j+1$ dar, und zwar (z.B. für $m=9$) auf den Gitterpunkten

```
i:                                    j:

1  2  3  4  5  6  7  8  9      0   (Anfangswerte)
   2  3  4  5  6  7  8         1
      3  4  5  6  7            2
         4  5  6               3
            5                  4
```

Die Gitterpunkte liegen in einem Dreieck, das bei zusätzlicher Vorgabe von Randbedingungen zu dem Streifen $0 \leq x \leq L$, $0 \leq t \leq T$ aufgeweitet wird. Sind die Koeffizienten a,b,c,d beschränkt und ist $k/h \leq 1$, so konvergieren die Näherungen U,V gegen die Lösung u,v, wenn h und k gegen Null streben. Dies folgt offenbar aus dem CFL-Kriterium für Gleichungen erster Ordnung und zieht nach dem Laxtheorem von Ziffer 1.19 auch die Stabilität der Differenzengleichungen nach sich. Wir wollen jedoch die Konvergenz in der folgenden Ziffer direkt durch Untersuchen der Fehlergleichungen beweisen.

4.10 Beweis der Konvergenz der Näherungslösung

Wir müssen zeigen, daß für jedes i und j die Fehler

$$\mu_{i,j} = u_{i,j} - U_{i,j} \qquad\qquad \delta_{i,j} = v_{i,j} - V_{i,j} \qquad\qquad (4.19)$$

zusammen mit h und k gegen Null streben, wenn $k/h = \sigma \leq 1$ ist und eine positive Zahl A obere Schranke der Absolutbeträge von a,b,c,d. Die Fehlergleichungen erhalten wir, indem wir die aus (4.18) folgenden Differenzengleichungen von (4.18) subtrahieren. Wir erhalten wiederum (4.18) mit μ statt u und δ statt v. Der Absolutwert des Restglieds R ist kleiner als $Bk(h+k)$, wobei B eine gewisse feste positive Zahl ist; vgl. die Definition von $O(h)$ in Ziffer 1.2. Da laut Voraussetzung $1-\sigma$ (mit σ gleich k/h) nicht negativ sein kann, folgt aus den Fehlergleichungen, wenn e_j der betragsgrößte Wert aller Fehler der Zeitschicht j ist,

$$e_{j+1} \leq (1-\sigma)e_j + \sigma e_j + 2kAe_j + Bk(h+k) \qquad\qquad e_0 = 0 \qquad (4.20)$$

und damit

$$e_{j+1} \leq Ce_j + E \qquad (4.21)$$

mit $C = 1+2Ak$ und $E = Bk(h+k)$. Also ist $e_1 \leq E$, $e_2 \leq EC + E$, $e_3 \leq EC^2 + EC + E$ und schließlich $e_{j+1} \leq E(1+C+C^2+C^3+...+C^j)$ $= E(C^{j+1}-1)/(C-1)$ und folglich

$$e_{j+1} \leq B(h+k)(C^{j+1}-1)/2A \qquad (4.22)$$

Nach (4.17) läuft j bis n, und es ist $nk=T$. Einsetzen von $k=T/n$ in C^n ergibt $C^n = [1+(2AT/n)]^n$ und damit $\exp(2AT)$ für $n\to\infty$. Also konvergieren alle e_j für $k\to0$ gegen Null.

4.11 Systeme vom Telegraphengleichungstyp

Zu lösen sei das System

$$u_t = -\alpha v_x + f \qquad v_t = -\beta u_x + g \qquad (\alpha\beta>0) \qquad (4.23)$$

mit festen Zahlen α und β. f und g mögen von x,y,t,u,v abhängen. Wir differenzieren die erste Gleichung nach t (nach x), die zweite nach x (nach t), eliminieren v_{xt} bzw. u_{xt} und erhalten

$$u_{tt} = \alpha\beta u_{xx} + F \qquad v_{tt} = \alpha\beta v_{xx} + G \qquad (4.24)$$

wobei F und G keine zweiten Ableitungen enthalten. Aus F kann mittels (4.23) v_x und v_t eliminiert werden, aus G u_x und u_t. Die Gleichungen werden gemäß Ziffer 4.4 erster Absatz transformiert zu $u_{\theta\theta} = u_{xx} + F^*$ und $v_{\theta\theta} = v_{xx} + G^*$ und nach Ziffer 4.3 ab Gleichung (4.3) behandelt, wobei u und v und ihre ersten Ableitungen durch ihre bekannten Werte der letzten Zeitschicht ersetzt werden, also z.B. durch $u_{i,j}$ wenn $u_{i,j+1}$ berechnet werden soll und j die alte Zeitschicht bezeichnet.

Einen direkten Lösungsansatz erhält man, wenn man in (4.23)

102

alle Ableitungen durch den vorderen Differenzenquotienten ersetzt (h ist die Maschenweite in x-Richtung, k in t-Richtung):

$$u_{j+1,i} = u_{j,i} + \alpha(k/h)(v_{i,j} - v_{i+1,j}) + kf_{i,j}$$

$$v_{j+1,i} = v_{i,j} + \beta(k/h)(u_{i,j} - u_{i+1,j}) + kg_{i,j} \qquad (4.25)$$

Zur Bestimmung der zulässigen k/h-Werte ermitteln wir die Charakteristiken nach Ziffer 4.8. Die vier linearen Gleichungen lauten $u_t+\alpha v_x=f$, $v_t+\beta u_x=g$, $u_x+u_t t'=(u^*)_x$, $v_x+v_t t'=(v^*)_x$ mit $t'=dt/dx$. Setzen wir ihre Systemdeterminante gleich Null, so resultiert $dt/dx=\pm(\alpha\beta)^{\frac{1}{2}}$. Also muß, verfahren wir analog wie in Ziffer 4.5, $k/h\leq 1/(\alpha\beta)^{\frac{1}{2}}$ sein.

4.12 Gleichungen und Systeme vom Typ $u_t = -\beta(x,t)v_x$

Es sei

$$u_t = -\beta(x,t)v_x \qquad\qquad v=f(u) \qquad\qquad \beta(df/du)>0 \qquad (4.26)$$

oder

$$(u_s)_t = -\beta_s(x,t)(v_s)_x, \qquad v_s=f_s(u_1,u_2,\ldots,u_m) \qquad s=1,m \qquad (4.27)$$

Im Folgenden beschäftigen wir uns nur mit (4.26), da die Verallgemeinerung zu (4.27) offenbar keine Probleme bereitet. Wählen wir die explizite Formel (h ist die Schrittlänge in x-Richtung, k in t-Richtung; x=ih, t=jk)

$$(U_{i,j+1} - U_{i,j})/k = -\beta_{i-\frac{1}{2},j}(V_{i,j} - V_{i-1,j})/h \qquad (4.28)$$

so muß nach dem CFL-Kriterium $k/h\leq 1/(\beta f')$ sein, wobei f' das Maximum des Absolutbetrags von df/du ist und $\beta = \max|\beta(x,t)|$. Schließlich ist $V_{i,j}=f(U_{i,j})$. Die Genauigkeit von (4.28) ist offenbar nur $O(h)+O(k)$.

4.13 Das Programm utvx.f77

Das Programm utvx.f77 löst (4.28). Als numerisches Beispiel
dient das folgende Problem. Es sei

$$u_t = -v_x \qquad\qquad v = u^2$$

$$t=0,\ x\geq 0:\ u=1 \qquad\qquad t>0,\ x=0:\ u=0 \qquad\qquad (4.29)$$

Die analytische Lösung lautet

$$0\leq x\leq t:\ u=\tfrac{1}{2}(x/t) \qquad\qquad x\geq t:\ u=1 \qquad\qquad (4.30)$$

Sie stellt also einen Streckenzug dar, der im x,t-Ursprung beginnt und nach rechts wandert (Abb.4.4). Es treten zwei Unstetigkeiten auf: 1.Auf x=0 ist u=1 für t=0, dagegen u=0 für t>0.
2.Für $\tfrac{1}{2}(x/t)=1$ springt u_x von 1/2t auf Null.

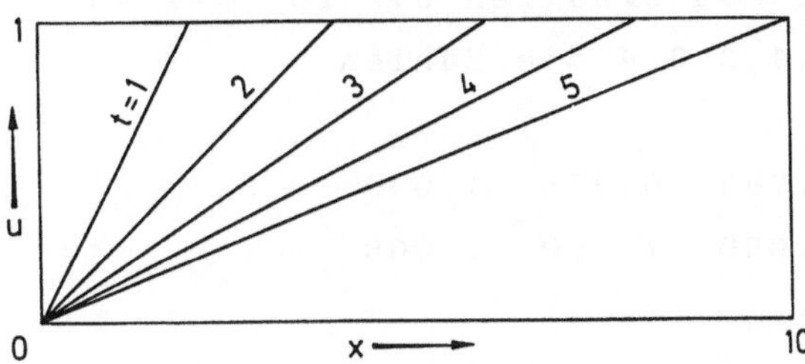

Abb. 4.4. Das Wandern einer Front u=1. S. Text

Nach (4.29) ist $u_t=2uu_x$. Also muß wegen $0\leq u\leq 1$ nach dem CFL-
Kriterium $k/h\leq\tfrac{1}{2}$ sein, wenn dieses trotz der obigen Unstetigkeiten gilt. Wir erhalten für $k/h=\tfrac{1}{2}$ [auf der Kopfleiste stehen die x-Werte, auf der linken Seitenleiste die t-Werte]:

h=1 k=$\tfrac{1}{2}$:

	0	1	2	3	4	5	6
0	1.000	1.000	1.000	1.000	1.000	1.000	1.000
1	0.000	0.500	1.000	1.000	1.000	1.000	1.000

```
2   0.000   0.305   0.500   0.695   1.000   1.000   1.000
3   0.000   0.225   0.366   0.500   0.634   0.775   1.000
```

h=½ k=¼:

```
        0       1       2       3       4       5       6
0   1.000   1.000   1.000   1.000   1.000   1.000   1.000
1   0.000   0.500   1.000   1.000   1.000   1.000   1.000
2   0.000   0.292   0.500   0.708   1.000   1.000   1.000
3   0.000   0.209   0.357   0.500   0.643   0.791   1.000
```

analytische Lösung:

```
        0       1       2       3       4       5       6
0   1.000   1.000   1.000   1.000   1.000   1.000   1.000
1   0.000   0.500   1.000   1.000   1.000   1.000   1.000
2   0.000   0.250   0.500   0.750   1.000   1.000   1.000
3   0.000   0.167   0.333   0.500   0.667   0.833   1.000
```

Offenbar tritt für k/h=½ keine Längsdispersion (Ziffer 1.14)
auf. Für k/h=¼ gilt dies nicht. So erhalten wir für h=1 und
k=¼ zum Zeitpunkt t=1 auf x=0,1,2,3,4 die Zahlen

```
            0.000   0.517   0.785   0.948   1.000
    statt   0.000   0.500   1.000   1.000   1.000
```

Mit zunehmendem t wird die scharfe Ecke bei x=2t zu einem immer länger werdenden Schnabel ausgezogen.

4.14 Numerische Längsdispersion 1

Betrachten wir in Abb.4.5 das Rechteck u=1, $0 \leq x \leq 2$, das für t>0
mit konstanter Geschwindigkeit dx/dt=1 nach rechts wandere:

$$t \leq x \leq t+2: \quad u=1 \qquad\qquad x<t \text{ und } x>t+2: \quad u=0 \qquad (4.31)$$

Diese Stufenfunktion u ist die Lösung des Anfangswertproblems

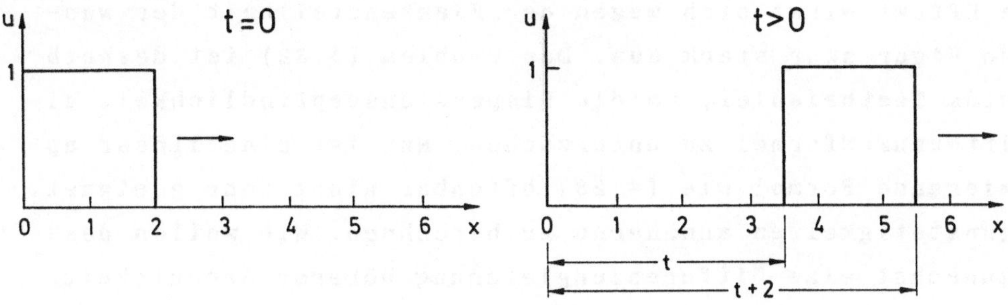

Abb. 4.5. Das wandernde Rechteck u=1 auf t<x<t+2

$$u_x = -u_t$$

t=0, 0≤x≤2: u=1   t=0, x>2: u=0   (Anfangswerte)

t>0, x=0:   u=0   (Randwerte) (4.32)

Wenden wir darauf (4.28) an, so liefert das Programm utvx.f77 mit V=U, β≡1 und den Anfangsrandwerten von (4.32) [Kopfleiste: x-Werte, linke Seitenleiste: t-Werte]:

h=1   k=½:

	0	1	2	3	4	5	6	7	8	9
0	1.000	1.000	1.000	0.000	0.000	0.000	0.000	0.000	0.000	0
1	0.000	0.500	1.000	0.750	0.250	0	0	0	0	0
2	0.000	0.125	0.500	0.813	0.688	0.313	0.063	0	0	0
3	0.000	0.031	0.188	0.484	0.703	0.625	0.344	0.109	0.016	0

analytische Lösung:

	0	1	2	3	4	5	6	7	8	9
0	1	1	1	0	0	0	0	0	0	0
1	0	1	1	1	0	0	0	0	0	0
2	0	0	1	1	1	0	0	0	0	0
3	0	0	0	1	1	1	0	0	0	0

Das Rechteck bleibt also nicht erhalten, es fließt vielmehr auseinander und verliert an Höhe. Dieser in Ziffer 1.14 erklärte Effekt wirkt sich wegen der Flankensteilheit der wandernden Figur sehr stark aus. Das Problem (4.32) ist deshalb ein gutes Testbeispiel, um die Dispersionsempfindlichkeit einer Differenzenformel zu untersuchen. Nun ist eine linear approximierende Formel wie (4.28) offenbar nicht sehr geeignet, Sprungunstetigkeiten annähernd zu berechnen. Wir wollen deshalb zunächst eine Differenzengleichung höherer Genauigkeit aufstellen, von der wir ein besseres Dispersionsverhalten erwarten, und anschließend dann zeigen, wie man selbst bei Problemen mit Unstetigkeit der Lösungsfunktion recht gut mit der Längsdispersion fertig werden kann.

4.15 Das Lax-Wendroff Schema

Es behandelt - hier in leicht verallgemeinerter Form - wie (4.28) die Gleichung

$$u_t = -\beta(x,t)v_x \qquad\qquad v=f(u) \qquad\qquad (4.33)$$

auf dem Gitter x=ih, t=jk mit i,j = 0,1,2,3,... Es ist das Schema (ursprüngliche Fassung z.B. [1] S.218)

$$U_{i+\frac{1}{2},j+\frac{1}{2}} = \tfrac{1}{2}(U_{i+1,j} + U_{i,j}) - \tfrac{1}{2}(k/h)(V_{i+1,j} - V_{i,j})\beta_{i+\frac{1}{2},j+\frac{1}{2}}$$

$$U_{i-\frac{1}{2},j+\frac{1}{2}} = \tfrac{1}{2}(U_{i,j} + U_{i-1,j}) - \tfrac{1}{2}(k/h)(V_{i,j} - V_{i-1,j})\beta_{i-\frac{1}{2},j+\frac{1}{2}}$$

$$U_{i,j+1} = U_{i,j} - (k/h)(V_{i+\frac{1}{2},j+\frac{1}{2}} - V_{i-\frac{1}{2},j+\frac{1}{2}})\beta_{i,j+\frac{1}{2}} \qquad (4.34)$$

mit $V_{i,j} = f(U_{i,j})$. Die erste Gleichung approximiert U auf dem Blockmittelpunkt $(i+\frac{1}{2})h,(j+\frac{1}{2})k$ des Rechteckgitters mit $O(h)+O(k)$; die letzte Gleichung legt U auf dem Gitterpunkt (i,j+1) mit quadratischer Genauigkeit fest.

Die Verallgemeinerung des Lax-Wendroff Schemas auf das System

$$(u_s)_t + \beta_s(x,t)(v_s)_x = 0 \qquad v_s = f_s(u_1,u_2,u_3,\ldots,u_m)$$

$$s = 1,2,3,\ldots,m \qquad\qquad (4.35)$$

bietet offenbar keine Schwierigkeiten.

4.16 Das Programm laxwf.f77

Das Programm laxwf.f77 löst das Schema (4.34) für $\beta\equiv1$. Beim Problem der Ziffer 4.13 erhalten wir für t=2

```
h=1   k=½:
   x:         0        1        2        3        4
utvx      0.000    0.305    0.500    0.695    1.000
laxwf     0.000    0.290    0.528    0.744    1.000
analyt.   0.000    0.250    0.500    0.750    1.000


h=½   k=¼:
   x:         0        1        2        3        4
utvx      0.000    0.292    0.500    0.708    1.000
laxwf     0.000    0.274    0.519    0.750    1.000
analyt.   0.000    0.250    0.500    0.750    1.000


h=¼   k=0.125:
   x:         0        1        2        3        4
utvx      0.000    0.280    0.500    0.720    1.000
laxwf     0.000    0.263    0.511    0.750    1.000
analyt.   0.000    0.250    0.500    0.750    1.000
```

4.17 Numerische Längsdispersion 2

Wir lösen nun das Problem des wandernden Rechtecks mit Hilfe des Lax-Wendroff Schemas. Wahl von h=½, k=¼ ist offenbar zu grobmaschig und führt zu hoher Dispersion (Abb.4.6 untere Figur). Bei Wahl von h=0.1 und k=0.05 bemerken wir zweierlei: 1.Es tritt Welligkeit auf (Abb.4.6 obere Figur), 2.Der Flä-

cheninhalt des Rechtecks der analytischen Lösung ist gleich
der Fläche zwischen der x-Achse und einer Kurve, die durch
die numerisch berechneten Punkte geht.

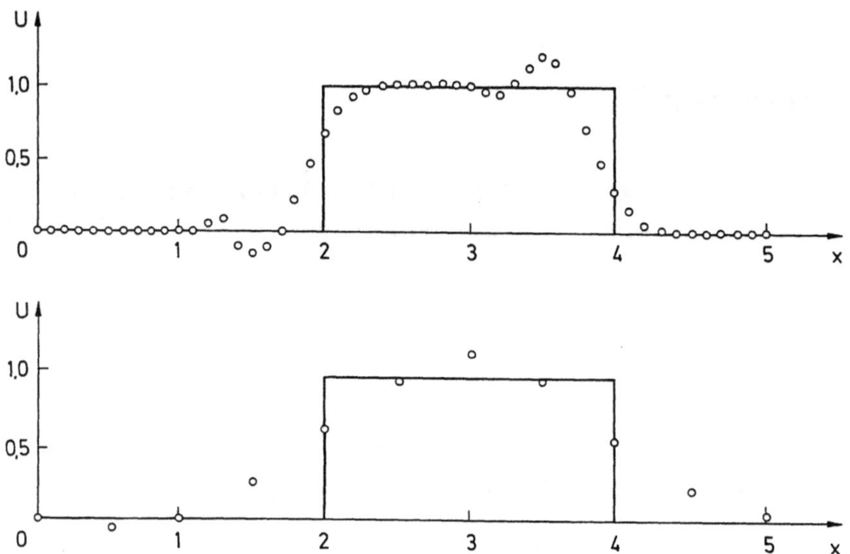

Abb. 4.6. Ausgezogene Linien: analytische Lösung (wanderndes
Rechteck) von (4.32). Kreise: numerische Lösung nach dem Lax-
Wendroff Schema. Beide Lösungen zum Zeitpunkt t=2. Untere Figur: h=0.5, k=0.25. Obere Figur: h=0.1, k=0.05. Bei der unteren Figur ist das Lösungsrechteck "ausgebreitet" zwischen x=1
und x=5, bei der oberen mit Welligkeit zwischen x=1.75 und x=
4.25

Die Flächenerhaltung ist leicht verständlich: $u_t=-u_x$ und sein
Lax-Wendroff Schema sind beide <u>konservierend</u>, d.h. Gleichun-
gen, die einen Erhaltungssatz ausdrücken wie die Erhaltung von
Masse oder Impuls oder Energie.

Die Welligkeit kommt durch den Versuch des Programms zustande,
die steilen Flanken der analytischen Lösung durch Parabelbögen
anzunähern. In den Anwendungen ist Welligkeit, die wie hier
über die zulässigen u-Werte hinausschießt, zumeist nicht zulässig. Sie trägt physikalisch unmögliche Werte in die Lösung
und kann, wenn diese Lösung in anderen Differentialgleichungen
benutzt wird, dort zu Instabilität führen.

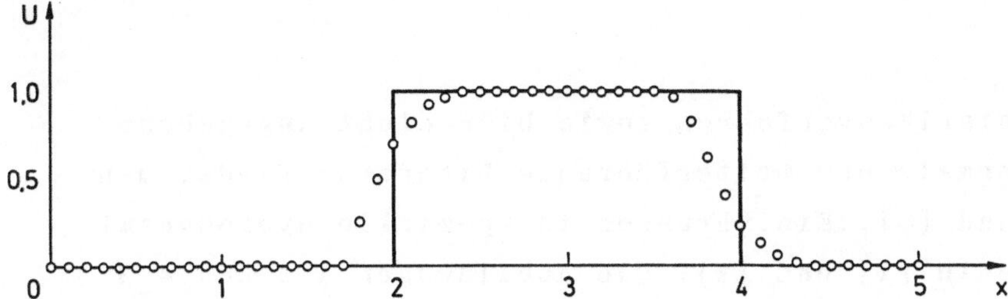

Abb. 4.7. Entspricht Abb. 4.6 obere Figur, jedoch mit unter-
drückter Welligkeit.

Wir beseitigen deshalb die Welligkeit, indem wir bei jedem
Zeitschritt nach Berechnung der U-Werte jeden negativen U-Wert
durch Null ersetzen und jedes U über 1 durch 1. Wir erhalten
dann stets eine von Welligkeit befreite Punktfolge, die eine
recht gute Annäherung an die unstetige Lösungsfunktion bietet
(Abb.4.7). Dieses Verfahren kann sinngemäß fast immer benutzt
werden, da wir gewöhnlich von der physikalischen Problemstellung her wissen, zwischen welchen Extremwerten sich u bewegt.

4.18 Integration der Gleichung $u_x + v_y = 0$

Gleichungen der Form $u_x + v_y = 0$ oder ähnliche treten bei hyper-
bolischen Systemen auf, bei denen zunächst u und damit u_x aus
einer anderen diskretisierten Gleichung bestimmt wird. Man
integriert $v_y = -u_x$ an der Stelle $x = x_i$ zwischen den Grenzen y_j
und y_{j+1} und erhält

$$v(x_i, y_{j+1}) - v(x_i, y_j) = - \int u_x dy \qquad (4.36)$$

Berechnet man das Integral nach der Trapezregel, so wird (es
sei u_x zweimal stetig differenzierbar)

$$v_{i,j+1} - v_{i,j} = -\tfrac{1}{2}\Delta y[(u_x)_{i,j} + (u_x)_{i,j+1}] + O(\Delta y^3) \qquad (4.37)$$

4.19 Literatur

Das Charakteristikenverfahren sowie hier nicht angegebene
Differenzenformeln und weiterführende Literatur findet man
in [1], [2] und [3]; Einführungen in spezielle hydrodynami-
sche Probleme in [1] und [2]. Die Abbildungen 4.2 und 4.3
stammen im wesentlichen aus [3].

[1]   Ames, W.F.:
          Numerical Methods for Partial Differential Equa-
          tions 2nd ed. 365 p. Academic Press New York San
          Francisco, Thomas Nelson & Sons London 1977

[2]   Marsal, D.:
          Die numerische Lösung partieller Differential-
          gleichungen in Wissenschaft und Technik 574 S.
          B.I.Wissenschaftsverlag Mannheim 1976

[3]   Smith, G.D.:
          Numerical solution of partial differential equa-
          tions: finite difference methods. 337 p.
          Clarendon Press Oxford 1985

Das CFL-Kriterium:

[4]   Courant, R., Friedrichs, K., Lewy, H.:
          Über die partiellen Differenzengleichungen der
          mathematischen Physik. Math. Anal. Bd.100   32-74
          (1928)

Zu Ziffer 4.9 (hyperbolische kanonische Systeme) vgl. S.469

[5]   Garabedian, P.R.:
          Partial Differential Equations Wiley N.Y. 1964

Random walk (Methode der Irrwege), auch Diskussion von Vor-
und Nachteilen:

[6]   Heft 54 des Instituts für Wasserbau der Universität
       Stuttgart 1983, ab S.319, insbesondere ab S.333

Numerische Inversion von Laplacetransformierten:

[7]   Stehfest, H.:
            Numerical Inversion of Laplace Transforms.
            Communications of the ACM Vol.13   47-49 (1970)

5 Parabolische Gleichungen II

5.1   Zusammenfassung

Dieses Kapitel führt tief in die Praxis, wobei vieles auch bei
elliptischen Problemen und finiten Elementen Anwendung finden
kann. Neben manchem anderen stehen insbesondere dreidimensionale Probleme, die einfache und elegante Behandlung beliebig geformter (auch zeitabhängiger) Definitionsbereiche, die Verminderung der numerischen Dispersion und das Arbeiten mit stream
weighting im Vordergrund. Praktisch alle Probleme sind nichtlinear.- Die Einführung in einfache Techniken der Lösung linearer Gleichungssysteme wird mit der Besprechung der SOR-Methode
weitergeführt.

5.2   Die SOR-Methode zur Lösung linearer Gleichungen
Die Verfahren von Jacobi und Gauß-Seidel

In den Ziffern 3.9 - 3.16 wurde eine sehr allgemeine selbstadjungierte Gleichung auf fast beliebigem Grundgebiet behandelt,
und zwar mit einem Rechenaufwand, der etwa proportional der
Anzahl der Ortsgitterpunkte ist. Das Verfahren läßt sich einfach auf dreidimensionale Gebiete, Systeme von Differentialgleichungen und allgemeinere Formen erweitern, jedoch program-
miertechnisch nur sehr umständlich auf beliebige Definitionsbereiche. Für diese ist es am einfachsten, die auftretenden
Differenzengleichungen mit einer Verallgemeinerung der iterativen Gauß-Seidel Methode zu lösen. Gegeben sei das System

$$a_{11}x_1 + a_{12}x_2 + a_{13}x_3 + \ldots + a_{im}x_m = b_i \qquad (i=1,m) \qquad (5.1)$$

mit $a_{ii} \neq 0$ und den Unbekannten x_i, in Matrixschreibweise $Ax=B$. Wir dividieren die i-te Zeile durch a_{ii} und lösen nach x_i auf. Es resultiert $x=Cx+D$ mit den Elementen c_{ij} von C und d_i von D:

$$d_i = b_i/a_{ii} \qquad c_{ii} = 0 \qquad c_{ij} = - a_{ij}/a_{ii} \quad (i \neq j) \qquad (5.2)$$

$$i=1,m \qquad\qquad j=1,m$$

Beispiel: (m=3)

$$a_{11}x_1 + a_{12}x_2 + a_{13}x_3 = b_1$$
$$a_{21}x_1 + a_{22}x_2 + a_{23}x_3 = b_2$$
$$a_{31}x_1 + a_{32}x_2 + a_{33}x_3 = b_3$$

wird zu

$$x_1 = \qquad\qquad c_{12}x_2 + c_{13}x_3 + d_1 \qquad\qquad (c_{11}=0)$$
$$x_2 = c_{21}x_1 \qquad\qquad + c_{23}x_3 + d_2 \qquad\qquad (c_{22}=0)$$
$$x_3 = c_{31}x_1 + c_{32}x_2 \qquad\qquad + d_3 \qquad\qquad (c_{33}=0)$$

Wir zerlegen C in eine untere Dreiecksmatrix L und eine obere M: $C=L+M$. In L ist die Hauptdiagonale und jede Superdiagonale mit Nullen besetzt, in M die Hauptdiagonale und jede Subdiagonale.

Beispiel: ($C=L+M$ für m=3)

$$\begin{pmatrix} 0 & c_{12} & c_{13} \\ c_{21} & 0 & c_{23} \\ c_{31} & c_{32} & 0 \end{pmatrix} = \begin{pmatrix} 0 & 0 & 0 \\ c_{21} & 0 & 0 \\ c_{31} & c_{32} & 0 \end{pmatrix} + \begin{pmatrix} 0 & c_{12} & c_{13} \\ 0 & 0 & c_{23} \\ 0 & 0 & 0 \end{pmatrix}$$

Durch die Zerlegung von C in L+M wird $x=Cx+D$ zu $x=Lx+Mx+D$. Dieses System ersetzen wir durch das Iterationsschema (x^r ist die r-te Iterierte)

$$x^{r+1} = Lx^r + Mx^r + D \qquad\qquad (5.3a)$$

(<u>Jacobi</u>, <u>J-Verfahren</u>) bzw. durch

$$x^{r+1} = Lx^{r+1} + Mx^r + D \qquad\qquad (5.3b)$$

(<u>Gauß-Seidel</u>, <u>GS-Verfahren</u>) und berechnen nacheinander die r+1-te Iterierte von x_1, x_2, x_3, ..., x_m.

Beispiel: (Gauß-Seidel für m=3; r als Tiefindex geschrieben)

$$
\begin{aligned}
x_{1,r+1} &= \phantom{c_{21}x_{1,r+1}} + c_{12}x_{2,r} + c_{13}x_{3,r} + d_1 \\
x_{2,r+1} &= c_{21}x_{1,r+1} \phantom{+ c_{12}x_{2,r+1}} + c_{23}x_{3,r} + d_2 \\
x_{3,r+1} &= c_{31}x_{1,r+1} + c_{12}x_{2,r+1} \phantom{+ c_{23}x_{3,r}} + d_3
\end{aligned}
$$

Bilden wir aus x^{r+1} und x^r das gewichtete Mittel $\omega x^{r+1} +$ $+ (1-\omega)x^r$ mit dem Gewichtsfaktor ω, so erhalten wir das <u>SOR-Schema</u>

$$x^{r+1} = \omega(Lx^{r+1} + Mx^r + D) + (1-\omega)x^r \qquad\qquad (5.4)$$

Es geht für $\omega=1$ in GS über. Beispiel: (m=3, zweite Zeile)

$$x_{2,r+1} = \omega(c_{21}x_{1,r+1} + c_{23}x_{3,r} + d_2) + (1-\omega)x_{2,r}$$

Bei der Programmierung lassen wir die Iterationsindizes r und r+1 weg und überspeichern x^r durch x^{r+1}. Bei Beginn der Iteration steht also $x_{1,r}$, $x_{2,r}$, $x_{3,r}$, ..., $x_{m,r}$ im Speicher, nach Berechnung der ersten Zeile $x_{1,r+1}$, $x_{2,r}$, $x_{3,r}$, ..., $x_{m,r}$, nach Berechnung der zweiten Zeile $x_{1,r+1}$, $x_{2,r+1}$, $x_{3,r}$, ..., $x_{m,r}$ usw. Folglich ist nur die folgende Beziehung zu programmieren (":=" ist das Zuweisungszeichen)

$$x := \omega Cx + \omega D + (1-\omega)x \qquad\qquad (5.5)$$

ausführlich geschrieben

$$x_i := \omega \sum_{j=1,m} c_{ij}x_j + (1-\omega)x_i + \omega d_i \qquad i=1,m \qquad (5.6)$$

Bei der Diskretisierung von Differentialgleichungen treten Systeme mit den Unbekannten U statt x auf, und an Stelle von x_i tritt bei zweidimensionalen Problemen U_{ij} mit den Indizes i,j des Gitterpunktes (i,j) bzw. bei dreidimensionalen Problemen U_{ijk} mit den Indizes i,j,k des Gitterpunktes (i,j,k).

Der Übergang von x auf U bereitet keine Schwierigkeiten: Wir erhalten das Ausgangssystem, indem wir die Differenzengleichung des Gitterpunktes (i,j) bzw. (i,j,k) nach U_{ij} bzw. U_{ijk} auflösen.

Beispiel: (Laplace-Gleichung)

Die Diskretisierung von $u_{xx}+u_{yy}=0$ auf einem quadratischen Gitter ergibt

$$(u_{i+1,j} - 2u_{ij} + u_{i-1,j}) + (u_{i,j+1} - 2u_{ij} + u_{i,j-1}) = 0$$

aufgelöst nach u_{ij}

$$u_{ij} = \Sigma = \tfrac{1}{4}u_{i+1,j} + \tfrac{1}{4}u_{i-1,j} + \tfrac{1}{4}u_{i,j+1} + \tfrac{1}{4}u_{i,j-1}$$

Damit ist entsprechend (5.6)

$$U_{ij} := \omega\Sigma + (1-\omega)U_{ij}$$

Allgemein gilt: Es sei $U_{ij} = \Sigma$ eine nach U_{ij} aufgelöste lineare (linearisierte) Differenzengleichung eines zweidimensionalen Problems. Dann lautet das SOR-Programm

```
   max=0
 1 do i,j
    alt=U(i,j)
    U(i,j)=ωΣ+(1-ω)U(i,j)
    neu=U(i,j)
    fehler=abs(alt-neu)
    if  fehler>max  max=fehler
```

```
end do
if  max≥epsilon  goto 1
stop
end
```

Die Rechnung bricht ab, wenn $\max_{i,j}|U_r(i,j)-U_{r+1}(i,j)|$ kleiner als eine vorgegebene positive Zahl ε ist (r=Iterationsindex). Bei dreidimensinalem Gitternetz ist überall i,j durch
i,j,k zu ersetzen. Das Programm zeigt: 1.<u>Es gibt kein Lösungsverfahren für Differenzengleichungen, das einfacher und schneller zu programmieren ist als SOR und GS</u>. 2.<u>Jede Unbekannte U_{ij}
bzw. U_{ijk} benötigt nur einen Speicherplatz</u>; es besteht kein Bedarf, mehr als die jeweils letzte Iterierte abzuspeichern.

Die SOR-Methode konvergiert nicht für $\omega\leq 0$ und $\omega\geq 2$, in den Anwendungen jedoch zumeist - bei beliebigen Startwerten - für
$0<\omega<2$ (Kapitel 6), wobei die Konvergenzgeschwindigkeit im allgemeinen sehr empfindlich von ω abhängt. Gewöhnlich liegt der
optimale ω-Wert umso näher bei 2, je größer die Anzahl m der
Gleichungen und Unbekannten ist. Für $\omega=1$ (GS) ist die Anzahl
der Rechenoperationen etwa proportional m^2, für optimales ω
proportional $m^{1.5}$. Der Bestwert hängt nur von der Matrix A des
Ausgangsystems $Ax=B$ ab und kann - worauf hier nicht eingegangen sei - aus den Eigenwerten von A berechnet werden.

Ist $Ax=B$ für festes A mit mehreren rechten Seiten B zu lösen,
so bestimme man ein brauchbares ω durch systematisches Eingabeln z.B. aus dem Intervall $1.6\leq\omega<2$ für eine einzige rechte
Seite B. Dies entspricht dem Fall, daß eine parabolische Gleichung mit nicht zeitabhängigen Koeffizienten für viele Zeitschritte zu behandeln ist. Ändert sich die Matrix A und damit
ω-opt im Verlauf der Rechnung, so mag man $\omega=1$ (GS) wählen und
eine vergleichsweise hohe Rechenzeit (für z.B. 200 Iterationen
je Zeitschritt) in Kauf nehmen oder (5.1) mit anderen, allerdings programmieraufwendigen Verfahren nach Kapitel 6 lösen.

Das Problem der Bestimmung von ω erledigt sich von selbst,
wenn alle c_{ij} in (5.2) betragsklein sind: Dann konvergiert

(5.6) bereits für $\omega=1$ (GS) so rasch, daß sich der Aufwand für eine Optimalisierung der Iteration nicht lohnt. Es ist c_{ij} betragsklein, wenn a_{ii} gegenüber den a_{ij} betragsgroß ist. Wie man sich leicht überlegt, entspricht dies dem Fall, daß eine parabolische Gleichung mit relativ kleinen Zeitschritten Δt gelöst wird. (Beispiel: für $u_{xx}+u_{yy}=\beta u_t$, diskretisiert mit der Maschenweite h, muß $h^2\beta/\Delta t$ groß sein.)

5.3 Neun-Punkte Formel des Operators $(Tu_x)_x + (Tu_y)_y$ Minimalisierung der numerischen Querdispersion

Bei üblicher Diskretisierung selbstadjungierter Operatoren nach Ziffer 1.20 kann die in Ziffer 1.15 geschilderte numerische Querdispersion auftreten. Wir wollen deshalb für zweidimensionale selbstadjungierte Probleme die 9-Punkte Formel (1.39) der Ziffer 1.16 verallgemeinern. Das Ergebnis werden wir in dem Generalprogramm der Ziffer 5.5 benutzen. Die Verallgemeinerung lautet:

$$[(Tu_x)_x + (Tu_y)_y](p+2)h^2 =$$

$$pT_{i+\frac{1}{2},j}(U_{i+1,j} - U_{i,j}) +$$

$$+ pT_{i-\frac{1}{2},j}(U_{i-1,j} - U_{i,j}) +$$

$$+ pT_{i,j+\frac{1}{2}}(U_{i,j+1} - U_{i,j}) +$$

$$+ pT_{i,j-\frac{1}{2}}(U_{i,j-1} - U_{i,j}) +$$

$$+ T_{i+\frac{1}{2},j+\frac{1}{2}}(U_{i+1,j+1} - U_{i,j}) +$$

$$+ T_{i-\frac{1}{2},j-\frac{1}{2}}(U_{i-1,j-1} - U_{i,j}) +$$

$$+ T_{i+\frac{1}{2},j-\frac{1}{2}}(U_{i+1,j-1} - U_{i,j}) +$$

$$+ T_{i-\frac{1}{2},j+\frac{1}{2}}(U_{i-1,j+1} - U_{i,j}) \qquad (5.7)$$

mit

$$U_{i+q,\,j+r} = U(ih+qh,\,jh+rh) \qquad q=-1,0,+1 \qquad r=-1,0,+1 \tag{5.8}$$

Das Gitter ist quadratisch, die Maschenweite ist h. Hängt T nicht vom Ort ab, so reduziert sich (5.7) auf (1.39) Ziffer 1.16. Der Parameter p darf jeden Wert annehmen und ist so zu wählen, daß die numerische Querdispersion minimalisiert wird. Der beste p-Wert hängt von T ab und pflegt nach meiner Erfahrung gewöhnlich zwischen 3 und 4 zu liegen. [Vgl. Ziffer 5.8 Punkt 2.]

5.4 Mehrdimensionale Grundgebiete beliebiger und wechselnder Gestalt. Gitterabtastung. Dreidimensionale Differentialgleichungen auf beliebigen Bereichen

Bei vielen Problemen ist der Definitionsbereich Ω der Differentialgleichung sehr komplex. Die folgende Figur zeigt ein zweidimensionales Beispiel. Ω ist in ein achsenparalleles Rechteck eingebettet. Die zu Ω gehörenden Gitterpunkte sind als Pluszeichen dargestellt; die übrigen bis auf die Umrandung weggelassen. Das Rechteck umfaßt insgesamt 15x11 Gitterpunkte:

```
-  -  -  -  -  -  -  -  -  -  -  -  -  -  -
-  +     +  +        +  +              +  +  -
-  +  +  +        +  +  +  +  +            +  -
-     +  +  +  +  +              +  +  +     -
-        +  +  +  +  +           +  +        -
-  +  +  +        +  +                 +  +  -
-  +  +  +  +  +  +  +  +        +  +  +  +  -
-  +     +  +           +  +  +  +  +  +  +  -
-  +  +  +  +              +  +  +  +  +     -
-        +  +  +           +  +  +  +        -
-  -  -  -  -  -  -  -  -  -  -  -  -  -  -
```

Der Definitionsbereich ist unregelmäßig berandet und zerfällt in zwei voneinander getrennte Gebiete, wobei das größere auch von inneren Rändern begrenzt wird; vgl. Abb.5.1.

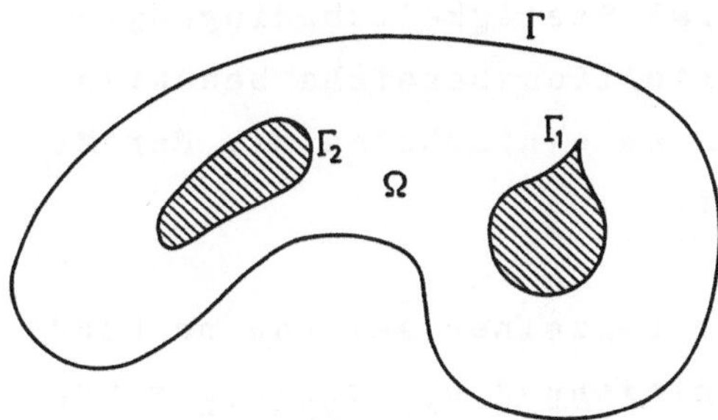

Abb. 5.1. Nicht zerfallender zweidimensionaler Bereich Ω mit
einer Einstülpung, Außenrand Γ und Innenrändern Γ1 und Γ2.
Die schraffierten Bereiche gehören nicht zu Ω. Mit anderen
Worten ist Ω ein nicht zerfallender, nicht konvexer, mehrfach
zusammenhängender Bereich

Zusätzlich vorkommende Schwierigkeiten sind: 1. Das Problem
ist auf unterschiedlichen Grundgebieten komplexer Gestalt zu
lösen. 2. Auf unterschiedlichen Gitterpunkten gelten unterschiedliche Differentialgleichungen und damit unterschiedliche Differenzenformeln. 3. Durch wandernde Fronten wird das
Grundgebiet in Bereiche unterschiedlicher Eigenschaften ge-
teilt. 4. Das Grundgebiet wird durch den untersuchten Vorgang
verformt, das mitgeführte (zu Beginn des Zeitschritts achsen-
paralele) Gitter wird verzerrt. 5. Das Grundgebiet verändert
im Lauf der Zeit seine Größe.

In den Fällen 1 bis 3 kann man auf dem Gitterpunkt g eine Gitterfunktion F(g) definieren, die je nach Art von g einen der
Werte 0, 1, 2, ... annimmt. Im Fall 1 mag es genügen, F(g)=1
- g liegt im Definitionsbereich - und ansonsten F(g)=0 zu setzen und die Differenzengleichungen nur für Gitterpunkte mit
F=1 zu lösen. Treten im Fall 2 zwei Differentialgleichungen
auf, so setze man F(g)=1 für Differentialgleichung 1, F(g)=2
für Gleichung 2 und F(g)=0 wenn g nicht im Definitionsbereich
liegt.- Eine andere Möglichkeit besteht darin, relevante Gitterpunkte durch eine Laufzahl "index" (index = 1,2,3,...,1)
einfach zu indizieren (s.u.). Im allgemeinen Fall ändern sich
Grundgebiete und damit die Gitterfunktionen mit der Zeit.

In den Fällen 2 und 3 muß man zumeist Stetigkeitsbedingungen
an den inneren Grenzflächen des Definitionsbereichs beachten.
Fall 4 und zumeist auch Fall 5 wird am einfachsten mit der Methode der finiten Elemente erledigt.

Die Durchführung der Indizierung im einzelnen sei nun an Hand
der <u>dreidimensionalen Differentialgleichung</u> $u_{xx}+u_{yy}+u_{zz} = Cu_t$
erläutert. [Ersetzen der linken Seite durch $(u_x)_x+(u_y)_y+(u_z)_z$
bringt nichts Neues; man muß lediglich dreimal (1.52) Ziffer
1.20 statt (1.4) Ziffer 1.1 anwenden.] Auf den Rändern (dem
Außenrand und den Innenrändern) sei u bekannt (<u>1.Randwertauf-
gabe</u>; unten behandeln wir allgemeinere Randbedingungen). Wir
wählen einen achsenparallelen Quader, der den Definitionsbereich der Differentialgleichung enthält, und unterteilen den
Quader durch ein kubisches Gitter der Maschenweite h mit den
Gitterpunkten (i,j,k), wobei (i,j,k) die Koordinaten

$$x = a + ih, \quad y = b + jh, \quad z = c + kh \qquad (a,b,c \text{ fest})$$

habe. Diskretisation der Differentialgleichung auf dem Gitterpunkt (i,j,k) ergibt das implizite System

$$\Sigma - 6U_{ijk} = (Ch^2/\Delta t)(U_{ijk} - U_{n,ijk})$$

mit $\Sigma = U_{i+1,j,k} + U_{i-1,j,k} + U_{i,j+1,k} + U_{i,j-1,k} + U_{i,j,k+1} +
+ U_{i,j,k-1}$. Dabei stehe U für U zum neuen Zeitpunkt n+1 und U_n
für U zum vorhergehenden Zeitpunkt n. Ist das Lösungsverfahren
Gauss-Seidel, so gilt für jeden im Definitionsbereich liegenden
Gitterpunkt (i,j,k), der kein Randpunkt ist,

$$U(i,j,k) = \lambda\Sigma + \lambda U_n(i,j,k), \qquad \lambda = 1/[6+(Ch^2/\Delta t)]$$

Damit lautet das Programm in skizzierter Form:

[a] Initialisierung

```
do i,j,k
 F(i,j,k)=1
end do
```

Auf allen Gitterpunkten des Quaders wird F=1 gesetzt, um die Eingabe der Gitterfunktion einfach zu gestalten.

[b] Eingabe der Gitterfunktion

Eingabe von F(i,j,k)=0 wenn Gitterpunkt (i,j,k) nicht im Definitionsbereich der Lösung u liegt oder wenn (i,j,k) Randpunkt mit gegebenem Randwert ist.

[c] Eingabe der Anfangswerte

[d] Eingabe der Randwerte

Alle Gitterrandwerte des Außenrandes und der Innenränder des Definitionsbereichs müssen gegeben sein. Ein Innenrandpunkt kann im Definitionsbereich eingeschlossen sein wie der gesternte Gitterpunkt in dem zweidimensionalen Netz

```
+ + + + +
+ + * + +
+ + + + +
```

[e] Die Lösungsschleife mit dem Zeitindex n

```
   n=1
1 max=0
2 do i,j,k
    if  F(i,j,k)=0   goto 3
    alt=U(i,j,k)
    U(i,j,k)=λ∑+λUₙ(i,j,k)
    neu=U(i,j,k)
    fehler=abs(alt-neu)
    if  fehler>max   max=fehler
3   continue
    end do
    if  max≥epsilon   goto 2
    n=n+1
    if  n=n_max+1   stop
    goto 1
    end
```

Iteriert wird bis $\max_{i,j,k}|U_r(i,j,k)-U_{r+1}(i,j,k)|$ kleiner als eine vorgegebene Zahl ε ist (r sei der Iterationsindex). Der Term $\lambda\Sigma$ enthält nur U-Werte, die als Innen- bzw. Außenrandwerte bekannt sind oder als Näherungswerte, die noch iterativ nach Gauß-Seidel verbessert werden müssen. U_n wird nicht iteriert; es gehört zum vorhergehenden Zeitpunkt n und ist bereits bekannt.

Das kleine Programm ist wesentlich kürzer und kompakter als alle bisherigen obwohl es ein dreidimensionales Problem mit beliebiger Umrandung des Definitionsbereichs behandelt. Sein Speicherplatzbedarf ist max(3ijk) (je max(ijk) Plätze für U, U_n und F). Diese Knappheit wird durch die Einführung der Gitterfunktion F und den Algorithmus von Gauß-Seidel erreicht. Ersetzt man GS durch SOR, so wird das Programm schnell ohne seine Vorteile zu verlieren.

Wir wollen nun allgemeinere Randbedingungen einführen und zu diesem Zweck den Definitionsbereich von Differentialgleichungen etwas genauer betrachten. Es sei Ω ein (abgeschlossener) Raum-Zeit-Bereich und $\delta\Omega$ sein Rand. Auf jedem inneren Punkt von Ω sei die Differentialgleichung definiert, auf jedem Randpunkt eine Randbedingung. Entsprechend gilt auf jedem inneren Punkt nur die diskretisierte Differentialgleichung und auf jedem Randpunkt nur die diskretisierte Randbedingung. $\delta\Omega$ besteht im allgemeinen aus einem äußeren Rand Γ und inneren Rändern Γ_1, Γ_2, ..., vgl. Abb.5.1. $\delta\Omega$ zerfalle in die Teilränder $\delta\Omega_1$ und $\delta\Omega_2$ mit $\delta\Omega_1+\delta\Omega_2=\delta\Omega$. Es gebe auf Ω eine Funktion u(x,y,z,t), die im Innern von Ω die Differentialgleichung befriedigt und auf jedem Punkt von $\delta\Omega_2$ die Beziehung $\partial u/\partial n=\mu(x,y,z,t)$, wobei n die von Ω in den Nicht-Definitionsbereich gerichtete Normale ist. Auf $\delta\Omega_1$ sei u=u(x,y,z,t) bekannt. Ferner sei u für t=0 und alle x,y,z bekannt. Es liegt also ein Anfangsrandwertproblem vor, wobei auf dem Randteil $\delta\Omega_2$ die Normalableitung, auf dem Randteil $\delta\Omega_1$ die Lösungsfunktion gegeben ist.

Wir wählen ein hinreichend feines Gitter, sodaß Ω aus achsenparallelen Würfeln zusammengesetzt ist, deren Eckpunkte die Gitterpunkte (i,j,k) bilden. Die Länge jeder Würfelkante sei h. Dann führen wir folgende Gitterfunktion ein (g=Gitterpunkt)

$F(g)=1$: g liegt im Innern von Ω; $u(g)$ ist gesucht,

$F(g)=2$: g liegt auf dem Teilrand $\delta\Omega_1$; $u(g)$ ist bekannt,

$F(g)=0$: g liegt auf dem Teilrand $\delta\Omega_2$ oder nicht in Ω.

$F=0$ bedeutet, daß Gitterpunkt g entweder Randpunkt mit gegebener Normalableitung ist oder überhaupt nicht gebraucht wird. Unter welchen Bedingungen ist nun g ein Randpunkt mit gegebener Normalableitung? Verwenden wir nur Diskretisationsformeln der Form (1.1) bis (1.4) Ziffer 1.1, so muß für $g=(i,j,k)$ offenbar $F(g)=0$ sein und es muß für mindestens einen der Punkte $(i+1,j,k)$, $(i-1,j,k)$, $(i,j+1,k)$, $(i,j-1,k)$, $(i,j,k+1)$, $(i,j,k-1)$ die Beziehung $F=1$ gelten. Also ist der Gitterpunkt (i,j,k) eines dreidimensionalen Gitternetzes genau dann ein Randpunkt mit gegebener Normalableitung, wenn $F(i,j,k)=0$ ist und es mindestens einen Gitterpunkt $(i+p,j+q,k+r)$ mit $|p|+|q|+|r|=1$ gibt, für den $F(i+p,j+q,k+r)=1$ gilt (<u>Nachbarschaftsbedingung</u>).

Die Bedingung $\partial u/\partial n = \mu$ mit $\mu = \mu(i,j,k)$ lautet diskretisiert $\partial u/\partial n = (u_{außen} - u_{innen})/h$ mit $u_{außen} = u(i,j,k)$ und $u_{innen} = u(i+p,j+q,k+r)$. Also gilt für die Lösungsschleife mit dem Zeitindex n bei automatischer Berücksichtigung der 2. Randbedingung:

```
      n=1
 3  max=0
 4  do i,j,k
     if  F(i,j,k)=2   goto 2
     if  F(i,j,k)=1    then
       alt=U(i,j,k)
       U(i,j,k)=λΣ+λU_n(i,j,k)
       neu=U(i,j,k)
       fehler=abs(alt-neu)
       if  fehler>max   max=fehler
     else
       do p=-1,+1 step 1
         do q=-1,+1 step 1
           do r=-1,+1 step 1
             if  abs(p)+abs(q)+abs(r)≠1   goto 1
             if  F(i+p,j+q,k+r)≠1   goto 1
             U(i,j,k)=U(i+p,j+q,k+r)+hμ
 1           continue
           end do
         end do
       end do
     end if
 2  continue
    end do
    if  max≥epsilon   goto 4
    n=n+1
    if  n=n_max+1   stop
    goto 3
    end
```

Die bemerkenswerte Kürze auch dieses Programms ist wesentlich durch die Einführung der Gitterindexfunktion $F(i,j,k)$ bedingt sowie dadurch, daß die differentielle Randbedingung nicht wie bisher in die Hauptdifferenzengleichungen eingearbeitet ist. Der Speicherplatzbedarf ist $max(4ijk)$ (je $max(ijk)$ Plätze für U, U_n, F und $μ$).

Im allgemeinen gehört zu jedem Randpunkt (i,j,k) genau ein Innenpunkt (i+p,j+q,k+r), der die Nachbarschaftsbedingung erfüllt. Das gilt insbesondere nicht in folgenden und den korrespondierenden dreidimensionalen Fällen:

```
+ +                     + * +

+ + *                   + * +

+ + + +                 + * +

+ + + +                 + + +
```

Bei der linken Figur liegt eine Stufung am Rande des Definitionsbereichs vor, und der U-Wert des gesternten Gitterpunkts
kann sowohl mit Hilfe des linken als des darunter liegenden
Nachbars berechnet werden. Bei den gesternten Punkten der rechten Figur herrschen analoge Verhältnisse. Das Programm untersucht alle Möglichkeiten, benutzt jedoch nur die zuletzt berechnete.

Die mögliche Mehrdeutigkeit der Nachbarschaftsbedingung ist
eine Folge der Diskretisierung und tritt stets bei hinreichend
komplexen Umrandungen auf. Sie wird durch Gitterverfeinerung
beseitigt bzw. bei einspringenden Ecken verkleinert und kann
durch - allerdings etwas mühsame - Programmverfeinerung ganz
entfernt werden. Ziffer 5.14 bringt ein Programm, das Mehrdeutigkeiten in einfacher Weise dadurch vermeidet, daß Nachbarschaftsbedingungen nur in geringem Umfang benutzt werden.

Beim bisherigen Vorgehen werden bei jedem Iterationsschritt
auch die nicht benötigten Gitterpunkte des Quaders abgetastet.
Dies vermeidet das folgende Verfahren. Relevant seien nur die
Gitterpunkte mit $F(i,j,k) \neq 0$. Wir indizieren sie:

```
   index=0
   do i,j,k
    if  F(i,j,k)=0   goto 8
    index=index+1
    indexmax=index
    gi(index)=i
    gj(index)=j
    gk(index)=k
 8  continue
   end do
```

Die Lösungsschleife beginnt dann im wesentlichen mit den
Anweisungen

```
   do index=1,indexmax
    i=gi(index)
    j=gj(index)
    k=gk(index)
    . . . . . . . . . .
```

Die Gitterindexfunktionen gi,gj,gk liefern zu jedem einfach
indizierten Gitterpunkt die Indizes i,j,k.

Als Beispiel betrachten wir die Lösung der Gleichungen von
Laplace und Poisson mit hoher Genauigkeit nach den Ziffern
3.3 und 3.4, wählen jedoch eine beliebige Umrandung. Wir
setzen $F(i,j)=1$ für jeden Punkt, auf dem die Differentialgleichung diskretisiert wird und $F(i,j)=0$ sonst. Alle Punkte (i,j) mit $F=1$ werden einfach indiziert. Zu jedem von ihnen gehören Umgebungspunkte $(i+p,j+q)$ mit $p=0,\pm1$, $q=0,\pm1$ und
$|p|+|q|>0$ der Neunpunkteformel $D(4,u)$. $u(i+p,j+q)$ ist eine
Unbekannte wenn $F(i+p,j+q)=1$ ist und bekannter Randwert für
$F(i+p,j+q)=0$. Gitterpunkte, die nicht zum Definitionsbereich
Ω der Lösung u gehören, werden nicht untersucht. Durch die
Verwendung der Variablen "index" entfällt die Notwendigkeit,
für die Randwerte eine Nachbarschaftsbeziehung aufstellen zu
müssen. Denn die Laufzahl "index" ruft nur Gitterpunkte auf,

deren acht Umgebungspunkte im Innern oder auf dem Rand von Ω
liegen. Die Abtastung bewirkt der Programmteil

```
   do index=1,indexmax
    i=gi(index)
    j=gj(index)
    do p=-1,+1 step 1
     do q=-1,+1 step 1
      if  abs(p)+abs(q)=0   goto 1
      if  F(i+p,j+q)=0   then
          . . . . . . . . . . .
C         u ist Randwert
      else
          . . . . . . . . . . .
C         u ist Unbekannte
      end if
1     continue
     end do
    end do
   end do
```

Das vollständig ausgearbeitete Programm ist wesentlich kürzer
als poisson1.f77!

5.5 Das Generalprogramm gebiet.f77 für selbstadjungierte Gleichungen auf beliebigen zweidimensionalen Definitionsbereichen mit Dispersionsminimalisierung

Das Programm gebiet.f77 löst mit SOR die selbstadjungierte
Gleichung

$$(Tu_x)_x + (Tu_y)_y + Q(x,y,t) = \beta u_t$$

$$T=T(x,y,t,u)>0 \qquad\qquad \beta \geq 0 \qquad\qquad\qquad (5.9)$$

auf beliebigen zweidimensionalen Grundgebieten sich ändernder Gestalt bei Minimalisierung der numerischen Querdispersion. Wie das Generalprogramm adjung.f77 der Ziffern 3.9 und 3.13 ist es auf elliptische wie parabolische Probleme gleichermaßen anwendbar. Um Wiederholungen aus den Ziffern 3.9-3.16 zu vermeiden, wird nur die erste Randwertaufgabe behandelt (u ist auf dem Rand vorgegeben, im allgemeinen als Funktion der Zeit) und der Term $C(x,y)u$ von Gleichung (3.15) weggelassen. Die Verminderung der Dispersion wird durch die Diskretisierung von (5.9) durch (5.7) Ziffer 5.3 erreicht. Dies bedingt zwei Beschränkungen: Das Gitter ist quadratisch (bei adjung.f77 unregelmäßig rechteckig), und $(Au_x)_x + (Bu_y)_y$ von adjung.f77 ist auf $(Tu_x)_x + (Tu_y)_y$ eingeengt. Während adjung. f77 leicht auf dreidimensionale Bereiche umstellbar ist, müßte die Verallgemeinerung von (5.7) bzw. (1.39) Ziffer 1.16 auf 3D erst noch vom Leser geleistet werden.

Wir diskretisieren (5.9) zu - es ist $T_n U_{n+1}$ die rechte Seite von (5.7), T zum alten Zeitpunkt n und U zum neuen Zeitpunkt n+1 genommen -

$$T_n U_{n+1} + (2+p)h^2 Q_{n+\frac{1}{2}} = \beta(2+p)h^2(U_{n+1}-U_n)/\Delta t \qquad (5.10)$$

Wir wählen also ein einfaches implizites System mit Quelltermen Q zum mittleren Zeitpunkt $n+\frac{1}{2} = \frac{1}{2}[n+(n+1)]$. Nun lösen wir (5.10) nach $U_{i,j,n+1}$ und erhalten nach kurzer Manipulation das folgende Zuweisungssystem, das dem System (5.6) der Ziffer 5.2 entspricht:

$$U_{ij} := \omega \Sigma_q \Sigma_r E_{ijqr} U_{i+q,j+r} + (1-\omega)U_{ij} + \omega D_{ij}$$

$$q=-1,0,+1 \qquad r=-1,0,+1 \qquad q=r=0: E_{ijqr}=0 \qquad (5.11)$$

U_{ij} und $U_{i+q,j+r}$ sind iterierte U-Werte zum neuen Zeitpunkt n+1. D_{ij} und E_{ijqr} erhalten wir folgendermaßen: Setzen wir

$$e_{ijqr} = T_{i+\frac{1}{2}q,j+\frac{1}{2}r} \qquad\qquad \text{für} \quad q=-1,+1 \quad r=-1,+1$$

$$= pT_{i+\frac{1}{2}q,\,j+\frac{1}{2}r} \qquad \text{für} \quad q=-1,+1 \quad r=0$$
$$\qquad\qquad\qquad\qquad\qquad\qquad\qquad r=-1,+1 \quad q=0$$
$$= 0 \qquad\qquad\qquad \text{für} \qquad\quad r=q=0 \qquad (5.12)$$

so hat jede rechte Zeile von (5.7) die Form $e_{ijqr}(U_{i+q,\,j+r}-U_{ij})$. Also ist nach (5.10) der Koeffizient von $U_{i,j,n+1}$

$$\Sigma_{ij} = \Sigma_q\Sigma_r e_{ijqr} + \beta(2+p)h^2/\Delta t \qquad (5.13)$$

wobei q und r die Werte $-1,0,+1$ annehmen. Damit wird

$$E_{ijqr} = e_{ijqr}/\Sigma_{ij} \qquad (5.14)$$

sowie

$$D_{ij} = [(2+p)h^2/\Sigma_{ij}][Q_{i,j,n+\frac{1}{2}} + (\beta U_{i,j,n}/\Delta t)] \qquad (5.15)$$

Man beachte, daß U_{ijn} nicht iteriert wird: Es ist der U-Wert zum alten Zeitpunkt n.

[Die rechte Seite von (5.11) enthält neun (benachbarte) U_{ij}-Werte, da wir eine 9-Punkte Formel benutzen. Wir können auch eine einfachere 5-Punkte Formel wählen - die allerdings vielleicht dispersionsempfindlich ist - indem wir die letzten 4 Zeilen von (5.7) ersatzlos streichen und p=1 (rechte Seite) bzw. p+2=1 (linke Seite von (5.7)) setzen. Diese Beziehung folgt sowohl aus Ziffer 1.20 beim Übergang zum quadratischen Gitter als auch aus (5.7), indem man (5.7) durch p teilt und zum Grenzwert p gegen unendlich übergeht. Es treten dann auf der rechten Seite von (5.11) nur noch fünf U-Werte auf.

5.6 Das Arbeiten mit dem Generalprogramm gebiet.f77

Zunächst wird ein achsenparalleles rechteckiges Gitter mit den Gitterpunkten $i=1,i_{max}$, $j=1,j_{max}$ für die Zeitindizes $n=0,n_{max}$ aufgespannt. Allen Gitterpunkten (i,j), die entweder nicht zum

Definitionsbereich Ω der Lösung u gehören oder aber Randpunkte mit gegebenem Randwert sind, wird der Wert 0 der Gitterfunktion F_{ij} zugewiesen. Alle Gitterpunkte (i,j) im Innern von Ω (auf ihnen wird (5.9) diskretisiert und iteriert) erhalten den F_{ij}-Wert 1. Ist Ω zeitabhängig, so ist die F-Verteilung nach jedem Zeitschritt neu zu bestimmen. Bei sich ausbreitendem Definitionsbereich muß man darauf achten, daß am Ende jedes Zeitschritts auch auf jedem neu hinzugekommenen Gitterpunkt ein brauchbarer U-Wert steht, da dieser ein Startwert der Iteration für den nächsten Zeitabschnitt darstellt. Das Rechteckgitter muß so groß sein, daß es alle im Laufe der Zeit entstehenden Definitionsbereiche aufnehmen kann.

Bei Berechnung von E_{ijqr} und D_{ij} ist im Programm der Einfachheit halber T_{ij}=const.=1 gesetzt; die Berechnung der T-Koeffizienten bei ortsabhängiger T-Funktion ist in Ziffer 3.11 gezeigt (dort steht A und B statt T) und wird in den Ziffern zum stream weighting fortgesetzt.

Nun sei U_k die k-te Iterierte von U_{ij}. Für jedes in den Iterationsbeziehungen (5.11) auch tatsächlich benutzte Indexpaar i,j wird der Absolutwert von U_k-U_{k-1} berechnet. Ist der größte dieser Werte, MAXERROR, größer als eine vorgegebene Zahl EPSILON, so werden die k+1-ten Iterierten berechnet. Ist MAXERROR nicht größer, so wird zum nächsten Zeitschritt übergegangen. U_{k-1} heißt im Programm UITR und ist keine indizierte Variable.

Das Programm gebiet.f77 wird sofort verständlich, wenn man die folgende Zuordnung beachtet:

Programm	I	J	N	IM	JM	NM	IQ	JR	H	OM	P	BDT	F
Text	i	j	n	i_{max}	j_{max}	n_{max}	q	r	h	ω	p	$\beta/\Delta t$	F_{ij}

Programm	T	U	UALT	Q	D	SUM	E	ITINDEX
Text	T_{ij}	U_{ij}	U_{ijn}	Q_{ij}	D_{ij}	Σ_{ij}	E_{ijqr}	Iterationsindex

Implementiert ist folgendes Beispiel: Das einbettende Rechteckgitter ist ein Quadrat mit 7·7=49 Gitterpunkten. Auf den Randpunkten des Quadrats und auf dem Gittermittelpunkt (i,j) = (4,4) ist u_{ij}=0 als Randbedingung vorgegeben. Auf den übrigen 24 Gitterpunkten gilt die Anfangsbedingung u_{ij}=10. Auf dem Gitterpunkt (i,j)=(2,2) liegt eine Quelle Q_{22}=QO, symmetrisch dazu auf (i,j)=(6,6) die Quelle Q_{66}=-QO. Test: Ist QO gleich Null, so müssen mit wachsender Zeit alle U_{ij} gegen 0 streben. Ist QO≠0, so resultiert eine bestimmte Symmetrie der Lösung, die umso genauer ausgeprägt ist, je näher die positive Schranke EPSILON an Null liegt.

Man wähle h=10, p=4, BDT=0.001, QO=0 oder 0.01 und bestimme die Anzahl der jeweils notwendigen Iterationsschritte für n= =1,2,3,4 und ω = 1 (GS), 1.1, 1.2, 1.3, ..., 1.9, 1.99. Man zeige, daß mit wachsendem $\beta(2+p)h^2/\Delta t$ (z.B. BDT = 0.001, 0.01, 0.1, 1 mit h=10, p=4) die Anzahl der Iterationsschritte für GS (ω=1) schließlich so klein wird, daß eine ω-Optimalisierung nicht lohnt (vgl. auch (5.13) und die letzten Sätze der Ziffer 5.2). Man zeige weiter, daß mit wachsender Zahl der Unbekannten (von 24 bis zu mehreren tausend) ω_{opt} gegen 2 strebt ohne es zu erreichen. Im allgemeinen muß der Optimalwert von ω auf ein bis drei Nachkommastellen genau eingegabelt werden, um die Anzahl der Iterationen zu minimalisieren. Gilt dies bei der hier gewählten Konfiguration? Gewöhnlich hängt ω_{opt} auch von der gewählten Genauigkeitsschranke EPSILON ab - ist dies hier der Fall? Schließlich untersuche man einen Definitionsbereich mit komplexer innerer und äußerer Umrandung.

5.7 Die Konvektions-Diffusionsgleichung auf beliebigen dreidimensionalen Definitionsbereichen. ε-Parameter

Zu lösen sei die Gleichung

$$(Au_x)_x + (Bu_y)_y + (Cu_z)_z - au_x - bu_y - cu_z + Q = \beta u_t$$

$$A,\ B,\ C,\ a,\ b,\ c \geqslant 0 \qquad\qquad \beta \geqslant 0 \qquad\qquad (5.16)$$

auf einem achsenparallelen 3D Gitter mit den festen Maschen-
weiten $\Delta x, \Delta y, \Delta z$. Der Gitterpunkt (i,j,k) habe die Koordinaten
$x=i\Delta x$, $y=j\Delta y$, $z=k\Delta z$ mit $i=1,i_{max}$, $j=1,j_{max}$, $k=1,k_{max}$. Die Gitterfunktion F_{ijk} lege fest, welche Gitterpunkte zum Definiti-
onsbereich gehören ($F_{ijk}=1$) und welche nicht ($F_{ijk}=0$). Multiplizieren wir (5.16) mit dem Zellenvolumen $\Delta x\Delta y\Delta z$ und diskretisieren wir $(Au_x)_x$ nach Ziffer 1.20 bei Vernachlässigung des
Diskretisationsfehlers, so erhalten wir

$$\Delta_x A\Delta_x := \Delta x\Delta y\Delta z(Au_x)_x =$$

$$(\Delta y\Delta z/\Delta x)[A_{i+\frac{1}{2},j,k}(U_{i+1,j,k}-U_{ijk})-A_{i-\frac{1}{2},j,k}(U_{ijk}-U_{i-1,j,k})]$$

$$(5.17)$$

sowie analog $\Delta_y B\Delta_y$ und $\Delta_z C\Delta_z$. Weiter berechnen wir au_x als
zentralen Differenzenquotienten

$$a\Delta_x := \Delta x\Delta y\Delta zau_x =$$

$$\tfrac{1}{2}\Delta y\Delta z[a_{i+\frac{1}{2},j,k}(U_{i+1,j,k}-U_{ijk})+a_{i-\frac{1}{2},j,k}(U_{ijk}-U_{i-1,j,k})]$$

$$(5.18)$$

und entsprechend $b\Delta_y$ und $c\Delta_z$. Bezeichnen wir mit n die n-te
Zeitschicht und stellen ein implizites System auf, so wird
(5.16) mit $Q^* = \Delta x\Delta y\Delta zQ$ die diskretisierte Form

$$[\Delta_x A\Delta_x + \Delta_y B\Delta_y + \Delta_z C\Delta_z - a\Delta_x - b\Delta_y - c\Delta_z + Q^*]_{n+1} =$$

$$(\beta\Delta x\Delta y\Delta z/\Delta t)(U_{i,j,k,n+1} - U_{i,j,k,n}) \qquad (5.19)$$

Lösen wir nach $U_{ijk,n+1}$ auf und benutzen nur Gleichungen von
(5.19), auf denen $F_{ijk}=1$ ist, so können wir SOR anwenden.

Die Berechnung der Koeffizienten $A_{i+\frac{1}{2},j,k}$, $a_{i+\frac{1}{2},j,k}$ usw. wurde
in Ziffer 3.11 gezeigt und wird beim "stream weighting" fort-
gesetzt. Die in (5.17) bis (5.19) vorgenommene Multiplikation
mit dem Zellenvolumen - wir haben dies bisher unterlassen -

hat ästhetische Gründe und gibt verschiedenen Termen in (5.19) eine anschauliche, vom physikalischen Hintergrund abhängende Bedeutung. Beim Mehrgitterverfahren ist dieses Vorgehen nicht üblich.

Das zu (5.19) gehörende Programm läßt sich wie adjung.f77 der Ziffern 3.9 und 3.13 auch auf elliptische Probleme anwenden, was besonders für den Fall a=b=c=0 interessant ist. Physikalisch sind wesentlich zwei Interpretationen von (5.16) wichtig: Die ersten drei Terme beschreiben einen Diffusions(Wärmeleitungs)prozeß, die folgenden drei Terme einen Stoff(Wärme)-Konvektionsstrom. Dabei tritt auch der Fall auf, daß die Diffusion (Wärmeleitung) gering im Vergleich zur Konvektion ist, sodaß in (5.16) etwa A, B und C durch ε mit $\varepsilon \ll 1$ ersetzt werden können. Diskretisations-Schemata in der Literatur von [2] Ziffer 5.19. Man mag auch mit w=x,y,z die diskretisierten Ableitungen $(\varepsilon u_w)_w$ zum bekannten Zeitpunkt n nehmen und die Konvektionsterme etwa nach Ziffer 4.15-4.17 behandeln, wobei auf hinreichend kleine Zeitschritte Δt zu achten ist. Nachdrücklich hingewiesen sei auf das sehr wirkungsvolle <u>Lösungsschema von Il'in</u> mit exponentieller Interpolation (Ziffer 5.19).

5.8 Numerische Dispersion selbstadjungierter Gleichungen und solcher vom Konvektions-Diffusionstyp

Der selbstadjungierte Ausdruck $(Au_x)_x$ lautet ausdifferenziert $Au_{xx}+A_x u_x$. Betrachten wir A und $A_x=-a$ als feste Zahlen, so ist

$$\beta u_t = Au_{xx} - au_x \qquad\qquad (a,A,\beta \text{ fest}) \qquad\qquad (5.20)$$

die einfachste Grundform eindimensionaler selbstadjungierter Gleichungen und solcher vom Konvektions-Diffusionstyp. Wir denken sie uns auch auf zwei und drei Raumdimensionen erweitert. Die analytische Untersuchung des Dispersionsverhaltens dieser 1D, 2D und 3D Prototypen liefert brauchbare Einsichten, wenn auch in den Anwendungen die Parameter A,B,C des Ausdrucks $(Au_x)_x + (Bu_y)_y + (Cu_z)_z$ gewöhnlich von x,y,z,t,u abhängen.

Numerisch findet man bei allen selbstadjungierten Gleichungen in mehr oder minder großem Ausmaß folgende Phänomene, die auf den Diskretisationsfehler zurückgehen und im Prinzip in den Ziffern 1.14 und 1.15 erklärt wurden:

1. Anstatt einer im zugehörigen physikalischen Experiment auftretenden scharfen Front (z.B. Sättigungs- oder Konzentrationsfront) liefert die numerische Berechnung eine "verschmierte" Front, die zu einer Zunge ausgezogen ist und vor der von Null verschiedene Sättigungs- oder Konzentrationswerte vorkommen. M.a.W. treten im Vorfeld der Front Werte der Lösung auf und spiegeln Phänomene vor, denen kein reales physikalisches Verhalten entspricht. Dies ist eine Folge der numerischen Längsdispersion, auch bei Verwendung der Neun-Punkte Formel deutlich und unter Umständen durch stream weighting reduzierbar (siehe dort).

2. Querdispersion, nur im mehrdimensionalen Fall. Die Lösung ist gegenüber der zu erwartenden verdreht; im zweidimensionalen Fall rotiert um eine Achse, die durch den Ursprung des kartesischen x,y-Koordinatensystems geht und auf der x,y-Ebene senkrecht steht. Dazu gehören auch "Formverzerrungen" wie z.B. folgende: Die numerische Lösung liefert ein von einer Quelle wegströmendes dünnes Rinnsal, das bei Drehung der x,y-Achsen um 45° zu einem breiten Strom wird, während bei Verwendung der Neun-Punkte Formel und optimaler Wahl ihres Parameters p das Strömungsbild fast invariant bei Rotationen des Koordinatensystems bleibt.

Wir kennen also die numerischen Probleme und gewisse Abhilfen. Wie hängt jedoch die numerische Dispersion von den Koeffizienten der Differentialgleichungen und den Diskretisationsparametern ab?

Es sei x_i mit i=1,2,3 ein kartesisches Koordinatensystem und T ein konstanter symmetrischer Tensor mit den Komponenten T_{ij}. Ferner sei

$$\beta u_t = \sum_i (\sum_j T_{ij} \partial^2 u / \partial x_i \partial x_j - w_i \partial u / \partial x_i)$$

$$i=1,2,3 \qquad j=1,2,3 \tag{5.21}$$

Dies ist - hier nicht interessierende Terme sind weggelassen - die in den Anwendungen gewöhnlich allgemeinste Form parabolischer Gleichungen mit konstanten Koeffizienten. Um die gemischten Ableitungen zu eliminieren, nehmen wir eine Hauptachsentransformation von T vor und erhalten in einem neuen, rotierten Koordinatensystem y_i (i=1,2,3)

$$\beta u_t = \sum_i (D_{ii} \partial^2 u / \partial y_i \partial y_i - v_i \partial u / \partial y_i) \tag{5.22}$$

Die Diskretisationsfehler wirken sich nun so aus, als ob (5.22) nicht mit dem Diagonaltensor D ($D_{ij}=0$ für $i \neq 0$) sondern mit dem erweiterten Tensor D+E gelöst wird, wobei keine Komponente e_{ij} von E verschwindet, E also insbesondere kein Diagonaltensor ist. Die Komponenten e_{ii} (i=1,2,3) bewirken eine Dilatation, m.a.W. eine Längsdispersion der diskretisierten Form von (5.22). Die Komponenten e_{ij} für $i \neq j$ bewirken eine Rotation und führen damit in (5.22) gemischte Ableitungen ein, die selbstverständlich die Lösung von (5.22) zusätzlich ändern - und dies nicht unbedingt in einfacher Weise.

Näher untersucht ist der zweidimensionale Fall, wobei alle zweiten Ableitungen von zweiter Ordnung korrekt diskretisiert seien. Für den Rotationsanteil gilt dann

$$e_{ij} = \pm \tfrac{1}{2} v_i v_j \Delta t / \beta \qquad (i \neq j) \tag{5.23}$$

Er geht also zusammen mit Δt gegen Null und ist umso fataler, je kleiner β wird. Die Dilatation hängt von Einzelheiten der Differenzenformeln zu (5.22) ab. Es gilt entweder (5.23) oder

$$e_{ii} = \tfrac{1}{2} v_i (\Delta y_i + v_i \Delta t / \beta) \tag{5.24}$$

Es sollten also sowohl die Maschenweiten des Gitters als auch

Δt sehr klein sein. Einzelheiten sind in der Arbeit von Fanchi und der dort zitierten Literatur zu finden.

5.9 Automatische Zeitschrittwahl und Abschätzung der Stabilität und Dispersion nichtlinearer Gleichungen

Wir wissen, daß bei großem Δt der Diskretisationsfehler hoch ist, explizite Differenzengleichungen instabil sein können und numerische Dispersion ungünstig beeinflußt wird.Selbst bei an sich stabilen Systemen mit nichtlinearen Gleichungen oder Randbedingungen kann - bedingt durch den Diskretisationsfehler - ein physikalisch unmögliches Ergebnis auftreten, das erst bei Wahl hinreichend kleiner Δt-Werte brauchbar wird. Sind die Gleichungen bzw. Randbedingungen linear, so können wir mit den bislang diskutierten Methoden Diskretisationsfehler sowie Dispersion abschätzen und die Stabilität untersuchen. Da all dies bei nichtlinearen Systemen schwierig ist, gehen wir einen anderen Weg. Wir führen einen automatischen Zeitschrittwähler ein, indem wir nach jedem Zeitschritt das Ergebnis auf physikalische Verträglichkeit untersuchen lassen (z.B. können Konzentrationen nicht negativ oder größer als 1 sein) und gegebenenfalls zum letzten Zeitschritt zurückgehen und mit halbierter Zeitschrittlänge weiterrechnen (das Resultat des jeweils letzten Zeitschritts muß also abgespeichert sein). Selbstverständlich läßt sich ein Zeitschrittwähler je nach Bedürfnis weiter ausbauen.

Wenn sich auch eine genaue Analyse der Stabilität und numerischen Dispersion nichtlinearer Differenzengleichungen gewöhnlich verbietet, so können wir doch die Verfahren für Gleichungen mit konstanten Koeffizienten häufig zu Überblicksbetrachtungen bei nichtlinearen Problemen oder ortsabhängigen Parametern benutzen.

Beispiel. Wir wollen $(uu_x)_x + (uu_y)_y = cu_t$ explizit auf einem quadratischen Netz der Maschenweite h gemäß dem Schema (2.36)

Ziffer 2.12 lösen. Gesucht wird ein Näherungsausdruck, der einen Anfangswert für den automatischen Zeitschrittwähler gibt. Wir ersetzen die Ausgangsgleichung durch $v(t)(u_{xx}+u_{yy}) = cu_t$ mit $v(t) = \max_{x,y}\{u(x,y,t)\}$. Für diese Ersatzgleichung sollte nach (2.37) $\Delta t \leq \frac{1}{4}ch^2/v(t)$ eine Ungleichung sein, die wir als Startwahl für Δt in den Zeitschrittwähler einbauen können. Die Ungleichung zeigt, daß Δt bei betragsgroßer Lösung $u(x,y,t)$ klein sein muß - vielleicht sogar praktisch unzumutbar klein.

5.10 Iteration nichtlinearer Gleichungen. Das Verfahren von Newton und Raphson

In einer parabolischen Gleichung mit der Lösung $u(x,y,z,t)$ seien die Koeffizienten $A,B,\ldots$ Funktionen zumindest von u, z.B. $A = A(x,y,z,t,u)$. Dafür haben wir - mehr oder weniger flüchtig - bislang folgende Vorgehensweisen kennengelernt, wobei eine Näherung U von u zum Zeitpunkt n bekannt und zum Zeitpunkt n+1 gesucht sei:

1. Wir setzen $A = A(x,y,z,t_n,U_n)$,

2. Wir setzen $A = A(x,y,z,t_{n+1},U_{n+1})$,

3. Wir setzen $A = A(x,y,z,\frac{1}{2}(t_n+t_{n+1}),\frac{1}{2}(U_n+U_{n+1}))$.

Welche Wahl besser dem Problem angepaßt ist, läßt sich in Einzelfällen a priori und manchmal durch Probieren herausfinden. Im Fall 1 ist das Problem linearisiert, in den Fällen 2 und 3 muß iteriert werden. So gilt im Fall 2 mit dem Iterationsindex k:

$$A_{k+1} = A(x,y,z,t_{n+1},U_{n+1,k}) \qquad k=0,1,2,3,\ldots \qquad (5.25)$$

mit $U_{n+1,0} = U_n$. Beispiel: Die Gleichung sei $(1+u)u_{xx} = u_t$.

[a] Fall 1, explizit: $(1+u_n)(u_{xx})_n = (u_{n+1} - u_n)/\Delta t$

138

[b] Fall 1, implizit: $(1+u_n)(u_{xx})_{n+1} = (u_{n+1} - u_n)/\Delta t$

[c] Fall 2, implizit: $(1+u_{n+1,k})(u_{xx})_{n+1} = (u_{n+1} - u_n)/\Delta t$

[b] und [c] definieren lineare Gleichungssysteme für die Unbekannten u_{n+1}. [b] ist für jeden Zeitschritt nur einmal zu lösen, [c] hingegen für $k=0,1,2,\ldots$, bis $u_{n+1,k}$ hinreichend nahe an u_{n+1} liegt. Der Anfangswert $u_{n+1,0} = u_n$ muß eine hinreichend gute Näherung für u_{n+1} sein, da andernfalls das Verfahren zu viele Iterationsschritte braucht oder divergiert. Es muß also Δt genügend klein sein.

Einen ganz anderen Ansatz hat das <u>Verfahren von Newton-Raphson</u>. Entwickeln wir eine m-stellige Funktion f_i der m Variablen u_j nach der Formel von Taylor bis zur ersten Ableitung, so erhalten wir mit einem Restglied R_i

$$f_i(u_1+\Delta u_1, u_2+\Delta u_2, \ldots, u_m+\Delta u_m) - f_i(u_1, u_2, \ldots, u_m) =$$

$$= \Sigma_{j=1,m}\Delta u_j \partial f_i/\partial u_j + R_i \qquad (5.26)$$

Alle Ableitungen sind an den Stellen u_j zu nehmen. Verschwindet der erste Term von (5.26), so hat (bei Vernachlässigung des Restgliedes R_i) die Funktion f_i bei $u_1+\Delta u_1, u_2+\Delta u_2, \ldots, u_m+\Delta u_m$ eine Nullstelle, und $u_1, u_2, \ldots, u_m$ bezeichnet einen Punkt in der Umgebung dieser Nullstelle. Wir machen deshalb für das nichtlineare Gleichungssystem $f_i=0$ $(i=1,2,3,\ldots,m)$ den Ansatz

$$\Sigma_j \Delta u_j \partial f_i/\partial u_j + f_i(u_1, u_2, \ldots, u_m) = 0 \qquad (5.27)$$

Dies ist ein lineares Gleichungssystem für die m Unbekannten Δu_j. Ist u_j mit $j=1,2,\ldots,m$ eine Näherung der Nullstelle, so stellt $u_j + \Delta u_j$ eine im allgemeinen verbesserte Näherung dar, die wir nach Umbenennung zu u_j als Anfangswerte zur Berechnung einer neuen Approximation nehmen können.

Bei Anwendung von (5.27) auf parabolische Gleichungen sind die u-Werte der n-ten Zeitschicht gegeben und die u-Werte der n+1-ten gesucht. Wir wählen also $(u_j)_n$ als Startwerte der Iteration. Gewöhnlich herrscht Konvergenz, wenn $(u_j)_{n+1}$ hinreichend nahe bei $(u_j)_n$ liegt, also Δt hinreichend klein ist, was wiederum mit einem automatischen Zeitschrittwähler gesteuert werden kann. Konvergiert Newton-Raphson, so konvergiert es schnell.

Beispiel: Die Differentialgleichung laute $u_{xx} + c(u_x)^2 = u_t$. Wir wählen die Diskretisation (U_i ist Abkürzung für $(U_i)_{n+1}$)

$$f_i = U_{i-1} - 2U_i + U_{i+1} + \tfrac{1}{2}c(U_{i+1} - U_{i-1})^2 - (U_i - (U_i)_n)h^2/\Delta t$$

5.11 Tensorgleichungen.
Gleichungen mit gemischten Ableitungen

Es sei x_i mit $i=1,2,3$ ein kartesisches Koordinatensystem und T ein symmetrischer Tensor zweiter Stufe mit den Komponenten $T_{ij}=T_{ji}$ sowie

$$\beta u_t = \Sigma_i \Sigma_j T_{ij} \partial^2 u/\partial x_i \partial x_j + Q$$

$$i=1,2,3 \qquad j=1,2,3 \tag{5.28}$$

Die gemischten Ableitungen können nach dem Vorbild von Ziffer 1.11 diskretisiert werden. Vorteilhafter ist es jedoch, (5.28) auf Hauptachsen zu transformieren. Wir erhalten damit in einem Koordinatensystem y_i (i=1,2,3)

$$\beta u_t = \Sigma_i D_{ii} \partial^2 u/\partial y_i \partial y_i + Q \tag{5.29}$$

wobei an die Stelle von T der Diagonaltensor D mit $D_{ij}=0$ für $i \neq j$ tritt. Ist für (5.29) auf dem Rand oder Teilen des Randes die Normalableitung von u gegeben, so gilt für (5.28) eine allgemeinere Randbedingung, die sich mit der Methode der finiten Elemente besser berücksichtigen läßt. (5.29) ist also stets vorzuziehen.

5.12 Wandernde Fronten. Stream weighting 1

Bei der Diskretisierung des Operators $(Ku_x)_x$ nach Ziffer 1.20
treten Zwischenwerte des Koeffizienten K an den Stellen $i+\frac{1}{2}$
und $i-\frac{1}{2}$ auf:

$$\text{------}|\text{------------}|\text{------------}|\text{------------}|\text{------------}|\text{------} \ x$$
$$\qquad i-1 \qquad\qquad i-\tfrac{1}{2} \qquad\qquad i \qquad\qquad i+\tfrac{1}{2} \qquad\qquad i+1$$

Da K im allgemeinen von den Ortskoordinaten, der Zeit t und
der Problemlösung u abhängt und diese Lösung auf den Zwischenpunkten $i+\frac{1}{2}$ und $i-\frac{1}{2}$ gewöhnlich nicht bekannt ist, stellt sich
die Frage, wie man $K_{i+\frac{1}{2}}$ und $K_{i-\frac{1}{2}}$ am besten aus den Nachbarwer-
ten bestimmt. Zunächst bieten sich arithmetische und geometri-
sche Mittelung an. Manchmal versagen jedoch diese Ansätze oder
zeigen andere Nachteile. Im allgemeinen hilft dann die Technik
des sogenannten "stream weighting", die hier an einem einfachen Beispiel erklärt sei, das noch andere interessante Aspek-
te bietet.

Betrachtet sei das Diffusionsproblem

$$(Du_x)_x = u_t \qquad\qquad 0 \leq u \leq 1$$

$$t=0,\ x>0:\ u=0 \qquad\qquad t\geq 0,\ x=0:\ u=1 \qquad\qquad\qquad (5.30)$$

wobei u die Konzentration und D der Diffusionskoeffizient sei.
D hänge von u ab, und zwar folgendermaßen:

$$0\leq u<\delta:\ D=0 \qquad\qquad \delta\leq u\leq 1:\ D>0 \qquad\qquad u>1:\ D=0 \qquad (5.31)$$

Einen Sonderfall von (5.31), der uns hier als Modell dient,
zeigt die Abb.5.2 mit $D=\sigma+\beta u$ für $u\geq\delta$. Offenbar beschreiben
(5.30), (5.31) einen Diffusionsprozeß mit einer Front der
Konzentration δ, da für $u<\delta$ keine Diffusion stattfindet.Vor
der Front ist die Konzentration Null. Die Front selbst wandert mit endlicher Geschwindigkeit (der Leser beachte die

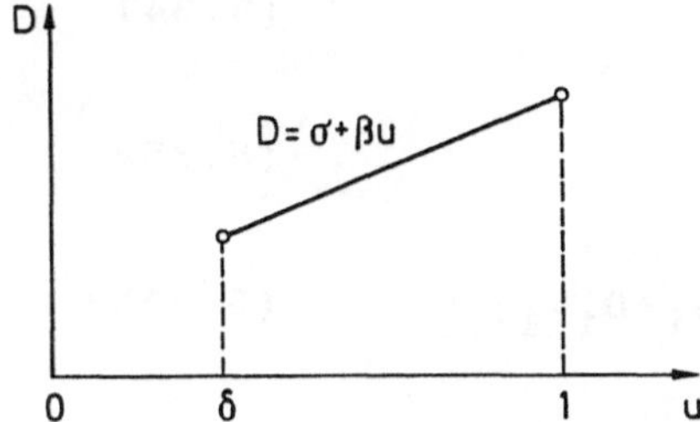

Abb. 5.2. Beispiel eines von der Konzentration abhängigen
Diffusionskoeffizienten D. Er verschwindet für u<δ und ist
gleich σ+βu für δ≤u≤1

Ähnlichlichkeit zu den konvektiven Prozessen am Schluß von
Kapitel 4).

Wir wählen ein Gitter der Maschenweite h und diskretisieren
$(Du_x)_x$ auf dem Gitterpunkt (i) nach (1.52) Ziffer 1.20 zu

$$h^2(Du_x)_x = D_{i+\frac{1}{2}}(U_{i+1}-U_i) - D_{i-\frac{1}{2}}(U_i-U_{i-1}) = \alpha(U_{i,n+1}-U_{i,n})$$

$$(5.32)$$

mit $\alpha=h^2/\Delta t$. Der Index n bezeichnet den Zeitpunkt. Wir wählen dazu das explizite Schema (i=0 entspricht x=0)

$$U_{i,n+1} = U_{i,n} + [D_{i+\frac{1}{2},n}(U_{i+1,n}-U_{i,n}) - D_{i-\frac{1}{2},n}(U_{i,n}-U_{i-1,n})]/\alpha$$

$$u_{0n}=1 \qquad n=0,1,2,3,\dots$$

$$u_{i0}=0 \qquad i=1,2,3,\dots \qquad (5.33)$$

Nach Ziffer 1.7 ist das zu $u_{xx}=cu_t$ gehörende explizite Schema
(1.12) Ziffer 1.5 genau stabil für $\Delta t/h^2 c \leq \frac{1}{2}$. Wird (5.30)
durch $D_{max}u_{xx}=u_t$, d.h. durch $(\sigma+\beta)u_{xx}=u_t$ ersetzt, so erhalten
wir $(\sigma+\beta)\Delta t/h^2 = (\sigma+\beta)/\alpha \leq \frac{1}{2}$ als geschätzte Stabilitätsbedin-
gung, die eventuell noch nach Ziffer 5.9 verbessert werden muß.

Wir berechnen nun die Diffusionskoeffizienten. Offenbar liegt
$D_{i-\frac{1}{2}}$ zwischen D_{i-1} und D_i und $D_{i+\frac{1}{2}}$ zwischen D_i und D_{i+1}. Wir
wählen die Ansätze

142

$$D_{i+\frac{1}{2}} = D_{(i+1)-\frac{1}{2}} \qquad\qquad (5.34)$$

$$D_{i-\frac{1}{2}} = (D_i D_{i-1})^{\frac{1}{2}} \qquad\qquad (5.35a)$$

$$D_{i-\frac{1}{2}} = 2/[(1/D_i)+(1/D_{i-1})] = 2D_i D_{i-1}/(D_i + D_{i-1}) \qquad (5.35b)$$

$$D_{i-\frac{1}{2}} = \omega D_{i-1} + (1-\omega)D_i \qquad\qquad \omega = 0, \tfrac{1}{2}, 1 \qquad (5.36)$$

(5.35a) ist das <u>geometrische</u> <u>Mittel</u>, (5.35b) das <u>harmonische</u>. Sie verschwinden, wenn ein Faktor Null wird. (5.36) liefert für $\omega=\tfrac{1}{2}$ das <u>arithmetische</u> <u>Mittel</u>. Bei Wahl von $\omega=0$ oder $\omega=1$ spricht man von <u>stream</u> <u>weighting</u>.

Betrachten wir den ersten Lösungsschritt (i=1, n=0). Für ihn geht (5.33) über in

$$U_{11} = (1/\alpha)D_{\frac{1}{2},0} \qquad\qquad (5.37)$$

Es ist $D_{00}=\sigma+\beta$ und $D_{10}=0$. Also verschwindet $D_{\frac{1}{2},0}$ und damit U_{11} für $\omega=0$ oder Wahl von (5.35a) bzw. (5.35b). Die Front der Konzentration bleibt dann auf der Stelle i=0, d.h. x=0 stehen und die Diffusion kommt nicht in Gang. Generell liefern geometrisches und harmonisches Mittel ungenaue Ergebnisse, wenn $\partial u/\partial x$ (allgemeiner: grad u) betragsgroß ist. Ist jedoch D>0 für alle Konzentrationen u, so ist andererseits die Wahl des geometrischen oder harmonischen Mittels praktisch: Das Programm achtet dann selbst auf undurchlässige Ränder und Membranen, wenn man dort D=0 setzt.

Beispiel: Eine <u>semipermeable</u> <u>Membran</u> sei nur durchlässig für einen Diffusionsstrom in Richtung der positiven x-Achse. Da der Strom von der größeren zur kleineren Konzentration fließt, setze man an der Membran (ihr i-Index sei ℓ) D>0 für $U_\ell > U_{\ell+1}$ sowie D=0 für $U_{\ell+1} \geq U_\ell$ und mittele geometrisch (harmonisch).

Wir untersuchen nun die Fälle $\omega=\tfrac{1}{2}$ und $\omega=1$. Wir wählen $\beta=0$, $\sigma=0.5$, $\delta=0.3$ und damit D=0.5 für $u \geq 0.3$ und u=0 sonst. Ferner sei $\alpha=h^2/\Delta t=1$ sowie n=30. Dann liefert (5.33) für u:

i	$\omega=\frac{1}{2}$	$\omega=1$
0	1.00	1.00
1	0.86	0.87
2	0.73	0.72
3	0.61	0.63
4	0.50	0.48
5	0.42	0.43
6	0.31	0.31
7	0.08	0.30
8	0	0
9	0	0
.	....	....

Die Ergebnisse sind etwa gleichwertig. Bei physikalisch komplexen Front-Systemen (z.B. beim Mehrphasenfluß in porösen Medien bei hoher Relativzähigkeit einer Phase) ist stream weighting überlegen: Bei Wahl des Mittelwerts ($\omega=\frac{1}{2}$) läuft die Front deutlich zu langsam, und dies beeinflußt wegen der Massenerhaltung im System das gesamte u-Profil in ungünstiger Weise.

Dem Gitterindex i entspricht die x-Koordinate x=ih (h=Schrittlänge), und der Diffusionsstrom fließt in Richtung der positiven x-Achse, d.h. vom Gitterpunkt i-1 zum Gitterpunkt i. Wir können also (5.36) folgendermaßen verallgemeinern: Ein Strom (eine Stromkomponente) fließe _von_ irgendeinem Gitterpunkt A _zu_ irgendeinem Nachbargitterpunkt B. Setzt man für den Zwischengitterpunkt "AB"

$$D_{AB} = \omega D_A + (1-\omega)D_B \qquad (5.38a)$$

so spricht man bei Wahl von $\omega=1$ von _upstream_ _weighting_, bei Wahl von $\omega=0$ von _downstream_ _weighting_ (stromaufwärts Gewichtung bzw. stromabwärts Wichtung):

$$\text{Upstream: } D_{AB} = D_A \qquad \text{Downstream: } D_{AB} = D_B \qquad (5.38b)$$

Wie findet man die Fließrichtung? Sie folgt zumeist aus einer Gleichung der Stromdichte, die in der Diffferentialgleichung enthalten ist. Bei Diffusion fließt Materie von der höheren zur niederen Konzentration. Für die dreidimensionale Gleichung $(Du_x)_x+(Du_y)_y+(Du_z)_z = u_t$ ist damit die <u>Upstream-Bedingung</u> für den Gitterpunkt (i,j,k) in i-Richtung

$$U_{i-1,j,k} > U_{ijk} : \qquad D_{i-1,j,k}$$

$$U_{i-1,j,k} = U_{ijk} : D_{i-\frac{1}{2},j,k} = \tfrac{1}{2}D_{i-1,j,k} + \tfrac{1}{2}D_{ijk}$$

$$U_{i-1,j,k} < U_{ijk} : \qquad D_{ijk} \qquad\qquad (5.39)$$

Die Bedingungen für $D_{i,j-\frac{1}{2},k}$ und $D_{i,j,k-\frac{1}{2}}$ lauten analog. Im allgemeinen Fall ist D kein einheitlicher physikalischer Begriff sondern ein Produkt wie etwa D=abe, wobei a möglicherweise am besten geometrisch bzw. harmonisch gemittelt wird, b arithmetisch und e stromaufwärts.

5.13 Freie Ränder. Stream weighting 2

Bei <u>wandernden</u> <u>Sprungunstetigkeiten</u> ist, wie in der vorgehenden Ziffer gezeigt, (up)stream weighting zulässig und ratsam. Es sei nun ein Fall behandelt, der nur mit upstream weighting lösbar ist. Gegeben sei die nichtlineare <u>Aufgabe mit freiem Rand</u>

$$(K\delta u_x)_x + (K\delta u_y)_y + Q(x,y,t) = \delta_t$$

$$u=\delta-f \qquad f=f(x,y,t)>0 \qquad \delta\geq0 \qquad Q\geq0$$

$$t=0: \delta=0 \text{ auf der gesamten x,y-Ebene} \qquad (5.40)$$

Die Funktion f ist gegeben und stückweise stetig. Gesucht ist δ, eine Schichtdicke. Die Schicht baut sich im Laufe der Zeit auf, ausgehend von den Positionen der Quellen Q.

Wir nehmen ein quadratisches Gitter der Maschenweite h und wenden auf $(K\delta u_x)_x+(K\delta u_y)_y \equiv (K\delta\delta_x)_x+(K\delta\delta_y)_y-(K\delta f_x)_x-(K\delta f_y)_y$ die

Neun-Punkte Formel (5.7) mit $T=K\delta$ an. Für die linke Seite von (5.7) schreiben wir abkürzend Tu. Insbesondere bedeutet dann $T_n u_{n+1}$, daß T zum alten Zeitpunkt n und u zum neuen Zeitpunkt n+1 genommen wird. Wir wählen die Darstellung (die Ortsindizes i,j sind unterdrückt)

$$T_n \delta_{n+1} - T_n f_n + (2+p)h^2 Q = (2+p)h^2 (\delta_{n+1} - \delta_n)/\Delta t \qquad (5.41)$$

Setzen wir für $T_n \delta_{n+1}$ bzw. $T_n f_n$ die jeweils rechte Seite von (5.7) ein, so stellt (5.41) ein linearisiertes Gleichungssystem der Unbekannten $\delta_{i,j,n+1}$ dar, wobei die Zwischenwerte $T_{i+\frac{1}{2}q,\,j+\frac{1}{2}r,\,n}$ mit $q=0,\pm 1$ sowie $r=0,\pm 1$ und $T=K\delta$ auftreten. Wir setzen mit einem noch zu wählenden Gewichtsfaktor w

$$T_{i+\frac{1}{2}q,\,j+\frac{1}{2}r} = w T_{i+q,\,j+r} + (1-w)T_{ij}$$

$$q=0,\pm 1 \qquad r=0,\pm 1 \qquad\qquad (5.42)$$

[Dieser Ansatz erfüllt nicht die Indexbedingung (5.34) der vorgehenden Ziffer!]

Für $w=\frac{1}{2}$ treten bei Lösung von (5.41) negative δ-Werte auf – – es sei denn, die Ableitungen $\partial f/\partial x$ und $\partial f/\partial y$ verschwinden identisch, so daß (5.40) zu $(K\delta\delta_x)_x + (K\delta\delta_y)_y + Q = \delta_t$ degeneriert. (Das Scheitern für $w=\frac{1}{2}$ ist am Schluß der Ziffer erklärt.) Um nun Gleichung (5.40) lösen zu können, müssen wir auf ihre physikalische Bedeutung zurückgreifen. Ein Fließen der sich aufbauenden Schicht kann aus Gründen, deren Erörterung hier zu weit führen würde, nur von kleineren ($f-\delta$)-Werten zu größeren stattfinden. Es gilt also mit $v=f-\delta$:

(a) $v_{i+q,\,j+r} = v_{ij}$ kein Fließen möglich

(b) $v_{i+q,\,j+r} < v_{ij}$ Fluß von (i+q,j+r) nach (i,j) möglich

(c) $v_{i+q,\,j+r} > v_{ij}$ Fluß von (i,j) nach (i+q,j+r) möglich

Tritt Fall (a) ein, so verschwindet der entsprechende Term von (5.7) wegen des Verschwindens der u-Differenz (es ist $u=-v$) und die physikalische Bedeutung ist mathematisch von selbst erfüllt.

Für die Schichtdicke δ gibt es vier Möglichkeiten:

$$
\begin{array}{llll}
\text{(A)} & \delta_{ij} = 0 & \delta_{i+q,j+r} = 0 \\
\text{(B)} & \phantom{\delta_{ij}} = 0 & \phantom{\delta_{i+q,j+r}} > 0 \\
\text{(C)} & \phantom{\delta_{ij}} > 0 & \phantom{\delta_{i+q,j+r}} = 0 \\
\text{(D)} & \phantom{\delta_{ij}} > 0 & \phantom{\delta_{i+q,j+r}} > 0
\end{array}
$$

Wir müssen also acht Kombinationen betrachten: (b):A,B,C,D und (c):A,B,C,D. Die ersten vier sind physikalisch stets genau erfüllt, wenn wir in (5.42) w=1 setzen, die zweiten vier immer für w=0. Betrachten wir z.B. die Kombination b,C. Nach (b) ist zwar Fluß von $(i+q,j+r)$ nach (i,j) möglich, kommt jedoch wegen (C) mit $\delta_{i+q,j+r}=0$ nicht zustande. Setzen wir w=1, so wird nach (5.42) $T_{i+\frac{1}{2}q,j+\frac{1}{2}r} = T_{i+q,j+r} = K\delta_{i+q,j+r} = 0$. Also gilt:

$$
\begin{aligned}
v_{i+q,j+r} - v_{ij} < 0 : & \qquad w = 1 \\
v_{i+q,j+r} - v_{ij} > 0 : & \qquad w = 0
\end{aligned}
\tag{5.43}
$$

Mit diesem Ansatz gelingt die Lösung von (5.40) problemlos. Man findet, daß zu vorgegebener Maschenweite h eine gewisse Zeitschrittlänge Δt_{max} nicht überschritten werden darf (ansonsten treten wiederum negative δ-Werte auf), und daß Δt_{max} mit wachsendem δ abnimmt (was plausibel ist, da nach (5.40) δ_t mit δ wächst). Man muß deshalb die Methode der automatischen Zeitschrittregulierung nach Ziffer 5.9 anwenden.

<u>Stream weigthing ist also ein Verfahren, mit dem gesichert wird, daß bei Lösung der Differenzengleichungen keine physikalisch unmöglichen Werte auftreten können.</u> Stream weighting ist nicht notwendig, wenn alle Maschenweiten und t-Werte hinreichend klein sind. Diese Bedingung kann praktisch nicht erfüllbar sein und damit stream weighting notwendig werden, was nun für den hier vorliegenden Fall bewiesen sei.

Erklärt sei das Scheitern von (5.41) für w=½ am eindimensionalen Äquivalent von (5.40) mit Q=0 und f=bx (b>0, fest). Dann reduziert sich (5.41) für Gitterpunkt i auf

$$T_{i+\frac{1}{2}}(U_{i+1}-U_i) + T_{i-\frac{1}{2}}(U_{i-1}-U_i) = C\delta_t \qquad (5.44)$$

mit C proportional h^2 und $T_{i\pm\frac{1}{2}} = wT_{i\pm1} + (1-w)T_i$. Nun sei $\delta_{i-1,n} = \delta_{i,n} = 0$ und $\delta_{i+1,n} > 0$. Dann verschwindet $T_{i-\frac{1}{2}}$ und (5.44) geht wegen $f_{i+1}-f_i=bh$ über in

$$wT_{i+1,n}(\delta_{i+1,n+1}-\delta_{i,n+1}-bh) = C\delta_t \qquad (5.45)$$

$\delta_t = (\delta_{n+1}-\delta_n)/\Delta t$ kann nicht negativ sein. Denn sonst wäre $\delta_{i,n+1}$ negativ, da $\delta_{i,n} = 0$ ist. Also muß in (5.45) entweder w verschwinden oder der Klammerausdruck darf nicht negativ sein. Es muß also für w≠0 gelten $h \leq (\delta_{i+1,n+1}-\delta_{i,n+1})/b$. Diese Bedingung ist im allgemeinen nur für sehr kleine Werte von h zu erfüllen. Sie ist jedoch stets richtig für b=0, d.h. für $f\equiv0$ und damit $f_x\equiv0$.

5.14 Ein Kurzprogramm für selbstadjungierte Gleichungen auf beliebigen dreidimensionalen Bereichen mit allgemeinen Randbedingungen, harmonischer Mittelung und upstream weighting. Lösung explizit.

Wir wollen nunmehr unseren Kenntnisstand in einem Kurzprogramm zusammenfassen, das die Lösung einer umfänglichen Klasse parabolischer und elliptischer Probleme gestattet. Zu lösen sei

$$(ARu_x)_x + (BSu_y)_y + (CTu_z)_z + Q = \beta u_t \qquad (5.46)$$

auf einem achsenparallelen Gitter der Maschenweiten $\Delta x, \Delta y, \Delta z$, harmonischer Mittelung von R,S,T und upstream weighting von A,B,C. Der Fluß finde vom größeren zum kleineren u statt. Diskretisiert werde nach (5.17), (5.19) Ziffer 5.7, gelöst werden die Gleichungen <u>explizit</u>. Das hat zwar möglicherweise viele Zeitschritte zur Folge, bedeutet jedoch relativ geringe Rechenarbeit je Zeitschritt, so daß der Gesamtrechenaufwand vielleicht gar nicht so ungünstig ist. Sind die Koeffizienten der Gleichung (5.46) von der Lösung u abhängig, so sind sowieso kleine Δt-Werte notwendig.

Nach (2.37) Ziffer 2.11 ist Stabilität der Lösung zu erwarten für

$$[(1/\Delta x)^2 + (1/\Delta y)^2 + (1/\Delta z)^2]\Delta t \leq \tfrac{1}{2}(\beta/\alpha)$$

$$\alpha = \max\{AR,BS,CT\} \qquad\qquad (5.47)$$

(Eventuell ist Nachbesserung durch Zeitschritthalbierung notwendig.) Nach (5.47) ist es also günstig, wenn die Gitterabstände nicht zu klein sind.

Das Grundgebiet Ω sei aus achsenparallelen Quadern der Kantenlängen $\Delta x,\Delta y,\Delta z$ zusammengesetzt, wobei die Eckpunkte der Quader die Gitterpunkte (i,j,k) bilden. Im übrigen sei Ω beliebig geformt und mag außer dem Außenrand noch innere Ränder besitzen. Auf den Rändern sei u bzw. die im allgemeinen orts- und zeitabhängige Normalableitung $\partial u/\partial n=\mu$ gegeben. Offenbar ist die (nach außen gerichtete) Normale n parallel einer der Koordinatenachsen x,y,z des kartesischen Bezugssystems.

Wir führen nun auf dem Gitterpunkt (i,j,k) folgende Gitterindexfunktion F(i,j,k) ein:

F(i,j,k)=0: (i,j,k) liegt weder im Innern noch auf dem Rand
            des Grundgebiets Ω,

F(i,j,k)=1: (i,j,k) liegt im Innern von Ω; auf (i,j,k) ist
            also (5.46) zu lösen,

F(i,j,k)=2: (i,j,k) liegt auf dem Rand von Ω; auf (i,j,k)
            ist u gegeben.

Gitterpunkt (i,j,k) liegt auf dem Rand von Ω; auf (i,j,k) ist die Normalableitung von u nach n, der ins Äußere gerichteten Normalen, gegeben:

F(i,j,k)=3: die Normale n verläuft parallel der x-Achse,

F(i,j,k)=4: die Normale n verläuft parallel der y-Achse,

F(i,j,k)=5: die Normale n verläuft parallel der z-Achse.

Beispiel: Für F(i,j,k)=3 ist $\partial u/\partial n$ im Punkt (i,j,k) gleich $(u_{außen}-u_{innen})/\Delta x$ mit $u_{außen}$=u(i,j,k) und u_{innen}=u(i-1,j,k) falls F(i-1,j,k)=1 ist bzw. u_{innen}=u(i+1,j,k) für F(i+1,j,k)=1. Diese Bedingung kann stets eindeutig erfüllt werden.

Wir können nun das Programm angeben, wobei ich mich auf die Zeitschleife und dort auf die Berechnung der Zwischenwerte von A,B,C,R,S,T und den Lösungsalgorithmus beschränke. Die Darstellung ist leicht formalisiert. Die Eingabe der Anfangs- und Randwerte, die Δt-Wahl und das übrige noch Fehlende ist leicht programmierbar und mag vom Leser ergänzt werden.

```
Berechnung der Zwischenwerte (harmonisch bzw. upstream)
do i,j,k
  if  F(i,j,k)≠1  goto 1
   RHO=R(i,j,k)+R(i±1,j,k)
    if  RHO=0  then
       R(i±½,j,k)=0
    else
       R(i±½,j,k)=2*R(i,j,k)*R(i±1,j,k)/RHO
    end if
    if  U(i±1,j,k)≥U(i,j,k)  then
       A(i±½,j,k)=A(i±1,j,k)
    else
       A(i±½,j,k)=A(i,j,k)
    end if
   A(i±½,j,k)=A(i±½,j,k)*R(i±½,j,k)

   SIGMA=S(i,j,k)+S(i,j±1,k)
    if  SIGMA=0  then
       S(i,j±½,k)=0
    else
       S(i,j±½,k)=2*S(i,j,k)*S(i,j±1,k)/SIGMA
    end if
    if  U(i,j±1,k)≥U(i,j,k)  then
       B(i,j±½,k)=B(i,j±1,k)
    else
```

```
         B(i,j±½,k)=B(i,j,k)
      end if
    B(i,j±½,k)=B(i,j±½,k)*S(i,j±½,k)


    THETA=T(i,j,k)+T(i,j,k±1)
     if  THETA=0   then
        T(i,j,k±½)=0
     else
        T(i,j,k±½)=2*T(i,j,k)*T(i,j,k±1)/THETA
     end if
     if  U(i,j,k±1)≥U(i,j,k)   then
        C(i,j,k±½)=C(i,j,k±1)
     else
        C(i,j,k±½)=C(i,j,k)
     end if
    C(i,j,k±½)=C(i,j,k±½)*T(i,j,k±½)
1    continue
    end do
```

Der Lösungsalgorithmus (V = Lösung der neuen Zeitschicht
         n+1, U = Lösung der alten Zeitschicht n)

```
do i,j,k
  if  F(i,j,k)=0   goto 2
  if  F(i,j,k)=1   then
```
$$V_{ijk}=U_{ijk}+(\Delta t/\beta\Delta x\Delta y\Delta z)[\Delta_x A\Delta_x+\Delta_y B\Delta_y+\Delta_z C\Delta_z+Q^*]_n$$
```
  end if
  if  F(i,j,k)=2   V(i,j,k) = u-Eingabewert
  if  F(i,j,k)=3   then
     if  F(i+1,j,k)=1    V(i,j,k)=U(i+1,j,k)+Δx*µ₁(i,j,k)
     if  F(i-1,j,k)=1    V(i,j,k)=U(i-1,j,k)+Δx*µ₁(i,j,k)
     if  F(i+1,j,k)+F(i-1,j,k)=0 oder 2    STOP
C            [fehlerhafte Gitterpunkt-Indizierung!]
  end if
  if  F(i,j,k)=4   then
     if  F(i,j+1,k)=1    V(i,j,k)=U(i,j+1,k)+Δy*µ₂(i,j,k)
     if  F(i,j-1,k)=1    V(i,j,k)=U(i,j-1,k)+Δy*µ₂(i,j,k)
     if  F(i,j+1,k)+F(i,j-1,k)=0 oder 2    STOP
C            [fehlerhafte Gitterpunkt-Indizierung!]
```

```
        end if
    if  F(i,j,k)=5   then
        if  F(i,j,k+1)=1    V(i,j,k)=U(i,j,k+1)+Δz*μ₃(i,j,k)
        if  F(i,j,k-1)=1    V(i,j,k)=U(i,j,k-1)+Δz*μ₃(i,j,k)
        if  F(i,j,k+1)+F(i,j,k-1)=0 oder 2     STOP
C           [fehlerhafte Gitterpunkt-Indizierung!]
    end if
2   continue
    end do
    do i,j,k
     if  F(i,j,k)=0   goto 3
     U(i,j,k)=V(i,j,k)
3   continue
    end do
```

5.15 Nichtkartesische Koordinaten mit unregelmäßigen Gitterabständen, unendliche Definitionsbereiche, logarithmische Unstetigkeiten und Anfangs-Sprungunstetigkeiten

Gehören die Ortskoordinaten nicht zu einem kartesischen Koordinatensystem x,y,z sondern zu einem anderen orthogonalen oder auch nicht orthogonalen System λ,μ,ν, so treten an die Stelle von $\Delta x,\Delta y,\Delta z$ die Maschenweiten $\Delta\lambda,\Delta\mu,\Delta\nu$. Im übrigen ändert sich die Behandlung nicht. Als einfaches Beispiel sei das folgende radialsymmetrischen Problem betrachtet:

$$(ru_r)_r = ru_t \qquad a \leq r \leq \infty \qquad t \geq 0$$

$$r=a \quad t \geq 0: u=1 \qquad r \to \infty \qquad t \geq 0: u \to 0$$

$$r>a \quad t=0: u=0 \tag{5.48}$$

Wir wählen den Ansatz (1.51)-(1.53) Ziffer 1.20 und erhalten für das zentrierte Gitter der Abb.5.3

$$r_{i+\frac{1}{2}}(U_{i+1} - U_i)/(\Delta r_i \ell_{i+\frac{1}{2}}) - r_{i-\frac{1}{2}}(U_i - U_{i-1})/(\Delta r_i \ell_{i-\frac{1}{2}}) =$$

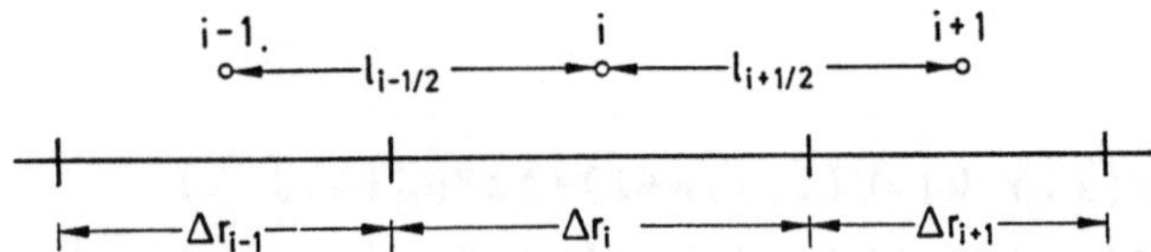

Abb. 5.3. Zentriertes Gitter mit unregelmäßigen Gitter-
abständen. Senkrechte Striche: Blockgrenzen

$$= r_i(U_{i,n+1} - U_{i,n})/\Delta t$$

$$i=1,2,3,\ldots \qquad r_0=a \qquad U_0=1 \qquad (5.49)$$

mit

$$\ell_{i-\frac{1}{2}} = r_i - r_{i-1} \qquad \ell_{i+\frac{1}{2}} = r_{i+1} - r_i$$

$$\ell_{i\pm\frac{1}{2}} = \tfrac{1}{2}(\Delta r_i + \Delta r_{i\pm1}) \qquad r_{i\pm\frac{1}{2}} = r_i \pm \tfrac{1}{2}\Delta r_i \qquad (5.50)$$

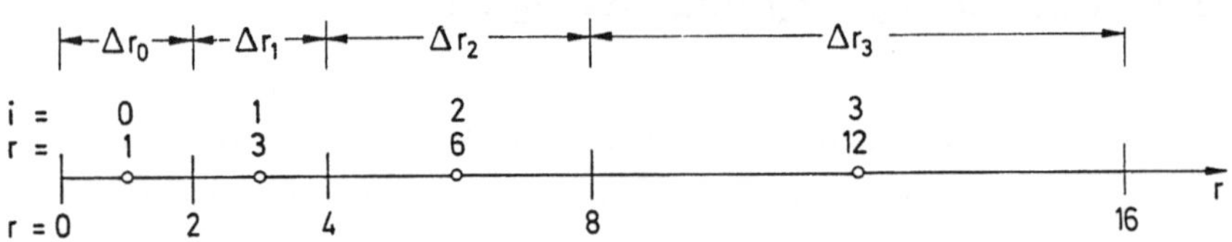

Abb. 5.4. Zentriertes Gitter mit Blocklängen und Maschenweiten, die in geometrischer Progression wachsen

Es sei a=1. Wir wählen folgende Gitterpunkte und Maschenweiten
(Abb.5.4):

i	0	1	2	3	4	...
Δr_i	2	2	4	8	16	...
r_i	1	3	6	12	24	...

also für i>0

$$r_{i+1} = 2r_i \qquad \Delta r_{i+1} = 2\Delta r_i \qquad \ell_{i+\frac{1}{2}} = r_i \qquad (5.51)$$

Aus drei Gründen wählen wir Maschenweiten, die sich mit wachsendem Abstand vom Ursprung r=0 vergrößern:

1. Die Gitterpunkte sollen für kleines r nahe beieinander liegen, da sich $\partial u/\partial r$ in der Nähe von r=0 rasch mit abnehmendem r ändert (darauf deutet schon die Lösung der gewöhnlichen Differentialgleichung $(ru_r)_r=0$ hin; sie ist proportional ln r).

2. $\partial u/\partial r$ ändert sich für großes r kaum noch mit r. Damit beeinflussen bei großem r große Gitterpunktabstände die Genauigkeit der Ergebnisse nur wenig.

3. Der unendliche Definitionsbereich der Differentialgleichung von (5.48) muß mit möglichst geringem Rechen- und Speicheraufwand approximiert werden, was eine geringe Anzahl von Gitterpunkten mit großen Abständen erfordert.

Wir ersetzen die Bedingung r<∞ durch r<R mit u(R)=0 und wählen R so groß, daß sich u mit wachsender Zeit in der Nähe von R nur innerhalb eines vorgegebenen Intervalls ändert.- Das System (5.48) enthält eine _Sprungunstetigkeit_ für t=0 an der Stelle r=a. Es ist deshalb empfehlenswert, mit kleinen Zeitschritten Δt zu beginnen und z.B. Δt = 1, 9, 90, 900, ... zu wählen und damit t = 1, 10, 100, 1000, ...

5.16 Systeme parabolischer oder elliptischer Gleichungen

Gegeben seien zwei parabolische (elliptische) Gleichungen f(u,v)=0 und g(u,v)=0 mit den gesuchten Funktionen u und v. Man löse dann f=0 mit einer Anfangsnäherung von u nach v, setze dieses v in g ein, löse g=0 nach u, trage dieses u in f=0 ein und verfahre so fort, bis sich u und v im betrachteten Zeitschritt im Rahmen der gewünschten Genauigkeit nicht mehr ändern. Man kann dabei im Einzelnen auf sehr verschiedene Weise verfahren, mag f=0 explizit und g=0 implizit lösen und unterschiedlichste Diskretisationsschemata und Lösungsverfahren anwenden. Bei einfacher Struktur von f und g kann es ratsam sein, f und g simultan nach u und v zu lösen.

5.17 Eine Bemerkung zu Gleichungen der Form $f(v_{xx}, v_{yy}, v_{zz}, v_x, v_y, v_z, u_t) = 0$

Baut sich die Differentialgleichung aus Ortsableitungen einer gesuchten Funktion v und Zeitableitungen einer Funktion u auf, wobei u in analytisch gegebener Weise von v abhängt, so kann man entweder u_t durch Differentialausdrücke von v ersetzen und damit u eliminieren oder aber die Gleichung in der ursprünglich vorgegebenen Form nach u und v diskretisieren und den Zusammenhang zwischen u und v als Nebenbedingung einführen. Beim ersten Weg ist sorgfältig auf den Umgang mit partiellen Ableitungen zu achten; gewöhnlich ist u Funktion von Größen p,q,r usw. die ihrerseits von v,x,y,z,t abhängen.

5.18 Zusammengesetze Medien. Phasenübergänge

Physikalische Vorgänge spielen sich häufig in einem Medium ab, das aus mehreren, scharf voneinander abgegrenzten Bereichen (Phasen) unterschiedlicher Eigenschaften aufgebaut ist. An den Phasengrenzen ist dann zumeist die Differentialgleichung durch Phasenübergangsbedingungen zu ersetzen. Am häufigsten tritt an der Grenze des Mediums A zum Medium B eine Beziehung der Form

$$D_A \, \text{grad} \, u_A = D_B \, \text{grad} \, u_B \tag{5.52}$$

auf, wobei u_A und u_B an der Übergangsstelle durch eine zusätzliche Beziehung miteinander verknüpft sind (im einfachsten Fall durch $u_A = u_B$). Übliche Diskretisierung ergibt in x-Richtung auf dem Gitterpunkt (i,j,k)

$$D_A(U_{A,ijk} - U_{A,i-1,j,k})/\Delta x_A = D_B(U_{B,i+1,j,k} - U_{B,ijk})/\Delta x_B \tag{5.53}$$

Hierbei liegt (i-1,j,k) im Medium A, (i+1,j,k) im Medium B und (i,j,k) auf der Grenze. Die Gleichungen in y- und z-Richtung lauten entsprechend.- Die Fehlerfortpflanzung von (5.53) hängt von seinen Parametern ab. Wir schreiben (5.53) in der Form

$$a(cU_i - U_{i-1}) = U_{i+1} - U_i \qquad c=U_{A,i}/U_{B,i} \qquad a=D_A\Delta x_B/D_B\Delta x_A \tag{5.54}$$

Ersetzen wir in (5.54) U_s durch U_s+e_s mit $s=i-1,i,i+1$ (e_s ist der Fehlerterm) und subtrahieren (5.54) von der entstandenen Gleichung, so resultiert die Fehlerbeziehung

$$a(ce_i - e_{i-1}) = e_{i+1} - e_i \tag{5.55}$$

d.h.

$$e_i = (ae_{i-1} + e_{i+1})/(1+ac) \tag{5.56}$$

5.19 Literatur

Zu Ziffer 5.3:

[1]   Coats, K.H., Modine, A.D.:
        A Consistent Method for Calculating Transmissibili-
        ties in Nine-Point Difference Equations. SPE 12248
        Society of Petroleum Engineers of AIME (1983)

Zu Ziffer 5.8:

[2]   Fanchi, J.R.:
        Multidimensional Numerical Dispersion. Society of
        Petroleum Engineers Journal 143-151 (1983)

Zum Schema von Il'in:

[3]   Clauser, C., Kiesner, St.:
        A conservative, unconditionally stable, second-order
        three-point differencing scheme for the diffusion-

convection equation. Geophys.J.R.astr.Soc. Vol.91
557-568 (1987)

[4]   Clauser, C.:
Untersuchungen zur Trennung der konduktiven und kon-
vektiven Anteile im Wärmetransport in einem Sediment-
becken am Beispiel des Oberrheintalgrabens.
Fortschritt-Berichte VDI Reihe 19 Nr.28 VDI Verlag
Düsseldorf (134 S.) 1988

1010-Titel-Bibliographie, erhältlich bei TU Berlin, Univer-
sitätsbibliothek/Abt.Publikationen, Straße des 17.Juni 135,
D-1000 Berlin 12 Charlottenburg:

[5]   Clauser, C., Behrens, J.:
Bibliography on heat and mass transfer in porous
media. 328 Seiten 1987

6 Große lineare Gleichungssysteme

6.1 Einleitung

Kapitel 6 dient der Vertiefung und Erweiterung der Kenntnisse
zur Lösung großer linearer Gleichungssysteme. Vorteile und
Nachteile aller bisher besprochenen Verfahren werden systematisch miteinander verglichen, und der Leser erhält mit der Besprechung der Gradientenmethoden ein Rüstzeug, das zwar programmieraufwendig ist aber besonders geeignet zur Meisterung
sehr großer Gleichungssysteme.

6.2 Vorteile und Nachteile expliziter Lösungsverfahren

Von hier nicht behandelten Sonderfällen wie ADEP abgesehen,
haben explizite Verfahren den geringsten Programmier- und
Speicherplatzaufwand und sind in dieser Hinsicht allen impliziten Methoden bis auf SOR und GS überlegen. Die Programmierung von Problemen mit Grundgebieten beliebiger Form ist
unübertroffen einfach.

Explizite Verfahren haben je Zeitschritt den geringsten Rechenaufwand, verlangen allerdings zumeist sehr kleine Zeitschritte. Dies ist bei nichtlinearen Differentialgleichungen
nicht immer ein Nachteil, da Nichtlinearitäten zumeist kleine
Zeitschritte erfordern. Andernfalls wird die Lösung ungenau,
zu viele Iterationsschritte sind notwendig, oder der Itera-
tionsprozeß divergiert sogar. Die explizite Methode versagt,
wenn die zulässige Zeitschrittlänge unzumutbar klein wird; s.
das Beispiel am Ende der Ziffer 5.9.

<u>Explizite Verfahren eignen sich vorzüglich für Parallelrechner</u>,
da die Lösungswerte je Zeitschritt für alle Gitterpunkte simultan berechnet werden können. Deshalb mag die Bedeutung der
expliziten Verfahren in Zukunft wachsen.

6.3   Vorteile und Nachteile der Mehrgitterverfahren

Sieht man von maßgeschneiderten Spezialverfahren ab, so scheint
MG (multiple grid method) das schnellste bislang bekannte Ver-
fahren zu sein, insbesondere bei sehr großen Gleichungssystemen.
Die Rechenzeit ist etwa proportional der Anzahl der Unbekannten.
Ich beziehe mich hierbei auf die vergleichenden Untersuchungen
von Wesseling und Sonneveld mit dem dort geschilderten Mehrgit-
teransatz und bezogen auf eine Navier-Stokes Gleichung und eine
Diffusions-Konvektionsgleichung.

Da MG kein Einzelverfahren mit festem Algorithmus sondern eine
Methodenfamilie mit gemeinsamem Grundkonzept ist, erlaubt es
Maßschneiderung, kann aber bei dem nicht spezialisierten Prak-
tiker Berührungshemmung auslösen. Im industriellen Komplex ist
MG wohl deshalb besser für ein Entwicklungsteam als einen Ein-
zelgänger geeignet.

Bislang wird MG insbesondere auf Grundgebiete einfacher Gestalt
(Rechtecke usw.) angewandt. Die Verallgemeinerung auf Grundgebiete beliebig unregelmäßiger Form ist wohl programmaufwendig
und nicht einfach. Vom Konzept her ist MG weniger prädestiniert
für Differentialgleichungen mit Parametern, die kaum interpo-
lierbare empirische Ortsfunktionen sind.

6.4   Vorteile und Nachteile von ADIP und Douglas-Rachford
     iterativ (DRI)

ADIP und DRI gehören zu den leicht programmierbaren Methoden
mit geringem Speicherplatzbedarf. Die Rechenzeit ist etwas
schlechter als proportional der Anzahl m der Unbekannten.

Das Grundgebiet sollte konvex sein, d.h. es sollte zu je zwei
Punkten auch deren Verbindungsstrecke enthalten; vgl. Ziffer
3.9. Andernfalls wird die Programmierung etwas umständlicher
und man kann nicht mehr mit einem Programm alle Grundgebiets-
formen erfassen. Dies ist ein deutlicher Nachteil gegenüber
expliziten Verfahren, SOR, GS und Jacobi. Dafür sind GS und
Jacobi wesentlich langsamer, SOR erfordert die Bestimmung eines Parameters, und explizite Verfahren sind wesentlich zeit-
schrittlängenempfindlicher. ADIP und DRI sind mindestens so
schnell wie Gradientenmethoden und schneller programmierbar,
aber mehr auf selbstadjungierte Gleichungen zugeschnitten
und nicht so universal anwendbar wie die Gradientenverfahren.

6.5   Vorteile und Nachteile von SOR

SOR (Ziffer 5.2) und damit auch Gauß-Seidel ist ebenso leicht
zu programmieren - auch bei Grundgebieten beliebiger Gestalt -
wie explizite Verfahren. Der Speicherplatzbedarf ist gering,
die Rechenzeit nur geringfügig schlechter als proportional $m^{1.5}$
(m = Anzahl der Unbekannten). Von allen gegenwärtig bekannten
Verfahren sind offenbar nur MG und ADIP grundsätzlich schneller
als SOR.

Der große Nachteil von SOR ist die Notwendigkeit, daß man einen Optimierungsparameter ω schätzen muß, der von der Koeffizientenmatrix A des zu lösenden Gleichungssystems abhängt.
Dies fällt nur dann weniger ins Gewicht, wenn mehrere Systeme
mit gleichem A und unterschiedlichen rechten Seiten auftreten
wie bei der Lösung elliptischer und parabolischer Probleme
mit Koeffizienten, die höchstens vom Ort abhängen. In diesem
Fall ermittelt man ω vor Beginn der Hauptrechnung durch systematisches Eingabeln.

6.6 Vorteile und Nachteile von Gauß-Seidel (GS) und dem Eliminationsverfahren von Gauß (GE)

GS und GE gehören zu den ältesten Lösungsverfahren überhaupt (GE war bereits vor Gauß allgemein bekannt) und zeichnen sich durch Einfachheit und Zuverlässigkeit aus. Ihr Rechenaufwand ist etwa proportional m^2 (m = Anzahl der Unbekannten), so daß sie für sehr großes m weniger in Frage kommen. Vor SOR haben GS und GE den Vorteil, daß keine Parameter geschätzt werden müssen.

GS hat mit SOR und den expliziten Verfahren die unübertroffene Einfachheit der Programmierung überhaupt wie insbesondere bei beliebig geformtem Grundgebiet gemeinsam. Dies kann auch bei sehr großen Gleichungssystemen ein entscheidender Vorteil sein, wenn die Programme nicht sehr oft laufen sollen. Der Speicherplatzbedarf für GS (wie auch SOR) ist gering, da die neuen Iterationswerte die entsprechenden des jeweils letzten Iterationsschritts überspeichern.

GE hat den deutlichen Vorteil, daß es auch tatsächlich die Lösung des betrachteten Linearsystems liefert und nicht nur eine iterativ ermittelte Approximation, deren Genauigkeit letztlich unbekannt bleibt. Hat man nacheinander (z.B. wegen iterativer Nachbesserung) mehrere Systeme $Ax=b_1$, $Ax=b_2$, $Ax=b_3$, ... mit gleicher Koeffizientenmatrix A zu lösen, so kann man dies mit Gaußelimination leicht speicherplatz- und rechenzeitsparend durch sogenannte "Links-Rechts-Zerlegung" durchführen. Dabei wird die Matrix A in eine linke (untere) Dreiecksmatrix L und eine rechte (obere) Dreiecksmatrix U zerlegt, so daß A==LU ist. Anschließend wird $Ax=LUx=b$ durch zwei gestaffelte Systeme gelöst. Einzelheiten findet der Leser am Schluß des Nullkapitels.

Sehr kurze GE-Programme mit unterschiedlichem Speicherplatzbedarf stehen in den Ziffern 3.2 und 6.13. Sie enthalten wie alle Programme dieses Buches keine Abfrage auf Division durch

Null, gestatten wegen ihres Zuschnitts auf die allgemeine Matrixstruktur von diskretisierten Differentialgleichungsproblemen keine Vertauschung von Zeilen und Spalten und sind nicht für extrem rundungsempfindliche (ill-conditioned) Systeme geeignet. Derartige Komplikationen treten in den hier in Frage komenden Anwendungen nur äußerst selten auf; z.B. bei statisch unbestimmten Problemen.

Die Programmierarbeit für GE mit Hilfe der Programme von Ziffer 3.2 oder 6.13 ist gering, wenn die sogenannte Standardindizierung nach Ziffer 6.18 verwandt wird. Ziffer 3.3 bzw. 6.13 zeigen die Programmierung für rechteckige Grundgebiete bei Benutzung des Programms von Ziffer 3.2 bzw.6.13. In Ziffer 6.18 wird die Programmierung für Grundgebiete beliebiger Form erklärt.

6.7 Vorteile und Nachteile des Verfahrens von Jacobi (J)

Das aus dem Jahr 1845 stammende J-Verfahren (Ziffer 5.2) wird nur selten benutzt, da es im Regelfall sehr viel langsamer als GS konvergiert. Es eignet sich jedoch vorzüglich für Parallelrechner, da die Iterationswerte je Iterationsschritt simultan berechnet werden können. Der Speicherplatzbedarf ist höher als bei GS, da man die jeweils letzte Iterierte aufbewahren muß.

Benutzt man direkte Lösungsverfahren, so kann man das Ergebnis mehr oder weniger von Rundungsfehlern befreien, indem man es einige Male GS oder J unterwirft, d.h. eine Nachbesserung durch Iteration vornimmt. Dann ist J gewöhnlich vorzuziehen, und dies aus folgendem Grund: Im Gegensatz zu J hängt das Ergebnis von GS davon ab, in welcher Reihenfolge man die Unbekannten durchnumeriert. Diese Mehrdeutigkeit wird im allgemeinen erst nach einer größeren Anzahl von Iterationen vernachlässigbar. Hingegen ist J stets eindeutig und bewahrt bei jedem Iterationsschritt die Symmetrie-Eigenschaften der Lösung.

Beispiel: Mit den Startwerten $x_1=x_2=0$ liefert GS für das System $x_1=\tfrac{1}{2}x_2+1$, $x_2=\tfrac{1}{4}x_1+2$ die ersten Iterierten $x_1=1$ und $x_2=2.25$, für $x_1=\tfrac{1}{4}x_2+2$, $x_2=\tfrac{1}{2}x_1+1$ hingegen $x_1=x_2=2$.

6.8 Gradienten(artige) Methoden mit ihren Vor- und Nachteilen

Für sehr große Systeme verwendet man auch Verfahren, die zwar speicherplatz- und programmieraufwendig sind, jedoch keinen Optimierungsparameter benötigen. Sie lösen ein System von m Gleichungen mit m Unbekannten in höchstens m Schritten - und zwar exakt, wenn keine Rundungsfehler auftreten. Jeder Schritt ist rechenaufwendig. Die Verfahren sind zumeist nur lohnend, wenn man durch geeignete Maßnahmen das Ausgangssystem Ax=a in ein System Bx=b gleicher Lösung x überführt, bei dem die Rechnung nach wenigen Schritten am Ziel ist. Die Überführung von Ax=a in Bx=b heißt <u>Vorkonditionierung</u> (preconditioning).

Die Gesamtrechenzeit hängt davon ab, ob die Konditionierung glücklich gewählt ist oder nicht. Der Rechenaufwand mag sich etwa zwischen proportional $m^{1.2}$ und $m^{1.5}$ bewegen, liegt also im allgemeinen zwischen MG und SOR. MG ist rechenzeitlich wohl stets überlegen. Dafür können die gradienten(artigen) Methoden einfacher auf Grundgebiete beliebiger Gestalt angewandt werden.

6.9 Schlußworte zur Besprechung der Vor- und Nachteile der einzelnen Lösungsverfahren

Kein Verfahren genügt allen Ansprüchen, und bei jedem Verfahren können gewisse Eigenschaften Vorteil und Nachteil zugleich sein. Jeder Bearbeiter eines Programms muß selbst entscheiden, welche Gesichtspunkte für ihn am wichtigsten sind. Verfahren, die noch gestern obsolet waren, können morgen durch neue Entwicklungen im EDV-Bereich oder das Auftreten neuer Problemtypen wieder Interesse erwecken. Vieles ist modischen Strömungen unterworfen. Während sich gegenwärtig Gradientenmethoden in den Vordergrund schieben mögen, hat man früher direkte Verfahren und davor ite-

rative favorisiert. Ein deutlicher Unterschied besteht auch
zwischen Publikationsfrequenz und Benutzungshäufigkeit. Die Anzahl der Arbeiten über Mehrgitterverfahren überwiegt die Anzahl
der Arbeiten zu jedem anderen Lösungsverfahren bei weitem, während die Mehrgittermethoden selbst erst allmählich in die Rechenpraxis einzudringen scheinen.- Abschließend sei noch betont,
daß ich nur einen Teil der bekannten Lösungsverfahren behandele;
eine erschöpfende Darstellung würde den Rahmen sprengen.

6.10 Definitionen: positiv definite, unzerlegbare, diagonal dominierte Matrizen

Die quadratische Matrix $A=[a_{ir}]$ heißt <u>symmetrisch</u>, wenn $a_{ir}=a_{ri}$
für alle i und r gilt (i=1,2,3,...,m; r=1,2,3,...,m). A heißt
<u>reell</u>, wenn alle Elemente von A reell sind. Die Summe

$$Q = Q(x_1,x_2,x_3,\ldots,x_m) = \Sigma_i\Sigma_r a_{ir}x_i x_r \qquad\qquad (6.0)$$

heißt <u>quadratische</u> <u>Form</u> der reellen symmetrischen Matrix A.
Offenbar ist Q quadratische Funktion der m (reellen) Variablen
$x_1,x_2,x_3,\ldots,x_m$. Wir wollen A <u>positiv</u> <u>definit</u> nennen, wenn folgende Bedingungen erfüllt sind: 1. A ist reell, quadratisch und
symmetrisch, 2. Q ist positiv für jedes beliebige reelle m-Tu-
pel $(x_1,x_2,x_3,\ldots,x_m)$ mit Ausnahme von $x_1=x_2=x_3=\ldots=x_m=0$.

Verschwinden alle Elemente des m-Tupels bis auf $x_i=\pm 1$, so resultiert $Q=a_{ii}$. Also sind alle Hauptdiagonalelemente einer positiv definiten Matrix selbst positiv. Ist für das Gleichungssystem Ax=b das Hauptdiagonalelement a_{ii} negativ, so multiplizieren wir die i-te Zeile mit -1.

Der Ausdruck <u>unzerlegbar</u> (irreducible, unreduced, indecompo-
sable) stammt von Frobenius (1912). Die Definition ist nicht
schwierig, aber für die Rechenpraxis wenig hilfreich. Es sei
deshalb eine äquivalente geometrische (genauer: graphentheo-
retische) Definition gegeben. Es sei $A=[a_{ir}]$ irgendeine m×m-

Matrix, und es seien $P_1,P_2,P_3,\dots,P_m$ irgendwelche voneinander verschiedene Punkte in der Ebene. Für jedes von Null verschiedene Element a_{ir} verbinden wir P_i mit P_r durch einen von P_i nach P_r gerichteten Weg (vgl. Abb.6.1 links). A ist genau dann unzerlegbar, wenn von jedem P-Punkt zu jedem anderen ein gerichteter Weg führt.

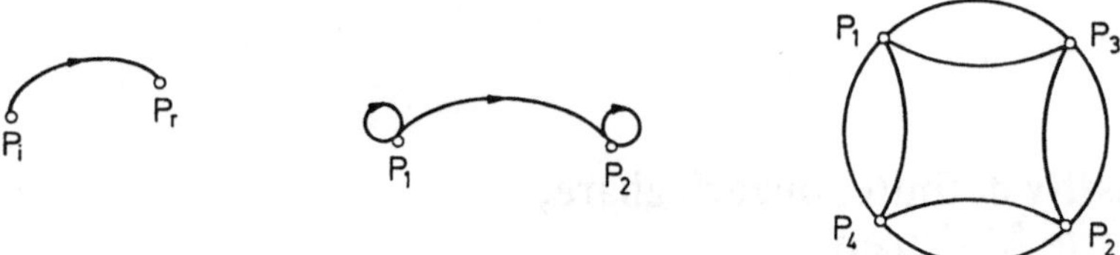

Abb. 6.1. Zur graphentheoretischen Definition der Unzerlegbarkeit von Matrizen [Varga S.19]. Die mittlere Figur enthält zwei Schleifen(loops), die von P1 nach P1 bzw. von P2 nach P2 führen

Beispiel 1: Zu der Matrix mit a_{11}, a_{12} und a_{22} ungleich Null

$$\begin{matrix} a_{11} & a_{12} \\ 0 & a_{22} \end{matrix}$$

gehört als Graph Abb.6.1 Mitte. Die Matrix ist zerlegbar (reducible), da kein Weg von P_2 nach P_1 führt.

Beispiel 2: Zu der Matrix

$$\begin{matrix} 0 & 0 & 1 & 1 \\ 0 & 0 & 1 & 1 \\ 1 & 1 & 0 & 0 \\ 1 & 1 & 0 & 0 \end{matrix}$$

gehört als Graph Abb.6.1 rechts. Die Matrix ist unzerlegbar, da von jedem Punkt zu jedem anderen ein Weg führt, z.B. von P_1 nach P_2 über P_3.

Eine m×m-Matrix $A=[a_{ir}]$ heißt <u>diagonal dominiert</u> (diagonally dominant) wenn für alle $i=1,2,3,\dots,m$ gilt

$$|a_{ii}| \geq \Sigma_{r=1,m;r\neq i}|a_{ir}| \cdot \qquad (6.1)$$

A heiße <u>stark diagonal dominiert</u> (strictly diagonally dominant), wenn in (6.1) strikte Ungleichheit (">" statt "≥") für jedes i herrscht. A heiße <u>irreduzibel diagonal dominiert</u>, wenn A unzerlegbar ist und strikte Ungleichheit für wenigstens einen Wert von i in (6.1) gilt.

6.11 Anwendung auf selbstadjungierte Gleichungen, Konvergenz iterativer Verfahren und Gauß-Elimination

Die selbstadjungierte Gleichung (die Parameter seien Funktionen des Orts und der Zeit, das Grundgebiet ist zusammenhängend)

$$(Su_x)_x + (Tu_y)_y + (Vu_z)_z - \sigma \times u = f + \beta u_t$$

mit Dirichletscher, Neumannscher oder gemischter Randbedingung sowie S>0, T>0, V>0 und σ>0 (V bzw. T und V können auch identisch verschwinden) und β>0 (parabolischer Fall) oder β=0 (elliptischer Fall) führt bei Benutzung der in diesem Buch verwendeten Diskretisationsformeln zu Gleichungssystemen mit symmetrischer, positiv definiter Matrix A, die stark oder irreduzibel diagonal dominiert ist (s. auch Varga Kap.6.3). Im parabolischen Fall ist starke Diagonaldominanz auch für $\sigma \equiv 0$ gegeben, im elliptischen Fall nur für σ>0. Bei $\sigma \equiv 0$ ist A im elliptischen Fall irreduzibel diagonal dominiert, sofern u für mindestens einen Randgitterpunkt gegeben ist. Stets wird dabei wie in allen Kapiteln über die Differenzenmethode angenommen, daß der Rand des Grundgebiets im zwei(drei)-dimensionalen Fall aus Geraden (Rechtecken) zusammengesetzt ist, die parallel den Koordinatenachsen verlaufen; vgl. Varga S.194.

Bei nicht selbstadjungierten Gleichungen geht die Symmetrie von A im allgemeinen verloren. Also ist A dann auch nicht mehr positiv definit. Erhalten bleibt zumeist eine Form der Diagonaldominanz - bei passender Wahl der Diskretisationsformeln.

Da also diagonal dominierte und positiv definite Matrizen bei der numerischen Behandlung partieller Differentialgleichungen eine große Rolle spielen, seien im Folgenden einige Sätze dazu zusammengestellt.

Satz 1: Stark oder irreduzibel diagonal dominierte Matrizen A sind nicht singulär; jedes Gleichungssystem Ax=b mit beliebiger rechter Seite b besitzt also genau eine Lösung.

Satz 2: Positiv definite Matrizen sind nicht singulär.

Satz 3: Jede symmetrische, reelle, stark oder irreduzibel diagonal dominierte Matrix mit positiven Hauptdiagonalelementen ist positiv definit.

Satz 4: Ist die Koeffizientenmatrix eines Gleichungssystems stark oder irreduzibel diagonal dominiert, so konvergieren Gauß-Seidel und Jacobi für jede Wahl von Startwerten.

Bemerkung: Bei allgemeiner Koeffizientenmatrix ist alles möglich: GS und J können gemeinsam konvergieren oder divergieren, J kann konvergieren und GS divergieren usw. Bei Differentialgleichungs-Problemen sind jedoch im allgemeinen GS und J anwendbar, wobei die Konvergenzgeschwindigkeit von GS nach einer hinreichend großen Anzahl von Iterationsschritten zumeist besser ist. Bei einzelnen Iterationsschritten - z.B. bei den ersten - kann durchaus die Konvergenzgeschwindigkeit von J überlegen sein.

Satz 5: SOR divergiert für $\omega \leq 0$ und $\omega \geq 2$.

Satz 6: Ist die Koeffizientenmatrix eines Gleichungssystems positiv definit, so konvergiert SOR für $0 < \omega < 2$ bei Wahl beliebiger Anfangswerte.

Bemerkung: SOR ist also möglicherweise nicht anwendbar, wenn
die Matrix nicht positiv definit ist. (Es gibt eine
Verallgemeinerung von GS und SOR, die nur für positiv
definite Matrizen konvergiert; Varga S.77).

Beweise: S. Literaturverzeichnis am Kapitelende.

Positiv definite und diagonal dominierte Koeffizientenmatrizen verhalten sich bei <u>Gaußelimination</u> im allgemeinen recht gutmütig und erfordern gewöhnlich keine Zeilen- und Spaltenvertauschung während der Rechnung. Der an Einzelheiten interessierte Leser sei auf S.192-196 des in Ziffer 1.22 zitierten Buches [3] verwiesen.

6.12 Spärlich besetzte Bandmatrizen

Die hier behandelten Lösungsverfahren für lineare (linearisierte) Probleme können in fünf Gruppen eingeteilt werden:

1. Explizite Lösung der Differenzengleichungen,
2. Verfahren, die auf tridiagonale Gleichungen führen wie ADIP und DRI,
3. Die iterativen Ansätze GS, MG, J, SOR,
4. Direkte Lösungsverfahren wie Gaußelimination,
5. Gradienten(artige) Methoden.

In jedem Fall lösen wir letztlich ein lineares System $Ax=b$, stellen jedoch in den Fällen 1, 2 und 3 die Koeffizientenmatrix A überhaupt nicht auf, sondern berechnen für jeden Gitterpunkt die unbekannten Lösungswerte direkt. Bei den Verfahrenstypen 4 und 5 hingegen, denen der Rest des Kapitels gewidmet ist, müssen wir A auch tatsächlich aufstellen.

Ist die Lösung auf m Gitterpunkten unbekannt, so ist A eine m×m-Matrix. Da jede Unbekannte nur mit Unbekannten auf Nachbargitterpunkten und nicht mit allen m zu einer Gleichung ver-

knüpft wird - das Muster der durch eine Diskretisationsformel
verknüpften Gitterpunkte heißt _Molekül_ oder _Stern_ - ist die
Anzahl der von Null verschiedenen Elemente von A relativ klein:
Die Matrix ist _spärlich_ _besetzt_ (sparse matrix).

Beispiel: Bei üblicher Diskretisierung von $u_{xx}=u_t$ wird jeder
innere Gitterpunkt i mit den Nachbarn i-1und i+1 verknüpft, und
die m×m-Matrix enthält nur 3m von Null verschiedene Elemente.

Die nicht verschwindenden Elemente wären in der Matrix A recht
willkürlich gestreut, wenn die Indizierung der Unbekannten re-
gellos erfolgen würde; also z.B. dem Gitterpunkt (1,1) die Unbekannte U_7 zugeordnet würde, dem Punkt (1,2) die Unbekannte U_1
usw. Tatsächlich erfolgt jedoch die Zuordnung nach festen Regeln (Ziffer 6.18; die einfachste Möglichkeit haben wir schon
in Ziffer 3.3 kennengelernt). Als Konsequenz dieser Regeln liegen alle von Null verschiedenen Elemente der m×m-Matrix A auf
der Hauptdiagonalen $/a_{11}$ a_{22} a_{33} ... $a_{mm}/$ und einigen parallel
dazu verlaufenden Nebendiagonalen, die teils über (_Superdiago-
nalen_), teils unterhalb (_Subdiagonalen_) der Hauptdiagonale verlaufen; vgl. auch Ziffer 3.2.

Beispiel: Die Matrix (nur Indizes sind angeschrieben)

```
11   12   13   14
21   22   23   24
31   32   33   34
41   42   43   44
```

hat die Superdiagonalen /12   23   34/ (1.Superdiagonale)
                         /13   24/   (2.Superdiagonale)
                         /14/   (3.Superdiagonale)

und die Subdiagonalen   /21   32   43/ (1.Subdiagonale)
                         /31   42/   (2.Subdiagonale)
                         /41/   (3.Subdiagonale)

Sind alle von Null verschiedenen Elemente von A in den Diagonalen

$$d_r = /a_{1,r+1} \quad \cdots \quad a_{m-r,m}/$$
$$\cdots\cdots\cdots\cdots\cdots\cdots\cdots$$
$$/a_{11} \quad \cdots \quad a_{mm}/$$
$$\cdots\cdots\cdots\cdots\cdots\cdots\cdots$$
$$d_s = /a_{s+1,1} \quad \cdots \quad a_{m,m-s}/$$

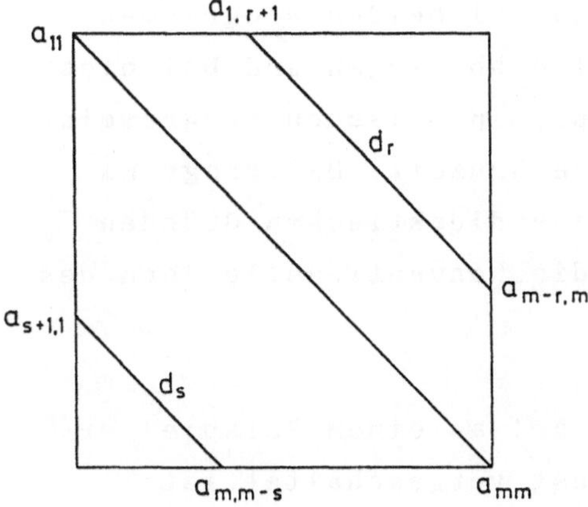

Abb. 6.2. Schema einer Bandmatrix. Einzelheiten s.Text

enthalten (Abb.6.2), und ist wenigstens ein Element von d_r
und ein Element von d_s von Null verschieden, so sprechen wir
von einer <u>Bandmatrix</u> mit r Superdiagonalen, s Subdiagonalen
und der <u>Bandbreite</u> r+1+s (es sind r+1+s Diagonalen involviert).
[Man beachte, daß der Begriff "Bandbreite" unterschiedlich definiert wird.] Alle Elemente oberhalb der r-ten Superdiagonale
und alle Elemente unterhalb der s-ten Subdiagonale verschwinden:

$$a_{ij} = 0 \qquad \text{für} \qquad j-i>r \qquad \text{bzw.} \qquad i-j>s \qquad (6.2)$$

Die r-te Superdiagonale bzw. die s-te Subdiagonale ist definiert durch

$$j-i = r \qquad \text{bzw.} \qquad i-j=s \qquad (6.3)$$

6.13 Das speicherplatzsparende Programm gauss.f77

Zu lösen sei das lineare System Ax=b durch Gauß-Elimination.
A sei eine m×m-Bandmatrix mit r Superdiagonalen und s Subdiagonalen. Bei dem kurzen Programm gauss.f77 (Autor: L.Doh-
men) wird an Stelle von A,b eine Matrix C abgespeichert und
verarbeitet, die lediglich das Band von A und die rechte
Seite b enthält. Der Speicherplatzbedarf ist nur (r+s+2)m
statt m(m+1) wie beim Programm "Bandmatrix" der Ziffer 3.2.
Rechen- und Programmieraufwand sind bei beiden Programmen
praktisch gleich. gauss.f77 ist also überlegen und bei nicht
zu großen Problemen ein guter Kompromiß zwischen Programmieraufwand, Speicherplatzbedarf und Rechenzeit. Das Programm
"Bandmatrix" wurde in Ziffer 3.2 aus didaktischen Gründen
eingeführt, da es unmittelbar an die konventionelle Form des
Gauß-Algorithmus anschließt.

Der Zusammenhang zwischen A und C sei an einem Beispiel erläutert, das auch gauss.f77 als Test vorgeschaltet ist:

m=7   s=2   r=1   Bandbreite=4

A-Matrix: rechte Seite: Band + rechte Seite:

```
4  1  0  0  0  0  0         5            •   •   4   1   5
2  4  1  0  0  0  0         7            •   2   4   1   7
1  2  4  1  0  0  0         8            1   2   4   1   8
0  1  2  4  1  0  0         8            1   2   4   1   8
0  0  1  2  4  1  0         8            1   2   4   1   8
0  0  0  1  2  4  1         8            1   2   4   1   8
0  0  0  0  1  2  4         7            1   2   4   •   7
```


Die Punkte "•" sind keine Elemente der A-Matrix; sie werden bei Bildung der C-Matrix durch Nullen ersetzt. C enthält folgende Zeilen:

```
C(1,j), j=1,7:   0   0   1   1   1   1   1    (Subdiagonale d_s)
C(2,j), j=1,7:   0   2   2   2   2   2   2
C(3,j), j=1,7:   4   4   4   4   4   4   4    (Hauptdiagonale)
C(4,j), j=1,7:   1   1   1   1   1   1   0    (Superdiagonale d_r)
C(5,j), j=1,7:   5   7   8   8   8   8   7    (rechte Seite)
```

Das allgemeine Speicherschema lautet mit $j=1,2,3,\ldots,m$:

Diagonale	C-Matrixzeile		
Subdiagonale s	$C(1,j)$		
Subdiagonale s-1	$C(2,j)$		
Subdiagonale d	$C(k,j)$	mit $k+d=s+1$	$(s \geq d \geq 1)$
Subdiagonale 1	$C(s,j)$		
Hauptdiagonale	$C(s+1,j)$		
Superdiagonale 1	$C(s+2,j)$		
Superdiagonale 2	$C(s+3,j)$		
Superdiagonale d	$C(k,j)$	mit $k-d=s+1$	$(1 \leq d \leq r)$
Superdiagonale r	$C(r+1+s,j)$		
rechte Seite	$C(r+2+s,j)$		

<u>Vorbesetzung mit Nullen</u>: Subdiagonale d: $C_{k1}=C_{k2}=\ldots=C_{kd}=0$
Superdiagonale d: $C_{k,m-d+1}=C_{k,m-d+2}=\ldots=C_{k,m}=0$.

Das Programm gauss.f77 druckt die Lösung von $Ax=b$ in der Form $x_m, x_{m-1}, x_{m-2}, \ldots, x_1$ aus.

Beispiel

Wir diskretisieren $u_{xx}+u_{yy}=0$ auf einem einfach indizierten quadratischen Gitter in der üblichen Weise. Läuft die Indizierung wie in Abb.6.3, ist das Grundgebiet ein Rechteck und liegen auf jeder horizontalen Gitterlinie s Gitterpunkte, auf denen u unbekannt ist, so gilt für den Gitterpunkt j mit $j=1,2,3,\ldots,m$

$$U_{j-s} + U_{j-1} - 4U_j + U_{j+1} + U_{j+s} = 0$$

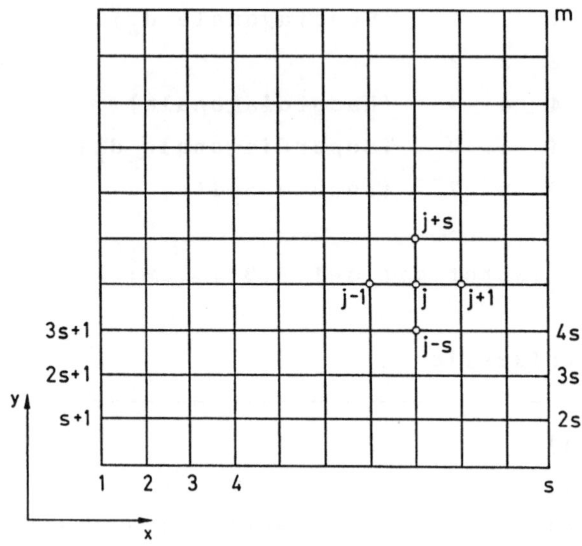

Abb. 6.3. Ein einfach indiziertes quadratisches Gitter
mit den Gitterpunkten j=1,2,3,...,m

und damit für j=1,2,3,...,m

$$C(s+1,j) = -4 \qquad \text{(Koeffizient von } U_j\text{)}$$
$$C(s,j) = +1 \qquad \text{(Koeffizient von } U_{j-1}\text{)}$$
$$C(s+2,j) = +1 \qquad \text{(Koeffizient von } U_{j+1}\text{)}$$
$$C(1,j) = +1 \qquad \text{(Koeffizient von } U_{j-s}\text{)}$$
$$C(2s+1,j) = +1 \qquad \text{(Koeffizient von } U_{j+s}\text{)}$$

Alle anderen C(k,j)-Werte verschwinden (auf die offensicht-
liche Berücksichtigung der Randwerte sei nicht eingegangen).
Für die zu C gehörende A-Bandmatrix gilt r=s.

Ganz allgemein gilt die j-te Differenzengleichung stets für
den einfach indizierten Gitterpunkt j mit der Unbekannten U_j,
deren Koeffizient stets C(s+1,j) ist. Alle übrigen Unbekannten der j-ten Differenzengleichung haben die Koeffizienten
C(k,j) mit jeweils passendem k. Steht die Unbekannte auf der
Sub(Super)diagonalen d, so ist k=s+1-d (k=s+1+d).

6.14 Die Gradientenmethode CG (conjugate gradient algorithm) für positiv definite Systeme

Es sei A eine reelle positiv definite Matrix, Ax=b das zu lösende System, x_0 eine Anfangsnäherung und n der Iterationsindex. Dann lautet der CG-Algorithmus in leicht verständlicher
Schreibweise (s.a. die Bemerkungen am Ende der Ziffer):

$$r_0 := Ax_0 - b; \quad p_{-1} := 0; \quad \rho_{-1} := 1;$$

n:=0;

<u>while</u> residual > tolerance <u>do</u>
<u>begin</u>

$$\rho_n := r_n^T r_n$$
$$\beta_n := \rho_n / \rho_{n-1}$$
$$p_n := r_n + \beta_n p_{n-1}$$
$$\sigma_n := p_n^T A p_n$$
$$\alpha_n := \rho_n / \sigma_n$$
$$r_{n+1} := r_n - \alpha_n A p_n$$
$$x_{n+1} := x_n - \alpha_n p_n$$

n:=n+1

<u>end</u>   (6.4)

(Sonneveld S.3). Es ist, wie man zeigen kann, $r_n = Ax_n - b$ der
Rest (residual), der mit wachsendem n gegen Null strebt.-
Für die Poisson-Gleichung bei üblicher Diskretisierung nach
(1.4) Ziffer 1.1 konvergiert CG so schnell wie SOR mit opti-
malem ω (s.z.B. Wesseling und Sonneveld S.549), in anderen
Fällen jedoch langsamer als SOR. Dann ist Vorkonditionierung
zu empfehlen.

Ist A nicht positiv definit, so kann man CG auf das System
$A^T A x = A^T b$ anwenden, da $A^T A$ für jede nicht singuläre, reelle
Matrix A quadratisch und positiv definit ist. Allerdings
konvergiert dann CG im allgemeinen deutlich langsamer (Sonneveld S.1).

Bemerkungen zu (6.4): r,x,b,p sind Vektoren mit m Komponenten (A sei eine m×m-Matrix), alle übrigen Größen Zahlen.

$A_T=[a_{ijT}]$ ist die zu $A=[a_{ij}]$ <u>transponierte Matrix</u>: $a_{ijT} = a_{ji}$. Der zu einem Spaltenvektor transponierte Vektor ist also ein Zeilenvektor und umgekehrt. (r,x,b,p sind Spaltenvektoren.)– Die Programmierung von (6.4) [und (6.5)] ist im Prinzip sehr einfach. Man muß jedoch berücksichtigen, daß ausschließlich mit Nullen besetzte A-Diagonalen aus Gründen der Platzersparnis nicht abgespeichert werden.

6.15 Die Gradientenmethode CGS (conjugate gradients squared) für Navier-Stokes Gleichungen und andere asymmetrische Probleme

Ist die Matrix A von Ax=b nicht positiv definit, so ist CG nicht anwendbar, wohl aber zumeist der folgende Algorithmus von Sonneveld. Er enthält einen Vektor r_{00}, der eigentlich optimal gewählt werden müßte, aber im wesentlichen unbekannt ist. Man setzt deshalb in der Praxis gewöhnlich $r_{00}=r_0$. Mit passender Vorkonditionierung ist auch dann noch die Konvergenz gut. Ohne Vorkonditionierung ist CGS kaum konkurrenzfähig. In der Schreibweise der letzten Ziffer gilt:

$$r_0:=Ax_0-b; \quad q_0:=p_{-1}:=0; \quad \rho_{-1}:=1;$$
$$n:=0;$$

<u>while</u> residual > tolerance <u>do</u>
<u>begin</u>

$$\rho_n:=r_{00T}r_n$$
$$\beta_n:=\rho_n/\rho_{n-1}$$
$$u_n:=r_n+\beta_n q_n$$
$$p_n:=u_n+\beta_n(q_n+\beta_n p_{n-1})$$
$$v_n:=Ap_n$$
$$\sigma_n:=r_{00T}v_n$$
$$\alpha_n:=\rho_n/\sigma_n$$
$$q_{n+1}:=u_n-\alpha_n v_n$$
$$r_{n+1}:=r_n-\alpha_n A(u_n+q_{n+1})$$
$$x_{n+1}:=x_n-\alpha_n(u_n+q_{n+1})$$
$$n:=n+1$$

<u>end</u> $\hfill$ (6.5)

Wie bei CG gilt $r_n = Ax_n - b$ und ist r_n der Rest (residual), der mit wachsendem n gegen Null strebt. Welche Eigenschaften muß A besitzen, damit CGS konvergiert und Rechenzeit sparend ist? Ein einfaches, leicht benutzbares Kriterium dazu ist unbekannt, doch sind unzerlegbare, diagonal dominierte Matrizen (Ziffer 6.10) gute Kandidaten für CGS. Alle Diagonalelemente a_{ii} der Matrix A sollten positiv sein und A stark oder irreduzibel diagonal dominiert. Um dies zu erreichen, mag es notwendig sein, für unterschiedliche Gitterpunkte unterschiedliche Diskretisationsformeln zu verwenden.

Obige Einschätzung der Lösungssituation wird durch folgende Sätze nahegelegt:

Definition: Ersetzen wir jedes Hauptdiagonalelement a_{ii} der $m \times m$-Matrix A durch $a_{ii} - \lambda$ und setzen die Determinante der neuen Matrix gleich Null, so resultiert ein Polynom m-ten Grades für λ mit m (reellen oder komplexen) Lösungen, die <u>Eigenwerte</u> von A heißen.

Satz 7: Ist der Realteil mindestens eines Eigenwerts von A negativ, so divergiert CGS (Sonneveld S.9).

Satz 8: Sind alle Eigenwerte von A positiv und reell, so existiert ein Vektor r_{00}, so daß CGS konvergiert (mit Raten, die denen von CG vergleichbar sind); Sonnev. S.9.

Satz 9: Ist A stark oder irreduzibel diagonal dominiert und sind alle Hauptdiagonalelemente reell und positiv, so sind die Realteile aller Eigenwerte von A positiv (Varga S.23).

Satz 10: Alle Eigenwerte einer reellen symmetrischen Matrix sind reell (Demidovich & Maron S.384). [CGS ist also auch für symmetrische Matrizen geeignet.]

6.16 Vorkonditionierung (preconditioning)

Für positiv definite Matrizen A und CG läßt sich der Begriff
der Vorkonditionierung exakt entwickeln. Die Übertragung auf
nicht symmetrische Matrizen und CGS wird durch numerische
Experimente mit unterschiedlichen Differentialgleichungen ge-
stützt (vgl. Sonneveld S.13-14).

Alle Eigenwerte λ einer positiv definiten Matrix A sind reell
und positiv (vgl. z.B. Demidovich & Maron S.388). Es existiert
also die Größe cond(A) = $\lambda_{max}/\lambda_{min}$, <u>Konditionsnummer</u> (spectral
condition number) genannt. Man kann zeigen (Wesseling und Son-
neveld S.549), daß höchstens $\frac{1}{2}[\text{cond}(A)]^{\frac{1}{2}}\log_e 10$ Iterationen
notwendig sind, um bei CG eine Dezimalstelle zu gewinnen. Ge-
lingt es also, ein Gleichungssystem ohne großen Rechenaufwand
in ein solches mit kleinerer Konditionsnummer zu überführen,
so kann der Gesamtrechenaufwand vermindert werden.

Es seien A,P,Q nichtsinguläre m×m-Matrizen und Ax=b ein zu
lösendes Gleichungssystem. Wir multiplizieren Ax=b links mit
P, führen durch x=Qy neue Unbekannte y ein und erhalten

$$Ax=b \quad \rightarrow \quad PAQy=Pb \quad \text{mit} \quad Qy=x \qquad (6.6)$$

PAQ ist die vorkonditionierte Matrix und PAQy=Pb das nun zu
lösende Gleichungssystem.

Um P und Q zu bestimmen, denken wir uns A in eine untere Dreiecksmatrix L und eine obere Dreiecksmatrix U zerlegt: A=LU.
Wir setzen $P=L^{-1}$ und $Q=U^{-1}$. L^{-1} ist die Inverse von L, d.h. es
ist $LL^{-1}=L^{-1}L$ die Einheitsmatrix I mit $a_{ii}=1$ und $a_{ij}=0$ für i≠j.
Entsprechend ist U^{-1} die Inverse von U. Dann wird aus (6.6)

$$LUx=b \quad \rightarrow \quad L^{-1}LUU^{-1}y=Iy=y=L^{-1}b \quad \text{mit} \quad x=U^{-1}y$$

Bei dieser Vorkonditionierung erhalten wir also y und damit x
sofort, ohne CG oder CGS anwenden zu müssen, sind aber auf ein

direktes Lösungsverfahren mit hohem Rechenaufwand zurückgeworfen. Wir gehen deshalb einen Kompromiß ein und wählen die Dreiecksmatrizen L und U so, daß ihre Berechnung nur wenig Arbeit macht und ihr Produkt annähernd gleich A ist. Je besser die Approximation, umso weniger Iterationen benötigt CG und umso aufwendiger ist die Berechnung von L und U. Wir ergänzen also (6.6) durch

$$P=L^{-1} \qquad Q=U^{-1} \qquad \text{mit} \qquad LU=A+E \qquad (6.7)$$

mit einer Restmatrix E. Ist E die Nullmatrix, so liegt vollständige Zerlegung von A in L und U vor. Verschwindet jedoch E nicht, so liegt <u>unvollständige</u> <u>Zerlegung</u> ILU (incomplete LU factorisation) vor.

Ist $A=[a_{ij}]$ die m×m-Matrix des Systems $Ax=b$ und ist Y die Menge aller Indexpaare (i,j), für die $a_{ij}\neq 0$ ist, so kann die unvollständige Zerlegung von A mit Hilfe des folgenden Algorithmus vorgenommen werden:

```
for k:=1 step 1 until m do
begin
   for i:=k+1 step 1 until m do
   begin
     a_ik:=a_ik/a_kk;
     for j:=k+1 step 1 until m do
     begin
       corr:=-a_ik·a_kj;
       if (i,j)∈Y then a_ij:=a_ij+corr
     end
   end
end
```
$$(6.8)$$

(Sonneveld S.10). Aus der neuen A-Matrix erhält man die obere Dreiecksmatrix U, indem man alle Elemente aller Subdiagonalen von A_{neu} gleich Null setzt. Um die untere Dreiecksmatrix L zu erhalten, setzt man alle Elemente der Superdiagonalen von A_{neu}

gleich Null und jedes Hauptdiagonalelement gleich 1 (Sonneveld S.11).

Bemerkung zur Menge Y. Ist das Grundgebiet der Differential-gleichung ein Rechteck (2D-Fall) bzw. Quader (3D-Fall), so ist die Menge Y von (6.8) auf wenige Diagonalen von A mit genau bekannter Lage beschränkt (Ziffer 6.18).

Beispiel. Eine Teilmenge von Y liege auf Subdiagonale d von $A=[a_{ij}]$. Auf d gilt $i-j=d$ nach (6.3) Ziffer 6.12.

Ist das Grundgebiet von beliebiger Gestalt, so bestimme man die Menge Y nach Ziffer 6.18.

Die ILU-Zerlegung ist wirkungsvoll und numerisch stabil (d.h. nicht rundungsempfindlich) in Fällen, in denen A eine M-Matrix ist (Sonneveld S.11). Dies ist zweifellos eine Beschränkung, jedoch eine zumeist erfüllte.

Definition: Eine reelle, nicht singuläre m×m-Matrix $A=[a_{ij}]$ ist eine M-Matrix, wenn 1. $a_{ij} \leq 0$ gilt für alle $i \neq j$, und 2. kein Element der Inversen A^{-1} negativ ist.

Satz 11: Ist A eine irreduzibel diagonal dominierte Matrix mit positiven Hauptdiagonalelementen und $a_{ij} \leq 0$ für alle $i \neq j$, so ist A eine M-Matrix wobei jedes Element der Inversen A^{-1} positiv ist (Varga S.85).

Beispiel: Die erste Randwertaufgabe von $-u_{xx}-u_{yy}=0$ und übliche Diskretisierung führt nach Satz 11 auf eine M-Matrix.

Der Rechenablauf bei Vorkonditionierung sei für CG erläutert; das Vorgehen bei CGS ist analog. Wir lösen PAQy=Pb statt Ax=b und ersetzen deshalb in (6.4) x durch y, b durch Pb und A durch PAQ. Es tritt dann $r_0:=PAQy_0-Pb$ in Zeile 1 von (6.4) so-wie $PAQp_n$ in Zeile 8 und 10 auf. Die Berechnung von PAQ wäre zu rechen- und platzaufwendig. Zu berechnen wären die Inversen

P und Q und das Produkt dreier Matrizen. P und Q und damit PAQ sind im allgemeinen nicht mehr spärlich besetzt und würden $2m^2$ Speicherplätze beanspruchen (m^2 für PAQ und etwa je $\frac{1}{2}m^2$ für P und Q, die als Inverse von Dreiecksmatrizen selbst Dreiecksmatrizen sind). Hingegen sind A, $P^{-1}=L$ und $Q^{-1}=U$ spärlich besetzte Bandmatrizen, von denen wir nur die wenigen Diagonalen benötigen, die nicht verschwindende Elemente enthalten. Wir wollen deshalb nur A,L,U benutzen und PAQ überhaupt nicht berechnen.

Das Vorgehen sei für $r_0=PAQy_0-Pb$ gezeigt. Wir berechnen zuerst $w=Pb$. Linksmultiplikation mit L liefert $Lw=b$. Da L eine Dreiecksmatrix ist, stellt $Lw=b$ ein schnell lösbares gestaffeltes System (Ziffer 0.7) mit dem unbekannten Spaltenvektor w dar Analog berechnen wir den Spaltenvektor $w_0=Qy_0$ nach Linksmultiplikation mit Q^{-1} aus dem gestaffelten System $Uw_0=y_0$. Sodann bestimmen wir den Spaltenvektor $w_1=Aw_0$ (Multiplikation einer spärlich besetzten Matrix mit einem Vektor), und schließlich den Spaltenvektor $w_2=Pw_1$ aus dem gestaffelten System $Lw_2=w_1$. Es ist $r_0=w_2-w$. Also liegt folgendes Schema vor:

$$
\begin{array}{lclcl}
Pb = w & \rightarrow & Lw = b & \rightarrow & w \\[4pt]
Qy_0 = w_0 & \rightarrow & Uw_0 = y_0 & \rightarrow & w_0 \\
Aw_0 = w_1 & \rightarrow & w_1 = Aw_0 & \rightarrow & w_1 \\
Pw_1 = w_2 & \rightarrow & Lw_2 = w_1 & \rightarrow & w_2 \\
PAQy_0 = w_2 & & & &
\end{array}
$$

r_0 tritt nur bei Beginn der Rechnung auf.Bei jedem Iterationsschritt ist einmal das Produkt $PAQp_n$ zu berechnen,was wie oben mit der Multiplikation von A mit einem Vektor und der Lösung zweier gestaffelter Systeme erledigt wird. Wir benutzen dabei nur die relevanten Diagonalen von A,L,U und vermeiden die Multiplikation mit Nullelementen, die in nur mit Nullen gefüllten Diagonalen stehen.

Ist y berechnet, so erhält man $x=Qy$ nach Linksmultiplikation mit $Q^{-1}=U$ aus dem gestaffelten System $Ux=y$. Ist umgekehrt x_0

gegeben, so ist $y_0 = Ux_0$. Man kann die vorkonditionierte Matrix auch noch enger mit dem Programm verflechten und dabei den Rechenaufwand zusätzlich verringern. Ein Beispiel für CGS zeigt Sonneveld mit dem Programm 4.3 auf S.10.

Vorkonditionierung ist ein weites Feld, und es gibt zahlreiche Varianten. Man findet sie zum Teil über die im Literaturverzeichnis angegebenen Arbeiten, insbesondere auch bei Sonneveld S.11. Hier habe ich nur die einfachste besprochen. Hingewiesen sei auf die Varianten 5.2 und 5.3 von (6.8) bei Wesseling und Sonneveld S.553/554 und auf ILLU. Letzteres ist ILU überlegen für tridiagonale A-Matrizen, deren Elemente selbst quadratische Matrizen sind (Sonneveld S.11). Sehr beliebt und in vielen Fällen schnell ist die Variante von Meijerink und van der Vorst für symmetrische M-Matrizen. Offenbar ist keine Vorkonditionierung bekannt, die für jede Matrix und jeden Rechnertyp (Skalarrechner, Vektorrechner usw.) optimal ist. Meijerink und van der Vorst zerlegen die Matrix A des Systems $Ax=b$ in $K=LDL_T$. Hierbei ist L eine untere Dreiecksmatrix, L_T ihre Transponierte (also eine obere Dreiecksmatrix) und $D=[d_{ij}]$ eine Diagonalmatrix,d.h. alle Hauptdiagonalelemente d_{ii} sind von Null verschieden, und alle anderen Elemente verschwinden. Ist die Zerlegung exakt, also $K=A$ (Cholesky-Zerlegung), so ist $K^{-1}Ax=Ix=x=K^{-1}b$. Meijerink und van der Vorst nehmen eine weniger arbeitsintensive unvollständige Zerlegung vor (incomplete Cholesky factorisation) und lösen dann $K^{-1}Ax=K^{-1}b$. Die hier benutzte Zerlegung (6.8) erinnert an den Gauß-Algorithmus und heißt deshalb auch unvollständige Gauß-Zerlegung.

6.17 Platzsparendes Abspeichern der Koeffizientenmatrix A

Man kann die Differenzengleichungen stets so formulieren, daß alle Hauptdiagonalelemente des Gleichungssystems den gleichen Wert besitzen. Die Hauptdiagonale kann also durch eine einzige Zahl ersetzt werden. Ist die Matrix A von $Ax=b$ <u>symmetrisch</u>, so genügt die Abspeicherung der oberen Dreiecksmatrix $U=[t_{ij}]$ mit

$t_{ij}=a_{ij}$ für i=j und j>i. Dies gilt für CG, CGS, ILU und GE
gleichermaßen. Bei Gauß-Elimination GE dürfen dann keine Zeilen-
und Spaltenvertauschungen vorgenommen werden, was bei den hier
mitgegebenen Programmen auch nicht vorkommt (Eigenschaften von
GE für symmetrische und positiv definite Matrizen s. Satz 10 S.
194 in dem Buch [3] aus Ziffer 1.22).

Ist A eine <u>Bandmatrix</u> mit der Bandbreite r+1+s (Ziffer 6.12),
so werden von keinem Verfahren die a_{ij}-Werte für j-i>r und
i-j>s gebraucht, vgl. (6.2). Bei den Gradientenmethoden mit
der Vorkonditionierung ILU kann die Abspeicherung von nur mit
Nullen besetzten Diagonalen entfallen, während bei GE sämtli-
che r+1+s Diagonalen ohne Rücksicht auf ihre Belegung abzuspeichern sind (im Verlauf der Rechnung werden bei GE im allgemeinen innerhalb der Bandbreite alle Nullen aufgefüllt).

Sind alle Koeffizienten der Differentialgleichung feste Zahlen, so kann man A durch wenige Zahlen ersetzen.

Es braucht wohl kaum betont zu werden, daß platzsparendes Ab-
speichern die Programmierarbeit deutlich erhöht.

6.18 Einfachindizierung der Gitterpunkte bei Anwendung direkter Verfahren und Gradientenmethoden

Bei ADIP, tridiagonalen Gleichungen, DRI, Mehrgitterverfahren,
Gauß-Seidel, Jacobi und SOR kennzeichnen wir Gitterpunkte durch
Indexpaare (i,j) bei zweidimensionalen Bereichen und durch In-
dextripel (i,j,k) im 3D-Fall, wobei i,j,k sich auf die Koordi-
natenachsen x,y,z beziehen. Sodann werden die Differenzenglei-
chungen gelöst, ohne ausdrücklich ein Gleichungssystem der Form
Ax=b mit Koeffizientenmatrix A anzuschreiben: Aufstellung und
Lösung der Differenzengleichungen sind ineinander verwoben.

Bei direkten Methoden und Gradientenverfahren hingegen bestimmt
man zunächst die Koeffizientenmatrix A der Differenzengleichungen und speichert sie ab. Sodann löst man das System Ax=b.

Die Ermittlung der Koeffizientenmatrix ist bei Mehrfachindizie-
rung der Gitterpunkte umständlich und unübersichtlich, einfach
jedoch bei fortlaufender Durchnumerierung der Gitterpunkte
(einfache Indizierung). Gezeigt wurde dies bereits in Ziffer
3.3 Gleichungen (3.9),(3.10) sowie im Beispiel der Ziffer 6.13,
und zwar mit einer Einfachindizierung, die parallel zu einer
Koordinatenachse verläuft (<u>Standardindizierung</u>). Die rechte Figur der Abb.6.4 zeigt Standardindizierung eines Rechtecks in x-
Richtung, die rechte Figur von 6.5 Standardindizierung dessel-
ben Rechtecks in y-Richtung. Durchnumeriert sind hier nur Punkte, auf denen die Lösung gesucht wird; auf leeren Kreisen ist
die Lösung gegeben.

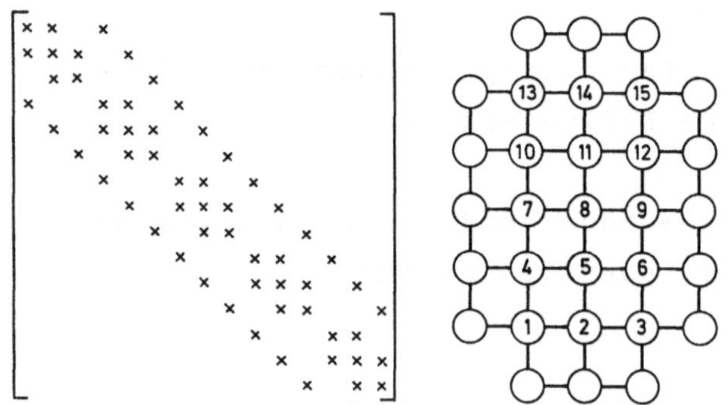

Abb. 6.4. Standardindizierung in horizontaler x-Richtung.Die Bandmatrix gehört zur Laplace-Gleichg

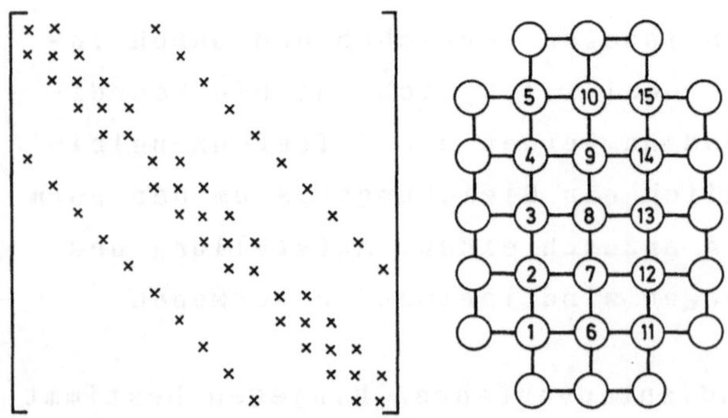

Abb. 6.5. Standardindizierung in vertikaler y-Richtung

Nun sei s die Anzahl der indizierten Gitterpunkte einer Reihe in Numerierungsrichtung, also s=3 in Abb.6.4 und s=5 in Abb. 6.5. Die Differenzengleichung für den Gitterpunkt j laute

$$U_{j-s} + U_{j-1} - 4U_j + U_{j+1} + U_{j+s} = 0 \qquad (j=1,15)$$

Die zugehörigen Koeffizientenmatrizen entsprechen den jeweils linken Figuren von Abb.6.4 und 6.5, wobei die Nullelemente weggelassen und die nicht verschwindenden Elemente als Kreuze markiert sind. Es handelt sich also um Bandmatrizen mit r=s=3 bzw. r=s=5, wobei alle Nichtnull-Elemente genau auf fünf Diagonalen liegen (der Hauptdiagonalen, der jeweils ersten Sub- und Superdiagonalen und der jeweils s-ten Sub- und Superdiagonalen), da die linke Seite der Differenzengleichung fünf Unbekannte enthält. Eine Matrix mit genau fünf besetzten Diagonalen heißt pentadiagonal.

Wenden wir eine 9-Punkte Formel auf ein rechteckiges Grundgebiet an, so entsteht eine Koeffizientenmatrix, deren Nichtnull-elemente auf genau neun Diagonalen liegen (Ziffer 3.3). Bei üblicher Diskretisierung von $u_{xx}+u_{yy}+u_{zz}=0$ auf einem Quader entsteht eine heptadiagonale Matrix, deren Nichtnull-Elemente auf sieben Diagonalen liegen.

Sind bei einer Bandmatrix der Bandbreite r+1+s die Zahlen r und s klein, so liegen alle mit Nichtnull-Elementen besetzten Diagonalen nahe der Hauptdiagonalen und die Rechenzeit ist relativ gering. Denn bei Gaußelimination laufen die Rechenoperationen von der s-ten Subdiagonale zur r-ten Superdiagonale, und die Bandbreite r+1+s entscheidet über den Rechenaufwand. Dies gilt auch für die Gradientenmethoden (mit und ohne Vorkonditionierung). Man wähle also die Einfachindizierung stets so, daß die Bandbreite minimalisiert wird.

Ist das Grundgebiet der Differentialgleichung kein Rechteck oder Quader, so kann die Bandstruktur der Koeffizientenmatrix unübersichtlich werden; Abb.6.6. Ich zeige deshalb zwei Mög-

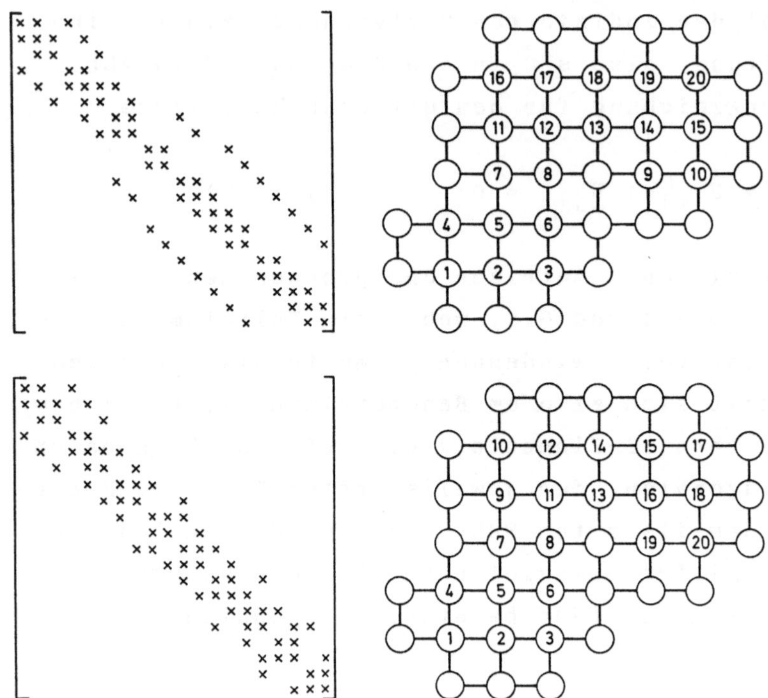

Abb. 6.6. Beispiel für Einfachindizierung auf unregelmäßig
begrenzten Gebieten mit zugehörigen Bandmatrizen für die
Laplace-Gleichung. Man beachte, daß keine duchgehende Standardindizierung vorliegt

lichkeiten, wie man bei unregelmäßiger Berandung des Grundgebiets vorgehen kann. In jedem Fall wird das Gebiet zum achsenparallelen Rechteck (Quader) erweitert und einfach indiziert
(Standardindizierung). Das Grundgebiet umfasse m Gitterpunkte,
auf denen die Lösung u des Problems unbekannt ist; das erweiterte Gebiet umfasse insgesamt M Gitterpunkte (M>m). Die Standardindizierung läuft von j=1 bis M.

Ich beschränke mich bei jedem Fall auf drei Arten von Gitterpunkten - die Verallgemeinerungen sind offensichtlich:

1. Auf dem Gitterpunkt j ist die Lösung unbekannt; auf j ist
eine Differenzengleichung für die Unbekannte U_j aufzustellen.

2. Auf Gitterpunkt j ist die Lösung u bekannt: $u_j=b_j$.

3. Gitterpunkt j gehört nicht zum Grundgebiet des Problems.

Weg 1. Wir stellen eine M×M-Koeffizientenmatrix für M Unbekannte U_j (j=1,2,3,...,M) auf, die den Gitterpunkten j zugeordnet sind. Jedem Gitterpunkt 1.Art wird die Differenzengleichung von U_j zugeordnet und diese durch den Koeffizienten von U_j dividiert, so daß der Koeffizient von U_j gleich +1 wird. Den Gitterpunkten j der 2. und 3. Art wird gleichfalls die Differenzengleichung von Uj mit dem Koeffizienten +1 von U_j zugeordnet, jedoch werden alle anderen Koeffizienten der Differenzengleichung gleich Null gesetzt und bei Gitterpunkten 3.Art auch die rechte Seite. Es resultiert also ein System von M Gleichungen mit M Unbekannten, dessen Hauptdiagonalelemente alle ungleich Null und von gleichem Vorzeichen sind und das Gleichungen der Form $U_j=b_j$ und $U_j=0$ enthält. Die zugehörige Koeffizientenmatrix A ist sehr einfach gebaut: Alle Nichtnullelemente liegen auf wenigen Diagonalen, die sich einfach vorkonditionieren lassen und auch leicht mit gauss.f77 zu behandeln sind. Z.B. führt die rechte untere Figur der Abb.6.6 auf eine pentadiagonale Matrix nach Art von Abb. 6.4 und 6.5.

Weg 2. Gitterpunkt j erhält den Gitterfunktionswert F=1 bzw. 2 oder 3, je nachdem, ob j zum Typ 1, 2 oder 3 gehört. Dann gibt bei Standardindizierung der j-Werte das folgende Programm die fortlaufende Numerierung der mit Unbekannten belegten Gitterpunkte (z.B. die Numerierung der rechten unteren Figur von Abb. 6.6):

```
  index=0
  do j=1,M
   if  F(j)≠1  goto 1
   index=index+1
   G(index)=j
1 continue
  end do
```

Die Anweisung "j=G(index)" liefert die j-Position des Gitterpunktes "index", wobei j die Lage im Rechteck (Quader) markiert. Baut man das obige Programm in entsprechender Weise aus, so erhält man mit relativ geringem Aufwand eine Anweisungsfolge, die A-Matrizen beliebig umrandeter Gebiete aufbaut.

Weg 1 ist programmtechnisch einfacher, Weg 2 kommt mit der Lösung von m statt M Gleichungen aus.

Beispiel

Programm zur Abspeicherung der Koeffizientenmatrix A für ein beliebig geformtes zweidimensionales Grundgebiet nach Weg 1

Das zum achsenparallelen Rechteck erweiterte Gitter enthalte M Gitterpunkte, und zwar je s in jeder horizontalen (bzw. vertikalen) Reihe. Wir definieren folgende Gitterfunktion $F(j)$:

$F(j)=1$: Auf Gitterpunkt j gilt für U_j die Differenzengleichung

$$-\tfrac{1}{4}U_{j-s} - \tfrac{1}{4}U_{j-1} + U_j - \tfrac{1}{4}U_{j+1} - \tfrac{1}{4}U_{j+s} = 0$$

$F(j)=2$: Auf Gitterpunkt j ist die Lösung u_j gegeben

$F(j)=3$: Gitterpunkt j liegt nicht im Grundgebiet; u_j wird dort formal gleich Null gesetzt.

Die Gitterfunktion $F(j)$ mit $j=1,M$ gehört zu den Eingabedaten. Man beachte, daß auf keinem Randpunkt des Rechtecks $F=1$ sein darf; zulässig ist dort nur $F=2$ oder $F=3$.

Wir denken uns nun die Koeffizientenmatrix $A=[a_{jk}]$ noch um die rechte Seite des Gleichungssystems erweitert, fügen also die Spalte $a_{j,M+1}$ mit $j=1,2,3,\ldots,M$ zu. Für $F(j)=2$ ist $a_{j,M+1}=u_j$. Für alle Hauptdiagonalelemente a_{jj} von A gilt $a_{jj}=1$. In Zeile j von A stehen unter anderem außer a_{jj} noch das zur s-ten Subdiagonale gehörende Element $a_{j,j-s}$ sowie das zur s-ten Superdiagonale gehörende Element $a_{j,j+s}$. Also lautet das Programm zur Abspeicherung von A ohne Ausnützen von Symmetrien und ohne Weglassen von nur mit Nullen besetzten Diagonalen:

```
  do j=1,M
  do k=1,M+1
   a(j,k)=0
  end do
 .end do
C
  do j=1,M
   a(j,j)=1
   if  F(j)=1   then
     if  j-s≤0   or   F(j-s)=3   STOP
     if  F(j-s)=1  a(j,j-s)=-¼  else  a(j,M+1)=a(j,M+1)+¼u(j-s)
     if  j-1≤0   or   F(j-1)=3   STOP
     if  F(j-1)=1  a(j,j-1)=-¼  else  a(j,M+1)=a(j,M+1)+¼u(j-1)
     if  j+1>M   or   F(j+1)=3   STOP
     if  F(j+1)=1  a(j,j+1)=-¼  else  a(j,M+1)=a(j,M+1)+¼u(j+1)
     if  j+s>M   or   F(j+s)=3   STOP
     if  F(j+s)=1  a(j,j+s)=-¼  else  a(j,M+1)=a(j,M+1)+¼u(j+s)
    else
     if  F(j)=2  a(j,M+1)=u(j)
   end if
  end do
```

Es entsteht eine symmetrische pentadiagonale Bandmatrix aus
der Hauptdiagonalen und der jeweils ersten und s-ten Sub(Super)diagonalen plus rechter Seite. Das Programm läuft auf ein
STOP, wenn bei der Eingabe eine nicht realisierbare Bedingung
vorgegeben wurde. Die Verallgemeinerung auf andere Differenzengleichungen und beliebig umrandete dreidimensionale Grundgebiete ist offensichtlich.

Außer der parallel zu einer Koordinatenachse verlaufenden
Standardindizierung (standard ordering) gibt es insbesondere
noch die Diagonalindizierungen. Ich erwähne nur die einfache
für Rechteckgitter mit I×J Gitterpunkten. Man beginnt am
linken unteren Gitterpunkt des Rechteckgitters und indiziert
Diagonalreihe für Diagonalreihe. Liegen je I Punkte in Hori-
zontalreihen und je J in Vertikalreihen, so numeriert man von

links oben nach rechts unten im Fall J<I und von rechts unten
nach links oben im Fall I<J.

Beispiel

I=6, J=5

```
11    16    21    25    28    30
 7    12    17    22    26    29
 4     8    13    18    23    27
 2     5     9    14    19    24
 1     3     6    10    15    20
```

Bei einfacher Diagonalindizierung ist die Bandbreite der Koeffizientenmatrix zeilenabhängig (Abb.6.7). Das Bandmuster ähnelt
einer Zigarre mit spitz zulaufenden Enden, deren Bandbreiten
kleiner als bei Standardindizierung sind. Berücksichtigt man
die Zeilenabhängigkeit bei der Gaußelimination, so erhält man
eine deutliche Reduzierung der Rechenarbeit. Der an Einzelheiten interessierte Leser sei auf S.216-220 des in Ziffer 1.22
angegebenen Buches [3] verwiesen.

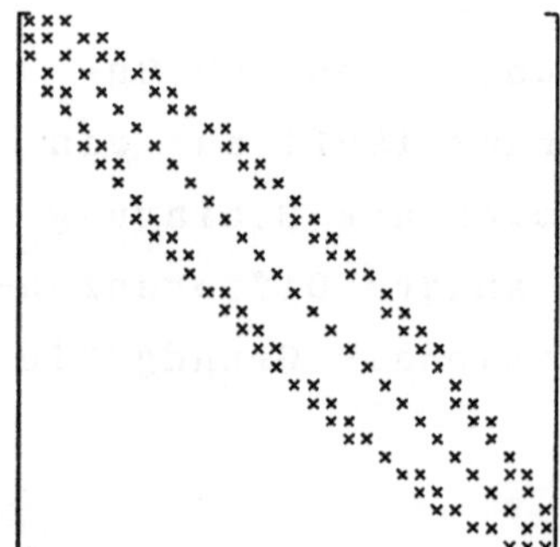

Abb. 6.7. Typisches Verteilungsmuster der Nichtnullelemente
einer Koeffizientenmatrix bei einfacher Diagonalindizierung
der Punkte eines Gitterrechtecks

6.19 Literatur

Rechenzeitvergleiche, Gradientenmethoden, Vorkonditionierung
und zahlreiche Literaturangaben:

[1]   Sonneveld, P.:
           CGS, a fast Lanczos-type solver for nonsymmetric
           linear systems. REPORT 84-16 Delft University 1984
           <u>Bezugsquelle</u>: Department of Mathematics and Infor-
           matics, Julianalaan 132, 2628 BL Delft, The Nether-
           lands

[2]   Wesseling, P., Sonneveld, P.: Numerical experiments
           with a multiple grid and a preconditioned Lanczos
           type method. Lecture Notes in Mathematics 771,
           Approximation methods for Navier-Stokes problems
           543-562 Springer Berlin Heidelberg New York 1980

[3]   Meijerink, J.A., van der Vorst, H.A.: An iterative
           solution method for linear systems of which the
           coefficient matrix is a symmetric M-matrix.
           Math. of Comp. vol.31 148-162 (1977)

Ein Schlüsselwerk zu iterativen Methoden mit zahlreichen,
auch historisch wichtigen Literaturangaben:

[4]   Varga, R.S.: Matrix Iterative Analysis. Prentice-Hall
           322 S. Englewood Cliffs, New Jersey 1962

Beweise zu den Sätzen 1-6: Satz 1 und 3: Varga S.23, Satz 2:
S.194 des in Ziffer 1.22 genannten Buches [3], Satz 4: elementarer Beweis für stark diagonal dominierte Matrizen: S.
231-232 von [3] Ziffer 1.22. Nicht elementarer Beweis für
irreduzibel diagonal dominierte Matrizen: Varga S.73 sowie
S.107-108 von

[5]   Young, D.M.: Iterative solution of large linear systems.
           570 S. Academic Press New York London 1971

Satz 5: S.268-269 von [3] Ziffer 1.22. Satz 6: [5] ab S.113 mehrere Beweise. Ab S.56 von

[6]   Schwarz, H.R., Rutishauser, H., Stiefel, E.: Numerik symmetrischer Matrizen. 243 S. Teubner Stuttgart 1968

Buch [5] ist umfassender als [4] und [6]; letzteres ist einfacher in der Darstellung.- Bei fast allen nichttrivialen Fragen, die bei der Lösung linearer Gleichungssysteme auftauchen, spielen Eigenwerte eine zentrale Rolle. Eine didaktisch sehr gelungene Einführung in Eigenwerttheorie (wie überhaupt in Matrizenlehre) ist enthalten in

[7]   Demidovich, B.P., Maron, I.A.: Computational Mathematics 688 S. MIR Publishers Moscow 1981

Arbeiten mit zahlreichen Literaturangaben:

[8]   Stoer, J.:
       Solution of large linear systems of equations by conjugate gradient type methods. Mathematical programming 11th Internat. Symposium Bonn 1982. Conference proceedings 540-565 (1983)

[9]   Hageman, L.A., Luk, F.T., Young, D.M.:
       On the equivalence of certain iterative acceleration methods. SIAM J. NUMER. ANAL. vol.17 852-873 (1980)

Arbeiten, die Vektorcomputer einbeziehen:

[10] Blumenfeld, M.:
       Preconditioning conjugate gradient methods on vector computers. PARALLEL COMPUTING 83 (Int. conf.) M. Feilmeier et al. (edts), Elsevier Sci. publs. (North Holland) 107-113 (1984)

[11] Johnson, O.G., Paul, G.:
       Vector algorithms for elliptic partial differen-
       tial equations based on the Jacobi method
       (Systems Technology Department, IBM Th.J.Watson
       Res. Center, Yorktown Heights, New York 10598)
       S.345-351

Diese Arbeit behandelt gut konvergierende Verallgemeinerungen des Verfahrens von Jacobi.

Finite Elemente

7 Einführung in die Methode der finiten Elemente

7.1 Finite Elemente und ihre Knoten

Bei der Methode der finiten Differenzen (behandelt in Kapitel 1-5) wird der Definitionsbereich einer Differentialgleichung bzw. ihrer Lösung durch ein diskretes Punktgitter ersetzt und jede Ableitung durch einen Differenzenausdruck, der auf das Punktgitter bezogen ist. Bei der Methode der finiten Elemente wird der Definitionsbereich in Teilbereiche mehr oder weniger beliebiger Form zerlegt, und diese Teilbereiche werden finite Elemente genannt. Für jedes finite Element wird eine analytische Näherungslösung des Problems mit unbestimmten Koeffizienten angesetzt, z.B. eine Näherungslösung U in Form eines Polynoms dritten Grades der Ortskoordinaten. Die zunächst noch unbekannten Werte der Koeffizienten differieren im allgemeinen von Element zu Element und werden so bestimmt, daß eine möglichst gute Näherungslösung U resultiert. U ist dann für jeden Punkt jedes finiten Elements und damit für jeden Punkt des Definitionsbereichs definiert, und nicht nur für einzelne Gitterpunkte.

Auf jedem Element spielen einige, vom Bearbeiter ausgesuchte Punkte, die Knoten (nodes), eine besondere Rolle. Die Anzahl der Knoten eines Elements E ist gleich der Anzahl der unbestimmten Koeffizienten des Formelausdrucks, der die Näherung U auf E bestimmt. Setzt man z.B. auf E $U=a+bx+cy$ mit zu bestimmenden Koeffizienten a,b,c an, so muß man auf E drei nicht zusammenfallende Knoten festlegen. Bei der detaillierten Behandlung resultiert schließlich ein Gleichungssystem für die U-Werte auf den Knoten, und diese U-Werte bestimmen in einfacher Weise die Koeffizienten der Formelausdrücke. Die Knoten der finiten Elementmethode entsprechen also den Gitterpunkten der Differenzenmethode.

Dieser Ansatz ist so allgemein, daß er auf unterschiedlichste Probleme angewandt werden kann. Im wesentlichen muß nur eine Gleichung oder eine Beziehung anderer Art existieren, die auf einem endlichen räumlichen Bereich definiert ist und dort eine Ortsfunktion (oder zeitabhängige Ortsfunktion) als Lösung besitzt. Das Hauptanwendungsgebiet der Methode der finiten Elemente ist die Festkörper- und Strukturmechanik, und aus ihr wurde sie auch ursprünglich von Ingenieuren entwickelt. Hier soll sie ausschließlich auf drei Klassen von Funktionalbeziehungen angewandt werden: auf Variationsaufgaben und partielle sowie gewöhnliche Differentialgleichungen.

7.2 Variationsaufgaben. Die Verfahren von Ritz und Galerkin

Variationsaufgaben treten oft in der theoretischen Physik und ihren technisch-wissenschaftlichen Anwendungen auf. Gegeben ist eine Funktion F, die eine oder mehrere unbekannte Funktionen u,v,... samt einigen Ableitungen enthält. Das Integral I von F, genommen über einen bekannten Integrationsbereich B, soll durch entsprechende Wahl der unbekannten Funktionen u,v, ... minimalisiert werden. Ritz löste 1905 Probleme dieser Art, indem er u als Ortsfunktion mit unbestimmten Koeffizienten a, b,c,... ansetzte, entsprechend für v usw. verfuhr, dies in F einsetzte und über B integrierte. Es resultiert für I ein Ausdruck, der nur von den unbestimmten Koeffizienten a,b,c,... abhängt: $I=f(a,b,c,...)$. Notwendig für ein relatives Minimum von I (und nur ein solches wird gesucht) sind die Bedingungen $\partial I/\partial a=0$, $\partial I/\partial b=0$, $\partial I/\partial c=0$, ... Sie stellen ein Gleichungssystem für die Unbekannten a,b,c,... dar, das genau so viele Gleichungen wie Unbekannte besitzt und im allgemeinen eindeutig nach ihnen aufgelöst werden kann.

Dieses Ritzsche Verfahren hat zwei schwerwiegende Nachteile.
Es ist im allgemeinen nicht leicht, Ortsfunktionen mit unbestimmten Koeffizienten zu finden, die alle Randbedingungen
des Problems erfüllen. Ferner enthält die Koeffizientenmatrix
des Gleichungssystems gewöhnlich kaum Nullelemente, so daß
die Lösung rechenzeit- und speicherplatzaufwendig ist. Unterteilen wir jedoch den Integrationsbereich B in finite Elemente, so können wir die Randbedingungen relativ leicht berücksichtigen und sind sehr viel flexibler, da jedem Element seine eigene Ortsfunktion zugeteilt wird. Dies führt bei entspre-
chendem Vorgehen schließlich zu einem Gleichungssystem mit
einer Bandmatrix.

<u>Man kann also finite Elemente so einsetzen, daß eine verbes-
serte Variante der Ritzschen Methode resultiert und alle in
Wissenschaft und Technik auftretenden Variationsprobleme relativ einfach direkt lösbar werden</u>.

Vermittels eines von Euler stammenden Verfahrens kann man nun
jede Variationsaufgabe in eine gewöhnliche bzw. partielle Differentialgleichung bzw. in ein Differentialgleichungs-System
umwandeln. Legt man sich eine Tabelle von Variationsaufgaben
und zugehörigen Differentialgleichungen an, so kann man alle
in der Zusammenstellung auftretenden Differentialgleichungen
mit Hilfe finiter Elemente lösen, indem man das zugehörige Variationsproblem behandelt. Dieser Weg liefert den Zugang zu
wichtigen Klassen partieller Differentialgleichungen.

Allgemeiner ist der Galerkin-Prozeß, der von einem von Galerkin entwickelten Verfahren inspiriert ist und dessen Minimali-
sierungsziel bescheidener als die Ritz-Variante der finiten
Elemente ist. Der Grundgedanke stammt von Bubnow, 1913 in einer Rezension geäußert. Galerkin publizierte 1915. Der Galerkin-Prozeß lautet skizziert: Es sei L(u)=0 die Diff.Gleichung
und U eine Näherung von u, so daß L(U) im allgemeinen nicht
verschwindet. Wir multiplizieren L(U) mit einer Gewichtsfunk-
tion, integrieren das Produkt über das Grundgebiet von u und

setzen das Ergebnis gleich Null. Dies führen wir für mehrere
Gewichtsfunktionen durch und erhalten so ein Gleichungssystem
für U-Werte. Die Gewichtungen nehmen wir so vor, daß der Galerkin-Prozeß für die linearen Gleichungen zweiter Ordnung auf
die Beziehungen der Ritz-Variante führt.

Die strukturmechanisch orientierten Anfänge der finiten Element-Methode reichen in die Mitte der fünfziger Jahre zurück,
das Experimentieren mit Galerkin-Prozessen in die zweite Hälf-
te der sechziger Jahre.

7.3 Vergleich der Differenzenmethode mit der finiten Elementmethode bei Lösung partieller Differentialgleichungen

Die Benutzung der Differenzenmethode setzt im allgemeinen nur
geringe mathematische Kenntnisse voraus, die Methode der finiten Elemente zusätzlich eine gewisse Vertrautheit mit Integralen im Raum und mit der Manipulation partieller Ableitungen.
Existiert bereits ein Fundus an bewährten Programmen nach der
Differenzenmethode, so wird man sich scheuen, bei anschließen-
den Neuentwicklungen finite Elemente einzuführen oder gar die
bereits existierenden Programme umzuschreiben.

Der große sachliche Vorteil der finiten Elementmethode - ihre
wohl nicht überbietbare Flexibilität - liegt auf der Hand: die
zwanglose Berücksichtigung komplex geformter Definitionsbereiche durch Form-Anpassung der finiten Elemente und die einfache
Möglichkeit, kritische Bereiche durch sehr kleine Elemente si-
cher zu erfasssen. Man denke z.B. an eine mehrfach gelochte
Platte, deren Ränder stückweise aus geraden Strecken zusammengesetzt sind. Man kann die Platte in vielerlei Weise aus Dreiecken aufbauen und z.B. in Umgebung der Lochungen sehr kleine
Dreiecke wählen. Es bereitet auch keine großen Schwierigkeiten,
finite Elemente mit gekrümmten Rändern zu bilden.- Wählt man
Elemente,auf denen die Lösung als quadratisches oder kubisches
Polynom definiert ist, so erhält man schon mit wenigen Elemen-

ten eine hohe Genauigkeit. Sind Parameter der Differentialgleichung ortsabhängig, so läßt sich dies einfach und genau durch
analytische oder numerische Integration berücksichtigen.

Die Lösung von Variationsaufgaben durch die Ritz-Variante bietet offenbar im Regelfall keine heiklen Probleme.Der Galerkin-
Prozeß kann noch gute Ergebnisse bringen für Gleichungen, bei
denen die Differenzenmethode versagt (Wettervorhersage). Für
andere Gleichungen kann er deutlich schlechtere Resultate als
das Differenzenverfahren liefern. Zumindest für nichtlineare
Differentialgleichungen gibt es kein Verfahren, das grundsätzlich überlegen ist.

7.4 Die Überführung von Variationsaufgaben in Differentialgleichungen. Natürliche Randbedingungen

Der Zusammenhang zwischen Variationsaufgabe und Differentialgleichung sei kurz für den einfachsten Fall skizziert. Eine
systematische Zusammenstellung der wichtigsten Variationsaufgaben und ihrer Differentialgleichungen steht in den letzten
Ziffern dieses Kapitels.

Es sei $u(x)$ eine Funktion, deren Wert an den Stellen $x=a$ und
$x=b$ bekannt ist und die das Integral

$$I = \int_a^b F(x,u,u')dx \tag{7.1}$$

mit $u'=du/dx$ minimalisiert. Ersetzt man also $u(x)$ durch eine
hinreichend benachbarte Funktion $u(x) + e\mu(x)$, so erhält man
einen größeren Wert von I. Hierbei ist e eine betragskleine,
von x unabhängige Größe und $\mu(x)$ eine beliebige differenzier-
bare Funktion, die für $x=a$ und $x=b$ verschwindet, so daß $u+e\mu$
die Randbedingungen erfüllt.

Nach der Formel von Taylor für zwei Veränderliche u und u'
ist $F(x,u+e\mu,u'+e\mu') = F(x,u,u') + e\mu F_u + e\mu' F_{u'} + e^2 \ldots$.

Integration der rechten Seite zwischen den Grenzen a und b
liefert

$$I + e \int_a^b (\mu F_u + \mu' F_{u'})\,dx + e^2 \ldots$$

Wenn das mit e multiplizierte Integral nicht verschwindet, so
kann man durch geeignete Vorzeichenwahl von e das Integral
über $F(x,u+e\mu,u'+e\mu')$ kleiner als I machen, und $u(x)$ liefert
nicht ein relatives Minimum. Also ist

$$\int_a^b (\mu F_u + \mu' F_{u'})\,dx = 0$$

eine notwendige Bedingung für Vorliegen eines Minimums (an
hinreichenden Bedingungen sind wir nicht interessiert). Eine
Teilintegration ergibt

$$\int_a^b \mu' F_{u'}\,dx = \mu(b) F_{u'}(b) - \mu(a) F_{u'}(a) - \int_a^b \mu (dF_{u'}/dx)\,dx \qquad (7.2)$$

mit $\mu(a) = \mu(b) = 0$. Also muß

$$\int_a^b \mu [F_u - (dF_{u'}/dx)]\,dx = 0$$

sein. Da $\mu(x)$ frei wählbar ist, gilt dies nur für

$$\partial F/\partial u - d(\partial F/\partial u')/dx = 0 \qquad (7.3)$$

Dies ist die <u>Eulersche Differentialgleichung</u> der Variationsaufgabe (7.1).

Beispiel:

$$F = u + x^2 \exp(u) + x \cdot \log_e u'$$
$$F_u = 1 + x^2 \exp(u)$$
$$F_{u'} = x/u'$$
$$d(x/u')/dx = (u'-xu'')/(u')^2$$

Eulersche Gleichung: $u' = xu'' + (u')^2 (1+x^2 \exp(u))$

Soll (7.3) auch gelten, wenn $u(a)$ gegeben ist aber nicht $u(b)$, so muß zwar $\mu(a)=0$ sein aber nicht mehr $\mu(b)$ verschwinden und damit wegen (7.2) $F_{u'}$ an der Stelle $x=b$ gleich Null sein. Ist umgekehrt $u(b)$ gegeben aber nicht $u(a)$, so muß $F_{u'}$ für $x=a$ verschwinden (<u>natürliche</u> <u>Randbedingungen</u>):

$u(a)$ nicht gegeben: $F_{u'}=0$ für $x=a$

$u(b)$ nicht gegeben: $F_{u'}=0$ für $x=b$ $\hspace{2cm}$ (7.4)

Sind weder $u(a)$ noch $u(b)$ gegeben, so muß $F_{u'}=0$ sein für $x=a$ und $x=b$.

7.5 Der Arbeitsablauf bei der Ritz-Variante

Die Lösung von Variationsproblemen nach der Methode der finiten Elemente folgt für ein- wie mehrdimensionale Probleme demselben Schema. Da es in dieser Ziffer nur um den prinzipiellen Ablauf geht, beschränken wir uns auf die erste Randwertaufgabe, bei der also die Lösung auf dem Rand des Grundgebiets G gegeben ist.

1. Sofern eine Differentialgleichung vorliegt, wird sie in die Variationsaufgabe $I = \int_G F dG = $ Min überführt.

2. G wird in m finite Elemente $E_1, E_2, E_3, \ldots, E_m$ zerlegt und I durch die Summe $\int_{E_1} F dG + \int_{E_2} F dG + \ldots + \int_{E_m} F dG$ ersetzt.

3. Auf dem Element E_i $(i=1,2,3,\ldots,m)$ werden n Knoten $P_1, P_2, P_3, \ldots, P_n$ festgelegt.

4. Auf dem Element E_i wird die Näherungsfunktion U der Lösung u festgelegt, und zwar folgendermaßen. Auf dem Knoten P_s sei der U-Wert U_s. Wir wählen Koeffizienten f_{is}, die Polynome der Ortskoordinaten sind, und setzen

$$U = \Sigma_s f_{is} U_s \qquad\qquad s=1,2,3,\ldots,n \qquad\qquad (7.5)$$

Die Polynome f_{is} des Elements E_i, <u>Formfunktionen</u> (shape functions) oder <u>Interpolationspolynome</u> genannt, müssen folgende Bedingungen erfüllen: Setzt man in die f_{is} die Ortskoordinaten des Knotens P_r ein (r=1,2,3,...,n), so muß in (7.5) $U=U_r$ mit beliebigem Wert von U_r sein. Dies gilt, wenn $f_{is}=1$ für s=r ist und $f_{is}=0$ für s≠r (Einzelheiten folgen in Kapitel 8 und 9).

5. Der Integrand F des Variationsproblems enthalte die gesuchte Funktion u mitsamt gewissen Ableitungen wie u_x, u_y, u_{xx}, u_{xy}, usw. Wir ersetzen in F elementweise

u durch $\Sigma_{s=1,n} f_{is} U_s$

u_x durch $\Sigma_{s=1,n} (\partial f_{is}/\partial x) U_s$

u_y durch $\Sigma_{s=1,n} (\partial f_{is}/\partial y) U_s \qquad\qquad (7.6)$

und entsprechend die Ableitungen höherer Ordnung.

6. Wir integrieren F über jedes Element i, nennen das Ergebnis J_i (i=1,2,3,...,m) und summieren alle J_i. Es resultiert nach Punkt 2 eine Näherung von I. Sie enthält als Unbekannte die Knotenwerte U_r der Knoten r des Gesamtgebiets G (sofern nicht r auf dem Rand von G liegt und damit U_r bekannt ist.) Gehört Knoten r zwei oder mehr Elementen an, so hat U_r für jedes Element denselben Wert. Für r gibt es also nur eine Unbekannte U_r.

7. Notwendig für ein Minimum von I ist Verschwinden von $\partial I/\partial U_r$ für jedes unbekannte U_r des Gesamtgebiets G. Dies liefert ein Gleichungssystem für alle unbekannten Knotenwerte. In der Re-

chenpraxis bildet man $\partial J_i/\partial U_r=0$ $(i=1,2,3,\ldots,m)$ für jene Knoten r, die zum Element E_i gehören. (Kommen r und damit U_r auf E_i nicht vor, so verschwindet die Ableitung von J_i nach U_r.) Die zugehörige Koeffizientenmatrix heißt <u>Elementmatrix</u>. Die Elementmatrizen setzt man zum Gesamtsystem zusammen. Wie schon angedeutet, wird nicht nach U_r differenziert, wenn U_r bekannt ist, so als Randwert von G.

8. Das Gleichungssystem wird nach den Unbekannten U_r gelöst. Damit kennt man gemäß (7.5) U auf allen Punkten von G.

7.6 Die Berechnung von $\partial J/\partial U_r$

Zu lösen sei die erste Randwertaufgabe $I = \int_G F dG = \text{Min}$ mit

$$F = 2au + bu^2 + c(u_x)^2 + d(u_y)^2 + e(u_z)^2 \qquad (7.7)$$

Sie entspricht - s.u. - der selbstadjungierten Differentialgleichung $a + bu = (cu_x)_x + (du_y)_y + (eu_z)_z$ mit Ortsfunktionen a,b,c,d,e. Wir wählen ein Element E aus G mit n Knoten (Ziffer 7.5 Punkt 3), auf E die U-Funktion $U = \sum_s f_s U_s$ mit $s = 1,2,3,\ldots,n$ (Ziffer 7.5 Punkt 4) und wollen vermittels Punkt 5 die Ableitung $\partial J/\partial U_r$ mit $J = \int_E F dG$ für die auf E liegenden Knoten r mit unbekanntem U_r bestimmen. Aus (7.5) und (7.6) folgt, wenn wir dort den Elementindex i weglassen,

$$\partial U/\partial U_r = f_r \qquad\qquad \partial U^2/\partial U_r = 2U\partial U/\partial U_r = 2Uf_r$$

$$\partial U_x/\partial U_r = \partial f_r/\partial x \qquad\qquad \partial(U_x)^2/\partial U_r = 2U_x\partial f_r/\partial x$$

und entsprechend für y,z. Damit wird $\partial J/\partial U_r = \int_E 2F^* dxdydz$ mit

$$F^* = af_r + bUf_r + cU_x(\partial f_r/\partial x) + dU_y(\partial f_r/\partial y) + eU_z(\partial f_r/\partial z)$$

Ersetzt man nun U sowie seine Ableitungen gemäß (7.5),(7.6), so resultiert

$$\partial J/\partial U_r = 2\{F_r + \Sigma_{s=1,n}F_{rs}U_s\} \qquad (7.8)$$

$$F_r = \int_E af_r dxdydz$$

$$F_{rs} = \int_E F^{**} dxdydz$$

$$F^{**} = bf_r f_s + c(f_r)_x(f_s)_x + d(f_r)_y(f_s)_y + e(f_r)_z(f_s)_z$$

mit $(f_r)_x = \partial f_r/\partial x$. Hierbei ist n die Anzahl aller Knoten
von E, und r durchläuft die Indexmenge der unbekannten Knoten-
U-Werte des Elements E. Es ist $F_{rs} = F_{sr}$: Die Matrix $[F_{rs}]$ ist
symmetrisch. (7.7),(7.8) umfassen auch den 2- und den 1-dimen-
sionalen Fall ($e\equiv0$ bzw. $d\equiv0$ und $e\equiv0$). Gemischte Ableitungen
bereiten keine Schwierigkeiten; man geht aus von

$$U_{xy} = \Sigma_s(\partial^2 f_s/\partial x\partial y)U_s \qquad (7.9)$$

Alle Integrale sind möglichst genau zu berechnen. Andernfalls
kann es vorkommen, daß das Gesamtgleichungssystem keine Lösung
besitzt oder sehr rundungsempfindlich ist.

7.7   Eindimensionale Elemente

Das einfachste finite Element E_i ist das abgeschlossene Intervall

$$E_i: \quad x_{i-1} \leq x \leq x_i \qquad (7.10)$$

Wählen wir ein 2-Knotenelement mit den Knoten an den Intervallgrenzen, so erhalten wir

```
        U                                    U
         i-1                                  i
        +---------------------------------+
        x                                    x
         i-1                                  i
```

und bei zusätzlicher Einführung eines Mittelknotens das
3-Knotenelement

```
U_{i-1}                  U_{i-½}                  U_i
+-----------------------+------------------------+
x_{i-1}                  x_{i-½}                  x_i
```

Zur Vereinfachung bei den Anwendungen definieren wir nun <u>loka-
le Koordinaten</u> X_i, die nur im Element E_i gelten, und zwar durch
die Transformation

$$X_i = (x-x_{i-½})/½\Delta x_i \qquad\qquad -1 \leq X_i \leq 1 \qquad\qquad (7.11)$$

mit $x_{i-½} = ½(x_{i-1}+x_i)$ und $\Delta x_i = x_i-x_{i-1} > 0$. Dann entspricht
der U-Funktion (7.5), wenn wir bei X_i den Index i weglassen:

$$U = ½(1-X)U_{i-1} + ½(1+X)U_i \qquad\qquad (7.12)$$

für das 2-Knotenelement und

$$U = ½X(X-1)U_{i-1} + (1-X^2)U_{i-½} + ½X(X+1)U_i \qquad\qquad (7.13)$$

für das 3-Knotenelement. Diese Formeln bzw. die in ihnen stek-
kenden Formfunktionen erhalten wir folgendermaßen. Eine n-Kno-
tenformel für eine Variable X ist ein Polynom, das durch n
Punkte bestimmt wird und damit die Ordnung n-1 besitzt. Also
muß die 2-Knotenformel $U = (a+bX)U_{i-1} + (c+dX)U_i$ mit Unbekannten a,b,c,d lauten. Für X=-1 muß $U=U_{i-1}$ sein, also a-b=1 sowie
c-d=0. Für X=1 muß $U=U_i$ sein, also a+b=0 und c+d=1. Damit gilt
a=c=d=-b=½. Entsprechend setzt man die 3-Knotenformel als quadratisches Polynom in X an und berücksichtigt, daß an den Knoten X=-1 bzw. 0 bzw. 1 die Knotenwerte $U=U_{i-1}$ bzw. $U_{i-½}$ bzw.
U_i sein müssen und diese beliebige Werte annehmen können.

7.8   Die Lösung eindimensionaler Variationsaufgaben

Wir betrachten als Beispiel die erste Randwertaufgabe

$$I = \int_\alpha^\beta [2a(x)u + b(x)u^2 + c(x)(u_x)^2]dx = Min \qquad\qquad (7.14)$$

206

und lösen sie nach Ziffer 7.5. Wir unterteilen das Integrationsgebiet $\alpha \leq x \leq \beta$ in m Intervalle der Länge Δx_i (i=1,m), wählen die Knoten an den jeweiligen Intervallgrenzen (benutzen also 2-Knotenelemente) und setzen nach (7.5) mit n=2 und s=i-1,i für das Element E_i (7.10)

$$U = f_{i,i-1}U_{i-1} + f_{i,i}U_i \qquad\qquad (7.15)$$

wobei nach (7.12) in lokalen Koordinaten X_i mit $-1 \leq X_i \leq 1$ gilt

$$f_{i,i-1} = \tfrac{1}{2}(1-X_i) \qquad\qquad f_{i,i} = \tfrac{1}{2}(1+X_i) \qquad\qquad (7.16)$$

Es ist $df/dx = (df/dX)(dX/dx)$ mit $dX_i/dx = 2/\Delta x_i$ nach (7.11). Also ist

$$df_{is}/dx = \mu/\Delta x_i \qquad\qquad s=i:\ \mu=1 \qquad s=i-1:\ \mu=-1 \qquad (7.17)$$

Nun berechnen wir die Ausdrücke von (7.8) für n=2, s=i-1,i und r=i-1,i. Die Funktionen $A(X_i),B(X_i),C(X_i)$ ergeben sich aus $a(x),b(x),c(x)$, wenn man in a,b,c die Variable x nach (7.11) durch $x_{i-\frac{1}{2}} + \tfrac{1}{2}\Delta x_i X_i$ ersetzt. Nach (7.8), (7.15)-(7.17) und wegen $dx=\tfrac{1}{2}\Delta x_i dX_i$ gilt ($F_{r;i}$ ist der F_r-Wert des Elements E_i, entsprechend ist $F_{rs;i}$ definiert)

$$F_{r;i} = \int_{-1}^{1} A(X_i)\tfrac{1}{2}(1+\mu X_i)\tfrac{1}{2}\Delta x_i dX_i \qquad r=i:\ \mu=1 \qquad r=i-1:\ \mu=-1$$

$$F_{rs;i} = \int_{-1}^{1} B(X_i)f_{ir}f_{is}\tfrac{1}{2}\Delta x_i dX_i + (\tfrac{1}{2}\mu/\Delta x_i)\int_{-1}^{1} C(X_i) dX_i \qquad \text{mit}$$

$$r=s:\ \mu=1 \qquad r \neq s:\ \mu=-1 \qquad\qquad\qquad (7.18)$$

(7.18) berücksichtigt die Ortsabhängigkeit der Parameter a,b,c exakt und läßt elementweise verschiedene Intervallängen Δx_i

zu. Knoten i ist rechter Randpunkt von E_i und linker Randpunkt
des Elements E_{i+1}:

```
              E_i                    E_i+1
    +---------------------+---------------------------+
      i-1                  i                        i+1
```

Folglich kommt U_i nur auf E_i und E_{i+1} vor. Damit ist (vgl. Ziffer 7.5 Punkt 6 und 7)

$$\partial I/\partial U_i = \partial J_i/\partial U_i + \partial J_{i+1}/\partial U_i \qquad (7.19)$$

Aus der ersten Zeile von (7.8) folgt

$$\tfrac{1}{2}\partial J_i/\partial U_i = F_{i;i} + F_{i,i-1;i}U_{i-1} + F_{i,i;i}U_i$$

$$\tfrac{1}{2}\partial J_{i+1}/\partial U_i = F_{i;i+1} + F_{i,i;i+1}U_i + F_{i,i+1;i+1}U_{i+1} \qquad (7.20)$$

Addition und Nullsetzen der Summe ergibt das Tridiagonalsystem
der Unbekannten U_i

$$F_{i,i-1;i}U_{i-1} + (F_{i,i;i} + F_{i,i;i+1})U_i + F_{i,i+1;i+1}U_{i+1} =$$

$$= - F_{i;i} - F_{i;i+1} \qquad (i = 1,2,3,\ldots,m-1) \qquad (7.21)$$

Die Randwerte U_0 und U_m sind durch $u(\alpha)$ bzw. $u(\beta)$ gegeben.
Die Lösung von (7.21) besteht elementweise aus Geraden, die
an den Elementgrenzen zusammenstoßen und dort im allgemeinen
eine Ecke bilden. Die Lösung ist also stetig; die Ableitung
dU/dx springt auf den Knoten. Bei Verwendung von 3-Knoten-
elementen besteht die Lösung aus Parabelbögen und ist deutlich genauer; ihre Ableitung springt jedoch gleichfalls auf
den Knoten.

Die Berechnung der in (7.18) auftretenden Integrale durch numerische Integration wird in Ziffer 8.4 besprochen.

7.9 Die Entfernung von Innenknoten

Beim 3-Knotenelement tritt an der Stelle $x_{i-\frac{1}{2}}$ ein Knotenwert
$U_{i-\frac{1}{2}}$ auf, der nur im Element E_i vorkommt. Also ist $\partial I/\partial U_{i-\frac{1}{2}}$
$= \partial E_i/\partial U_{i-\frac{1}{2}} = 0$. Dies ist eine unmittelbar nach $U_{i-\frac{1}{2}}$ auflös-
bare Gleichung (A). (7.21) wird beim 3-Knotenelement um einen
Term mit $U_{i-\frac{1}{2}}$ erweitert, der sich mit Hilfe von (A) eliminieren
läßt. Dieses analog bei mehrdimensionalen finiten Elementen an-
wendbare Verfahren heißt <u>Elimination von Substrukturen</u> (static
condensation).

7.10 Die wichtigsten Eulerschen Gleichungen
zu Variationsaufgaben

In Ziffer 7.4 wurde auf den Zusammenhang zwischen Variationsaufgaben und Differentialgleichungen hingewiesen und der einfachste Fall etwas näher behandelt, um dem Leser einen Ein-
druck des analytischen Hintergrunds zu vermitteln. Nun sei
ohne mathematische Herleitung eine Zusammenstellung gegeben,
auf der die wichtigen Beziehungen der folgenden Ziffern ruhen.

1. Variationsaufgabe:

$$\int_a^b F(x,u,u_x,u_{xx})\,dx = \text{Min} \qquad (7.22a)$$

Mit $u_x = du/dx = u'$ und $u_{xx} = d^2u/dx^2 = u''$ lautet die

Eulersche Gleichung:

$$d^2(\partial F/\partial u'')/dx^2 - d(\partial F/\partial u')/dx + \partial F/\partial u = 0 \qquad (7.22b)$$

wobei u und u' für $x=a$ bzw. $x=b$ bekannt sind (1.Randwertauf-
gabe) oder für $x=a$ bzw. $x=b$ die natürlichen Randbedingungen

$$\partial F/\partial u' - d(\partial F/\partial u'')/dx = 0 \quad \text{und} \quad \partial F/\partial u'' = 0 \qquad (7.22c)$$

erfüllt sein müssen. (7.22b) ist höchstens eine gewöhnliche Differentialgleichung der unabhängigen Variablen x.

2. Variationsaufgabe:

$$\int_a^b F(x,u,v,u',v')dx = Min \qquad (7.23a)$$

Sie entspricht (7.1) mit zwei gesuchten Funktionen u,v statt einer unbekannten Funktion u. Man erhält genau (7.3) und eine zweite Beziehung gleicher Form mit v statt u. Auch die Randbedingungen sind die gleichen: Entweder müssen u und v für x=a sowie x=b gegeben sein oder die natürlichen Randbedingungen (7.4) für u und v gelten. Auch alle Kombinationen sind möglich, z.B. u(a) und v(b) gegeben sowie die natürlichen Randbedingungen für u für x=b und für v für x=a. Enthält die Variationsaufgabe k gesuchte Funktionen, so treten k Eulersche Gleichungen gleicher Form auf; für jede Unbekannte eine. All dies gilt entsprechend, wenn in F zweite Ableitungen auftreten und/oder wie im Folgenden mehr als eine Ortsvariable.

3. Variationsaufgabe:

$$\int_G F(x,y,z,u,u_x,u_y,u_z)dG = Min \qquad (7.24a)$$

mit dG = dxdydz bzw. - wenn z und u_z in F nicht vorkommen - dG = dxdy. Setzen wir x=x1, y=x2 und z=x3, so lautet die

Eulersche Gleichung:

$$\partial F/\partial u = \sum_i \partial(\partial F/\partial u_{xi})/\partial xi \qquad (i=1,2,3) \qquad (7.24b)$$

Auf dem Rand C von G muß u(x,y) bzw. u(x,y,z) bekannt sein. Ist dies bei zweidimensionalem Integrationsgebiet G auf der

Randkurve C oder Abschnitten von ihr nicht gegeben, so muß dort $(\partial F/\partial u_x)dy - (\partial F/\partial u_y)dx$ verschwinden. Physikalisch anschaulicher ist es, wenn wir diese natürliche Randbedingung auf das Bogenelement ds von C und seine nach außen gerichtete Normale N beziehen. Es ist nach Abb.7.1 $dx/ds = \cos\alpha$ sowie $dy/ds = \sin\alpha$. Nach Abb.7.2 sind Tangentenwinkel α und Normalenwinkel β durch $\alpha+\tfrac{1}{2}\pi=\beta$ bzw. $\beta+\tfrac{1}{2}\pi=\alpha$, also durch $\alpha=\beta\pm\tfrac{1}{2}\pi$ verknüpft. Damit ist $\sin\alpha = \cos\beta$ und $\cos\alpha = -\sin\beta$. Folglich lautet die natürliche Randbedingung

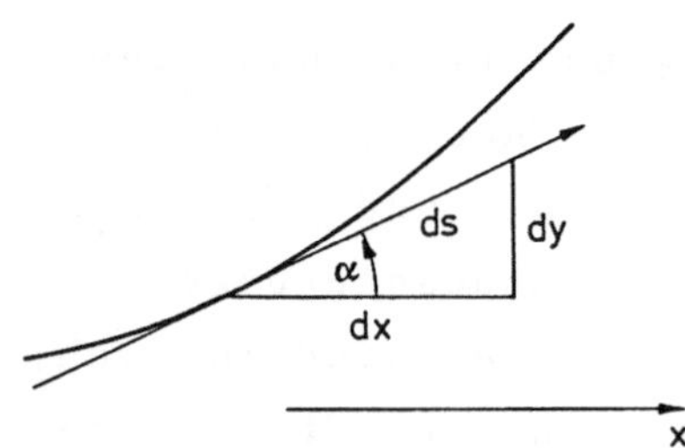

Abb. 7.1. Zur Bogenlänge s

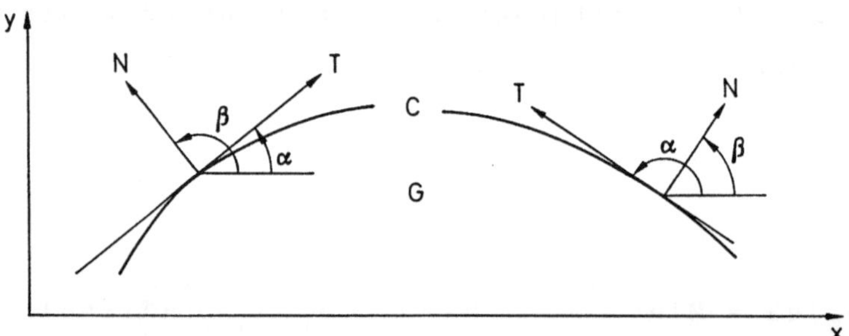

Abb. 7.2. T = Tangente, N = nach außen gerichtete Normale an die Randkurve C von G

$$(\partial F/\partial u_x)\cos\beta + (\partial F/\partial u_y)\sin\beta = 0 \qquad \text{auf C}$$

$$\cos\beta = dy/ds \qquad \sin\beta = -dx/ds \qquad\qquad (7.24c)$$

4. Variationsaufgabe:

$$\int_G F(x,y,u,u_x,u_y,u_{xx},u_{xy},u_{yy})\,dxdy = \text{Min} \qquad\qquad (7.25a)$$

Sind u, u_x, u_y auf dem Rand C von G gegeben, so lautet die

Eulersche Gleichung

$$\partial^2(\partial F/\partial u_{xx})/\partial x^2 + \partial^2(\partial F/\partial u_{xy})/\partial x \partial y +$$

$$+ \partial^2(\partial F/\partial u_{yy})/\partial y^2 + \partial F/\partial u =$$

$$= \partial(\partial F/\partial u_x)/\partial x + \partial(\partial F/\partial u_y)/\partial y \qquad (7.25b)$$

Beispiel:

$$F = (u_{xx})^2 + 2(u_{xy})^2 + (u_{yy})^2 + (u_x)^2 + 2u_x u_y + (u_y)^2$$

Die Differentialgleichung

$$u_{xxxx} + 2u_{xxyy} + u_{yyyy} = u_{xx} + 2u_{xy} + u_{yy}$$

hat dieselbe Lösung.

7.11 Variationsaufgaben zu gewöhnlichen Differentialgleichungen

Differentialgleichung: $a + bu - (cu_x)_x + (eu_{xx})_{xx} = 0$

Integrand F: $2au + bu^2 + c(u_x)^2 + e(u_{xx})^2$

Differentialgleichung: $u_{xx} + pu_x + qu = r$

Integrand F: $[2ru - qu^2 + (u_x)^2] \cdot \exp(\int p\,dx)$

Die Parameter $a, b, c, e; p, q, r$ sind feste Zahlen oder Funktionen der unabhängigen Variablen x; b,c,e dürfen nicht negativ sein. Alle Formeln beziehen sich auf die erste Randwertaufgabe; gemischte Randbedingungen sind in Kapitel 9 behandelt.

7.12 Variationsaufgaben zu elliptischen Differentialgleichungen in der Ebene und im Raum

Differentialgleichung: $a + bu = (cu_x + du_y)_x + (eu_y + du_x)_y$

Integrand F: $2au + bu^2 + c(u_x)^2 + 2du_xu_y + e(u_y)^2$

Differentialgleichung: $u_{xx} + u_{yy} = au$

Integrand F: $(u_x)^2 + (u_y)^2 + au^2$

Differentialgleichung: $u_{xx} + u_{yy} + \alpha u_x + \beta u_y = a + bu$

Integrand F: $[(u_x)^2 + (u_y)^2 + 2au + bu^2] \cdot \exp(\alpha x + \beta y)$

In der ersten und zweiten Differentialgleichung sind a,b,c,d,e feste Zahlen oder Funktionen von x und y; b,c,d,e sind nicht-negativ, und es ist $d \cdot d \leq c \cdot e$. In der letzten Differential-gleichung sind α und β feste Zahlen sowie a und b Ortsfunktio-nen oder fest. Die erste Differentialgleichung enthält Sonder-fälle, die man durch Nullsetzen oder Konstanthalten einzelner Parameter findet.

Die Erweiterung von der x,y-Ebene zum x,y,z-Raum ist im Regel-fall offensichtlich:

Differentialgleichung: $a + bu = (cu_x)_x + (du_y)_y + (eu_z)_z$

Integrand F: $2au + bu^2 + c(u_x)^2 + d(u_y)^2 + e(u_z)^2$

Alle Formeln beziehen sich auf die erste Randwertaufgabe; an-dere Randbedingungen sind in Kapitel 10 behandelt.

7.13 Literatur

Das deutschsprachige Standardwerk über finite Elemente ist

[1]   Bathe, K.J.:
         Finite-Elemente-Methoden. 820 Seiten, Springer
         Berlin Heidelberg New York Tokyo 1986

Bathes Buch ist sehr umfassend und allgemein aufgebaut, während der hier vorliegende Text sich auf Variationsaufgaben
und partielle Differentialgleichungen beschränkt und als reine Variante des Ritzschen Verfahrens dargestellt ist, ohne
Strukturmechanik und strukturmechanische Terminologie.

Variationsrechnung (calculus of variations) vom Standpunkt
der Analysis und der mathematischen Physik sowie die Herleitung der Eulerschen Gleichungen findet man z.B. in den Bü-
chern von Michlin, Grüss und Bolza sowie in zahlreichen Wer-
ken, die mathematische Methoden für Physiker oder Ingenieure
behandeln. Zu ihrem Verständnis sind Kenntnisse in der klas-
sischen Theorie der Linien-, Oberflächen- und Bereichsinte-
grale und der zugehörigen Umwandlungsformeln von Gauß, Green
und Stokes notwendig.

Historische Meilensteine:

[2]   Ritz, W.:
         Über eine neue Methode zur Lösung gewisser Varia-
         tionsprobleme der mathematischen Physik. Gesammel-
         te Werke Paris 1911

[3]   Courant, R.: Variational methods for the solution of
         problems of equilibrium and vibrations. Bull.
         Amer. Math. Soc. vol.49 1-23 (1943)

[4]   Turner, M.J., Clough, R.W., Martin, H.C.: Stiffness
         and deflection analysis of complex structures.
         J. Aero. Sci. vol.23 805-823 (1956)

[3] ist der (unbeachtet gebliebene) Vorläufer der finiten
Element-Methode, die mit der Publikation [4] einsetzt.

8 Die Lösung von Variationsaufgaben I

8.1 Einleitung

In diesem Kapitel wird die erste Randwertaufgabe für mehrdimensionale Variationsaufgaben $\int_G F dG = Min$ mit im allgemeinen Fall

$$F = F(x,y,z,u,u_x,u_y,u_z,u_{xx},u_{xy},u_{yy},u_{xz},u_{yz},u_{zz})$$

behandelt. Das Integrationsgebiet G ist einfach oder mehrfach zusammenhängend; die gesuchte Funktion u ist auf allen Rändern gegeben, vielleicht auch zusätzlich auf Knoten im Innern von G. Andere Randbedingungen sind in Kapitel 10 behandelt. Die im Integranden F auftretenden Parameter sind zumeist feste Zahlen oder Ortsfunktionen. Hängen sie auch noch von der Unbekannten u oder Ableitungen von u ab, so treten gewöhnlich nichtlineare Gleichungssysteme der unbekannten U-Knotenwerte U_i auf. Dies ist auch bei allgemeiner Form von F der Fall. Zumeist ist allerdings F so beschaffen - vgl. die quadratische Form (7.7) - daß sich schließlich ein lineares Gleichungssystem der U_i ergibt. Die Lösung dieser Gleichungssysteme ist an Hand der Zusammenstellung am Ende des Inhaltsverzeichnisses zu finden.

Enthält der Integrand F noch zusätzliche unbekannte Funktionen v,w,... mitsamt Ableitungen, so definiert man auf jedem Knoten i nicht nur die Lösungsnäherung U_i, sondern auch noch die Unbekannten $V_i,W_i,...$ Es resultiert dann schließlich ein Gleichungssystem, in dem alle Unbekannten vorkommen. Treten zwei Variationsprobleme simultan auf, eines für u und eines

für v, so erhält man je ein Gleichungssystem für u und v auf
denselben Knoten.

Stets gilt der Arbeitsablauf der Ziffern 7.5, 7.6, und man
kann sich stets den eindimensionalen Fall (Ziffer 7.7, 7.8)
als Beispiel zum Vorbild nehmen. Wir können uns deshalb im
wesentlichen auf die Besprechung 2- und 3-dimensionaler Elemente beschränken.

8.2 Rechteckelemente

Beliebt wegen ihrer Übersichtlichkeit sind achsenparallele
Rechteckelemente. Das Element E_i ist im allgemeinen Koordinatensystem x,y definiert durch (Abb.8.1)

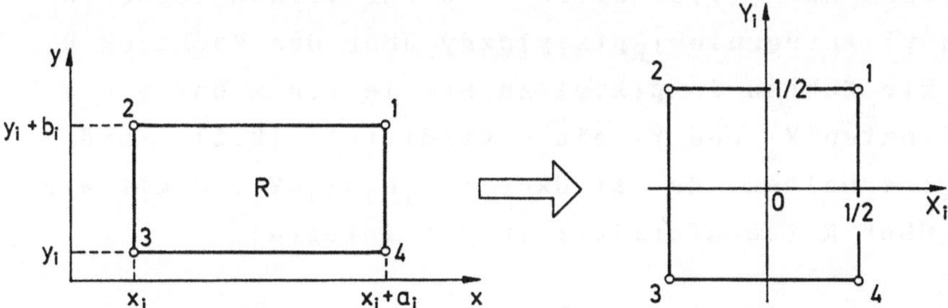

Abb. 8.1. Rechteckelement R, definiert im allgemeinen Koordinatensystem x,y und transformiert in ein Quadrat im lokalen
Koordinatensystem X,Y. Die vier Eckpunkte sind die Knoten.

$$x_i \leq x \leq x_i + a_i \qquad\qquad y_i \leq y \leq y_i + b_i \qquad\qquad (8.1)$$

Die Transformation

$$X_i = [x-(x_i+\tfrac{1}{2}a_i)]/a_i \qquad\qquad Y_i = [y-(y_i+\tfrac{1}{2}b_i)]/b_i \qquad\qquad (8.2)$$

überführt das Rechteck in ein Quadrat der Kantenlänge 1 im lokalen Koordinatensystem X_i,Y_i mit

$$-\tfrac{1}{2} \leq X_i \leq +\tfrac{1}{2} \qquad\qquad -\tfrac{1}{2} \leq Y_i \leq +\tfrac{1}{2} \qquad\qquad (8.3)$$

Wir führen nun gemäß Abb.8.1 die Eckpunkte des Rechtecks (Quadrats) als Knoten s = 1, 2, 3, 4 ein und wählen für

$$U = \Sigma_s f_{is} U_s \qquad\qquad s = 1,2,3,4 \qquad (8.4)$$

die Formfunktionen (lok.K. steht für "lokale Kooordinaten"):

s	lok.K.		f_{is}	$\partial f_{is}/\partial x$	$\partial f_{is}/\partial y$
1	$+\frac{1}{2}$	$+\frac{1}{2}$	$+(X_i+\frac{1}{2})(Y_i+\frac{1}{2})$	$+(Y_i+\frac{1}{2})/a_i$	$+(X_i+\frac{1}{2})/b_i$
2	$-\frac{1}{2}$	$+\frac{1}{2}$	$-(X_i-\frac{1}{2})(Y_i+\frac{1}{2})$	$-(Y_i+\frac{1}{2})/a_i$	$-(X_i-\frac{1}{2})/b_i$
3	$-\frac{1}{2}$	$-\frac{1}{2}$	$+(X_i-\frac{1}{2})(Y_i-\frac{1}{2})$	$+(Y_i-\frac{1}{2})/a_i$	$+(X_i-\frac{1}{2})/b_i$
4	$+\frac{1}{2}$	$-\frac{1}{2}$	$-(X_i+\frac{1}{2})(Y_i-\frac{1}{2})$	$-(Y_i-\frac{1}{2})/a_i$	$-(X_i+\frac{1}{2})/b_i$

Man beachte, daß in der vorstehenden Tabelle die Ableitung von f_{is} nach x,y in lokalen Koordinaten X_i,Y_i ausgedrückt ist.

Zu berechnen sind nach (7.8) Ziffer 7.6 für verschiedene Integranden p(x,y) Integrale $\int_R p(x,y)dxdy$ über das Rechteck R der Abb.8.1. Wir führen in p(x,y) an Stelle von x und y die lokalen Koordinaten X_i und Y_i ein – vermittels (8.2) – und mögen $P(X_i,Y_i)$ erhalten. Es ist $dxdy = a_i b_i dX_i dY_i$. Damit wird das Integral über R transformiert in das Integral

$$\int \int P(X_i,Y_i)a_i b_i dX_i dY_i \qquad\qquad (8.5)$$

über das Quadrat mit den unteren Integrationsgrenzen $-\frac{1}{2}$ und den oberen $+\frac{1}{2}$. Bei der Aufstellung der Gesamtgleichungen muß man beachten, daß im Innern des Integrationsgebiets jeweils vier Rechtecke (Quadrate) einen Knotenpunkt k gemeinsam haben;Abb.8.2. Handelt es sich z.B. um die Quadrate E_1 bis E_4 und ist U_k unbekannt, so lautet die Gleichung des Knotenpunkts k

$$\Sigma_{i=1,4}\partial J_i/\partial U_k = 0$$

Man kann an jede Rechteckseite wie in Abb.8.2 rechts unten ein

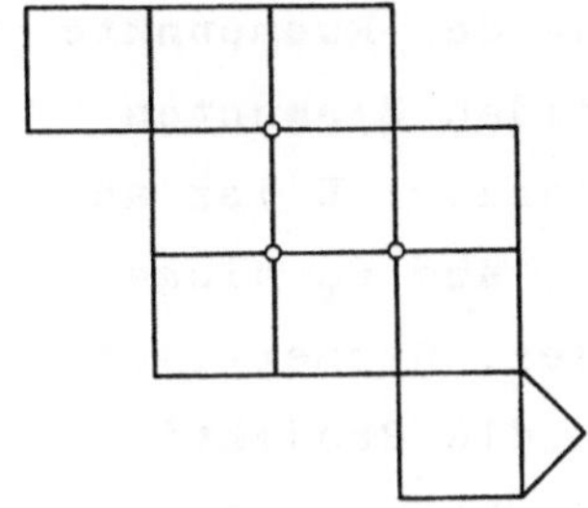

Abb. 8.2. Ein Integrationsbereich G mit drei Knoten im Innern
von G. Jeder dieser Knoten ist vier Quadraten gemeinsam.Unten
rechts ist ein Dreieckelement angefügt.

3-Knoten-Dreieckelement anschließen, um die Berandung besser

nachzubilden (Dreieckelemente sind unten besprochen).-

Wie erhält man nun die obigen Formfunktionen? Ein Quadrat ist

durch vier Punkte bestimmt, eine Ebene bereits durch drei. Wir

wählen den unvollständigen quadratischen Ansatz $U=\alpha+\beta X+\sigma Y+\mu XY$

$(\alpha,\beta,\sigma,\mu$ elementweise fest). Es muß $U=U_r$ sein, wenn wir in die

Formfunktion f_{is} von (8.4) die lokalen Koordinaten X_{ir},Y_{ir} des

Knotens r (r=1,2,3,4) einsetzen. Da U_1,U_2,U_3,U_4 beliebige Wer-

te annehmen können, gilt für Formfunktion s und Knoten r

$$f_{is} = 1 \text{ für } s=r \qquad\qquad f_{is} = 0 \text{ für } s\neq r \qquad\qquad (8.6)$$

Z.B. ist [vgl. die Tabelle nach Gleichung (8.4)] für $X_{i1}=Y_{i1}=$

$=\frac{1}{2}$ (also r=1) $f_{i1}=1$ und $f_{i2}=f_{i3}=f_{i4}=0$. Setzt man jedes f_{is} als

unvollständigen quadratischen Ausdruck in X_i,Y_i mit unbestimm-

ten Koeffizienten an, so resultieren aus (8.6) die angegebenen

f_{is}-Funktionen. Einsetzen von (8.2) liefert dann die Ableitun-

gen nach x und y. Beispiel: Wir setzen $f_1=a+bX+cY+dXY$ mit zu

bestimmenden Koeffizienten a,b,c,d. Es ist $f_1=1$ für $X=Y=\frac{1}{2}$ und

$f_1=0$ für die lokalen Koordinaten X,Y der Knoten 2,3,4. Dies

liefert vier Gleichungen für die Unbekannten a,b,c,d.

Nun sei eine Quadratseite QS mitsamt ihren Eckknoten (X_r,Y_r),

(X_s,Y_s) zwei benachbarten Elementen gemeinsam. Auf QS ist ent-

weder X oder Y konstant und damit U Linearfunktion von Y oder

X. Also ist U geometrisch die Verbindungsgerade der Raumpunkte (X_r,Y_r,U_r), (X_s,Y_s,U_s). Da diese Raumpunkte beiden Elementen angehören, gilt dies auch für die Verbindungsgerade: U ist an allen Elementgrenzen stetig. Die Ableitungen U_x und U_y hingegen sind dort im Regelfall unstetig und springen. Geometrisch ist die Lösung U also ein geknicktes Dach; und die Projektion der Knickpunkte auf die x,y-Ebene bildet das Rechteckmuster der finiten Elemente ab.[Anderes Rechteckelement: Ziffer 9.2]

8.3 Dreidimensionale Blockelemente

Das achsenparallele Element E_i im Koordinatensystem x,y,z sei definiert durch

$$x_i \leq x \leq x_i+2a_i, \quad y_i \leq y \leq y_i+2b_i, \quad z_i \leq z \leq 2c_i \qquad (8.7)$$

Diesen Quader überführen wir durch die Transformation

$$X_i=(x-x_i-a_i)/a_i, \quad Y_i=(y-y_i-b_i)/b_i, \quad Z_i=(z-z_i-c_i)/c_i \qquad (8.8)$$

in einen Würfel der Kantenlänge 2. Der Würfel ist im lokalen Koordinatensystem X_i,Y_i,Z_i bestimmt durch

$$-1 \leq X_i \leq 1 \qquad -1 \leq Y_i \leq 1 \qquad -1 \leq Z_i \leq 1 \qquad (8.9)$$

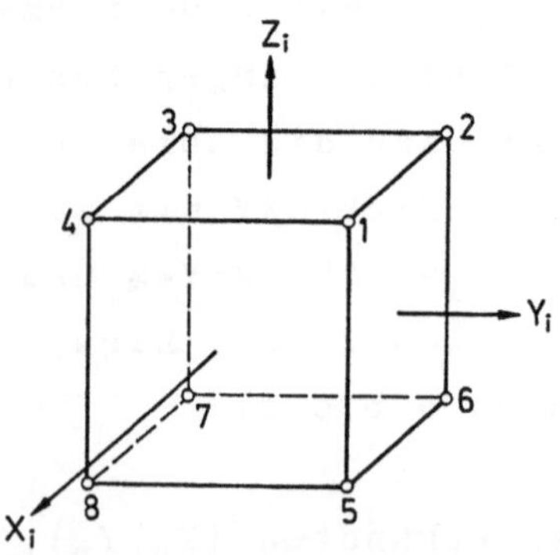

Abb. 8.3. Würfel mit acht Eck-Knoten. Der Ursprung des lokalen Koordinatenkreuzes Xi,Yi,Zi geht durch den Würfelmittelpunkt.

Der Mittelpunkt des Würfels ist der Ursprung $X_i=Y_i=Z_i=0$ des lokalen Koordinatensystems; seine Kanten laufen parallel zu den Koordinatenachsen (Abb.8.3). Wir wählen die 8 Ecken des Quaders (Würfels) als Knoten $s=1,2,3,\ldots,8$. Knoten s hat die Koordinaten X_{is},Y_{is},Z_{is} mit (vgl. Abb.8.3)

s	X_{is}	Y_{is}	Z_{is}
1	+1	+1	+1
2	-1	+1	+1
3	-1	-1	+1
4	+1	-1	+1
5	+1	+1	-1
6	-1	+1	-1
7	-1	-1	-1
8	+1	-1	-1

Es ist $U = \sum_{s=1,8} f_{is} U_s$ mit den Formfunktionen

$$f_{is} = \tfrac{1}{2}(1+X_i X_{is})\tfrac{1}{2}(1+Y_i Y_{is})\tfrac{1}{2}(1+Z_i Z_{is}) \qquad (8.10)$$

Alles Weitere verläuft wie in Ziffer 8.2. Man hat lediglich zu beachten, daß bei der Variablentransformation in den Integralen $dxdydz = a_i b_i c_i dX_i dY_i dZ_i$ ist und im Innern des Integrationsgebiets je acht Nachbarwürfel einen Knoten gemeinsam haben.

Die Formfunktionen (8.10) sind so gewählt, daß $U=a+bX+cY+dZ+$ $+eXY+fXZ+gYZ+hXYZ$ gilt und weiter U an den gemeinsamen Ecken, Kanten und Seitenflächen benachbarter Blöcke stetig ist.Wie bei Rechteckelementen ist U also auf dem gesamten Integrationsbereich stetig, wohingegen die Ableitungen U_x,U_y,U_z gewöhnlich an den Elementgrenzen springen. Der Stetigkeitsbeweis läuft wie der für Rechtecke am Ende der letzten Ziffer geführte.- Entfällt die z-Richtung, so verbleiben Rechteckelemente mit Kantenlängen $2a_i,2b_i$ (Einzelheiten Ziffer 9.2).

8.4 Numerische Integration auf Intervall-, Rechteck- und Blockelementen

Nach Ziffer 7.6, insbesondere den Beziehungen (7.8) treten beim finite Element-Verfahren Integrale auf, die Produkte der Formfunktionen oder ihrer Ableitungen sowie Parameter der Variationsaufgabe enthalten mögen. Sind diese Parameter Ortsfunktionen, also von x bzw. x,y bzw. x,y,z abhängig, so muß man vielfach die Integrale numerisch lösen. Im einfachsten Fall ist eine Formfunktion linear, ihr Produkt damit quadratisch. Sind die Parameter lineare Ortsfunktionen, so treten also zumindest kubische Polynome in x,y,z auf. Angeführt seien hier drei Quadraturformeln (weitere stehen in Ziffer 9.4):

Die Simpsonsche Regel

$$\int_{-a}^{a} f(X)\,dX = a[f(-a) + 4f(0) + f(a)]/3 \qquad (8.11)$$

Die Formel von Gauß mit $\beta = (1/3)^{\frac{1}{2}} = 0.577\ 350\ 269\ 2$

$$\int_{-a}^{a} f(X)\,dX = a[f(-\beta a) + f(\beta a)] \qquad (8.12)$$

bzw. mit $\beta = (3/5)^{\frac{1}{2}} = 0.774\ 596\ 669\ 3$

$$\int_{-a}^{a} f(X)\,dX = a[5f(-\beta a) + 8f(0) + 5f(\beta a)]/9 \qquad (8.13)$$

(8.11) und (8.12) integrieren kubische Polynome exakt, (8.13) Polynome 5.Ordnung. Benutzen wir (8.12) zur Integration über ein Quadrat, so erhalten wir

$$\int_{-a}^{a} \int_{-a}^{a} f(X,Y)\,dX\,dY = \int_{-a}^{a} a[f(-\beta a,Y) + f(\beta a,Y)]\,dY =$$

$$a^2[f(-\beta a,-\beta a) + f(-\beta a,\beta a) + f(\beta a,-\beta a) + f(\beta a,\beta a)] \quad (8.14)$$

Hängt f auch noch von Z ab, so ergibt weitere Integration mit $f_{---} = f(-\beta a,-\beta a,-\beta a)$, $f_{--+} = f(-\beta a,-\beta a,+\beta a)$ usw.

$$\int_{-a}^{a}\int_{-a}^{a}\int_{-a}^{a} f(X,Y,Z)\,dX\,dY\,dZ = a^3[f_{---} + f_{--+} + f_{-+-} + f_{-++} +$$

$$+ f_{+--} + f_{+-+} + f_{++-} + f_{+++}] \quad (8.15)$$

Wählt man (8.11) oder (8.13), so treten bei Integration über ein Quadrat 3×3=9 Summanden und bei Integration über einen Würfel 3×3×3=27 Summanden auf. In jedem Fall benutzen wir bei stetigem Integranden die Beziehungen

$$\int_{\alpha}^{\beta}\int_{\alpha}^{\beta} f(X,Y)\,dX\,dY = \int_{\alpha}^{\beta}[\int_{\alpha}^{\beta} f(X,Y)\,dX]\,dY \qquad (8.16)$$

$$\int_{\alpha}^{\beta}\int_{\alpha}^{\beta}\int_{\alpha}^{\beta} f(X,Y,Z)\,dX\,dY\,dZ = \int_{\alpha}^{\beta}[\int_{\alpha}^{\beta}\int_{\alpha}^{\beta} f(X,Y,Z)\,dX\,dY]\,dZ \qquad (8.17)$$

Sind die Parameter elementweise constant oder Polynome der unabhängigen Variablen x,y,z, so vermeide man die rechenintensive und nur bedingt genaue numerische Integration und bestimme die Integrale (im zwei- bzw. dreidimensionalen Fall mit Hilfe von (8.16), (8.17)) problemlos exakt gemäß $\int x^n dx = x^{n+1}/(n+1)$.

8.5 Dreieckelemente

Jedes Vieleck läßt sich in Dreiecke zerlegen. Dreieckelemente sind also sehr anpassungsfähig an Ränder unterschiedlicher Gestalt. Überdies sind Dreieckelemente einfach zu handhaben, wobei allerdings die Eingabe der Eckpunkt-Koordinaten mehr Aufmerksamkeit als bei Rechteckelementen erfordert.

222

Für jedes Dreieck gibt es unbeschadet seiner Lage im Raum ein lokales Koordinatensystem L_1, L_2, L_3 mit

$$0 \leq L_k \leq 1 \quad (k=1,2,3) \quad\quad \text{und} \quad\quad L_1+L_2+L_3 = 1 \quad (8.18)$$

Jeder Dreieckspunkt ist also durch ein Tripel L_1, L_2, L_3 festgelegt. L_3 ist entbehrlich; jedoch sind ohne L_3 viele Formeln unsymmetrisch. Alle Dreieckskoordinaten L_k haben eine einfache geometrische Bedeutung (Abb.8.4): Es seien P_1, P_2, P_3 die Eckpunkte des Dreiecks. Auf P_k $(k=1,2,3)$ ist $L_k=1$ und verschwinden die übrigen L-Koordinaten. Auf der Gegenseite von P_k ist $L_k=0$. Z.B. ist $L_3=1$ auf P_3 und $L_3=0$ auf der Dreieckseite P_1P_2. Auf jeder im Dreieck verlaufenden Parallelen von P_1P_2 gilt $L_3=$ $=$const. Der in Abb.8.4 markierte Punkt hat die lokalen L-Koordinaten $L_1=\frac{1}{2}$, $L_2=\frac{1}{4}$, $L_3=\frac{1}{4}$.

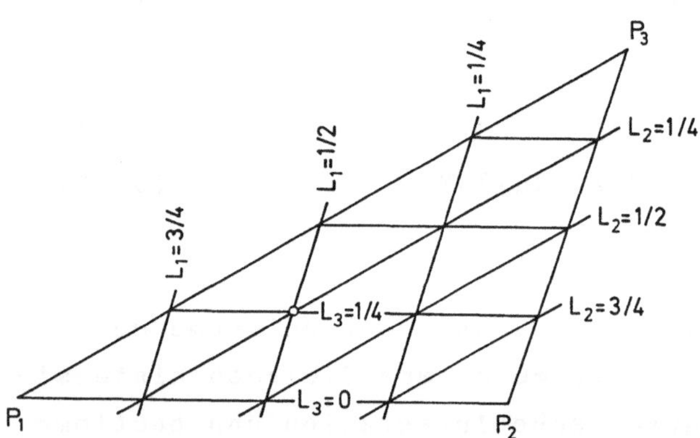

Abb. 8.4. Dreieckskoordinaten. Markierter Punkt: $(\frac{1}{2}, \frac{1}{4}, \frac{1}{4})$.

Nun sei das betrachtete Dreieck in die x,y-Ebene eingebettet und x_k, y_k seien die x,y-Koordinaten des Eckpunktes P_k. Es gilt

$$x = L_1 x_1 + L_2 x_2 + L_3 x_3 \quad\quad y = L_1 y_1 + L_2 y_2 + L_3 y_3 \quad\quad 1 = L_1 + L_2 + L_3 \quad (8.19)$$

Löst man dieses System nach L_1, L_2, L_3 auf, so erhält man

$$L_k = (a_k + b_k x + c_k y)/2J \quad\quad\quad k=1,2,3 \quad\quad (8.20)$$

mit

$$2J = a_1 + a_2 + a_3$$

$$a_1 = x_2 y_3 - x_3 y_2 \qquad a_2 = x_3 y_1 - x_1 y_3 \qquad a_3 = x_1 y_2 - x_2 y_1$$

$$b_1 = y_2 - y_3 \qquad b_2 = y_3 - y_1 \qquad b_3 = y_1 - y_2$$

$$c_1 = x_3 - x_2 \qquad c_2 = x_1 - x_3 \qquad c_3 = x_2 - x_1 \qquad (8.21)$$

(Man beachte, daß die b_k von den y-Koordinaten der Eckpunkte abhängen und die c_k von den x-Koordinaten.)

Zu berechnen sind nach (7.8) Ziffer 7.6 für verschiedene Integranden $p(x,y)$ Integrale $\int_\Delta p(x,y)\,dxdy$ über Dreiecke Δ. Ersetzt man in $p(x,y)$ die allgemeinen Koordinaten x,y nach (8.19) durch lokale L-Koordinaten, und sind die Parameter des Problems elementweise konstant oder Polynome in x,y und damit Polynome in L_k ($k=1,2,3$), so treten zumeist als Integranden Summen auf, deren Summanden bis auf feste Koeffizienten die Form

$$\Pi_{rst} = (L_1)^r (L_2)^s (L_3)^t \qquad (8.22)$$

besitzen (r,s,t sind ganzzahlig und nicht negativ). Integriert man (8.22) über das zugehörige Dreieck, so resultiert

$$\int_\Delta \Pi_{rst}\,dxdy = 2|J|\,r!\,s!\,t!/(r+s+t+2)! \qquad (8.23)$$

mit dem Sonderfall $r=s=t=0$ (man beachte, daß $0!=1$ ist)

$$\int_\Delta dxdy = |J| \qquad (8.24)$$

Dies ist der Inhalt des Dreiecks mit den Eckpunkten x_k, y_k und $k=1,2,3$. Sind die Parameter des Problems weder Polynome noch durch Polynome hinreichend gut approximierbar, so muß man numerisch integrieren. Zunächst ersetze man im Integranden - er sei $p(x,y)$ - die Variable x durch $L_1x_1+L_2x_2+(1-L_1-L_2)x_3$ und y durch $L_1y_1+L_2y_2+(1-L_1-L_2)y_3$ und erhalte $F(L_1,L_2)$ anstelle von $p(x,y)$. Dann ist

$$\int_\Delta p(x,y)dxdy = 2|J|\int_\Delta F(L_1,L_2)dL_1dL_2 \qquad (8.25)$$

Sind r_i,s_i die L_1,L_2-Koordinaten der Stützstelle i und w_i ihr Gewichtsfaktor, so setzt man

$$\int_\Delta F(L_1,L_2)dL_1dL_2 = \tfrac{1}{2}\Sigma_i w_i F(r_i,s_i) \qquad (8.26)$$

Eine Tabelle von Gewichtsfaktoren und Stützpunktkoordinaten steht in Ziffer 9.8. Die Formel mit drei Stützstellen - sie integriert quadratische Polynome exakt - lautet

$$\int_\Delta F(L_1,L_2)dL_1dL_2 = \tfrac{1}{2}[F(1/6,1/6)+F(2/3,1/6)+F(1/6,2/3)]/3 \qquad (8.27)$$

8.6 Dreieckelemente mit drei oder sechs Knoten

Fig. 8.5 zeigt Dreieckelemente in allgemeiner Lage mit 3 bzw. 6 Knoten. Die globalen x,y-Koordinaten und die lokalen L_1,L_2, L_3-Koordinaten der Knoten lauten:

Knoten	x	y	L_1	L_2	L_3
1	x_1	y_1	1	0	0
2	x_2	y_2	0	1	0
3	x_3	y_3	0	0	1
4	$\tfrac{1}{2}(x_1+x_2)$	$\tfrac{1}{2}(y_1+y_2)$	$\tfrac{1}{2}$	$\tfrac{1}{2}$	0
5	$\tfrac{1}{2}(x_2+x_3)$	$\tfrac{1}{2}(y_2+y_3)$	0	$\tfrac{1}{2}$	$\tfrac{1}{2}$
6	$\tfrac{1}{2}(x_3+x_1)$	$\tfrac{1}{2}(y_3+y_1)$	$\tfrac{1}{2}$	0	$\tfrac{1}{2}$

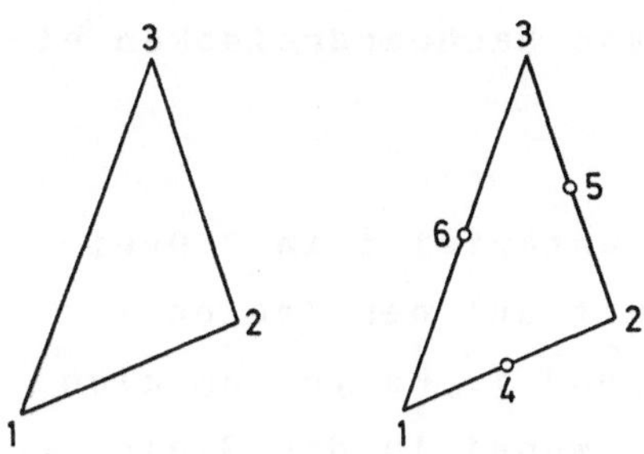

Abb. 8.5. Numerierung der Knoten von Dreieckelementen mit drei
bzw. sechs Knoten

Setzt man beim <u>3-Knotenelement</u>

$$U = L_1 U_1 + L_2 U_2 + L_3 U_3 \qquad\qquad (8.28a)$$

m.a.W.

$$U = \sum_s f_s U_s \qquad\qquad f_s = L_s \qquad (s=1,2,3) \qquad (8.28b)$$

so ist, wie es sein muß, $U=U_r$ auf dem Knoten r, da $L_r=1$ auf
der Ecke r ist und die anderen L-Koordinaten dort verschwinden. Weiter ist wegen (8.20) U Linearfunktion von x und y.

Aus (8.28) und $\partial f/\partial x = (df/dL)(\partial L/\partial x)$ folgt nach (8.20)

$$\partial f_s/\partial x = b_s/2J \qquad \partial f_s/\partial y = c_s/2J \qquad s=1,2,3 \qquad (8.29)$$

Damit lassen sich die Ziffern 7.5, 7.6 und Gleichung (8.23)
ohne Mühe anwenden.

Das 3-Knotenelement spannt elementweise eine von drei Geraden
begrenzte Ebene auf. Ist die Dreieckseite S mitsamt ihren Eck-
knoten k und r auch Seite eines Nachbardreiecks, so fallen auf
S die aufgespannten Ebenen der beiden Nachbarn zusammen,da die
U_k- bzw. U_r-Werte der beiden Dreiecke gleich sind und eine beiden Raumebenen gemeinsame Verbindungsgerade definieren. Folglich ist jede Lösung U auf einem in 3-Knotenelemente aufgeteil-

ten Polyeder stetig, sofern jedes Paar von Nachbardreiecken eine Seite gemeinsam hat.

Als Beispiel zeigt Abb.8.6 ein Fünfeck, unterteilt in 6 Dreiecke. U ist bekannt auf dem Rand und damit auf den Knoten 1 bis 5 und zu berechnen für die Knoten 6 und 7. Es treten also nur 2 Gleichungen mit 2 Unbekannten auf, wobei in die Gleichung für Knoten 6 die Dreiecke I,II,V,VI und in die Gleichung für Knoten 7 die Dreiecke II,III,IV,V eingehen. Abb.8.7 zeigt einen trapezförmigen Dammquerschnitt. Bei der linken Zerlegung sind die U-Werte in den beiden Dreiecken 1,2,6 und 3,4,5 bereits vollständig durch die bekannten Randwerte auf den Knoten 1 bis 6 bestimmt. Unbekannt ist nur der U-Wert des Knotens 7, der 4 Dreiecken gemeinsam ist. Es tritt also nur eine Glei-

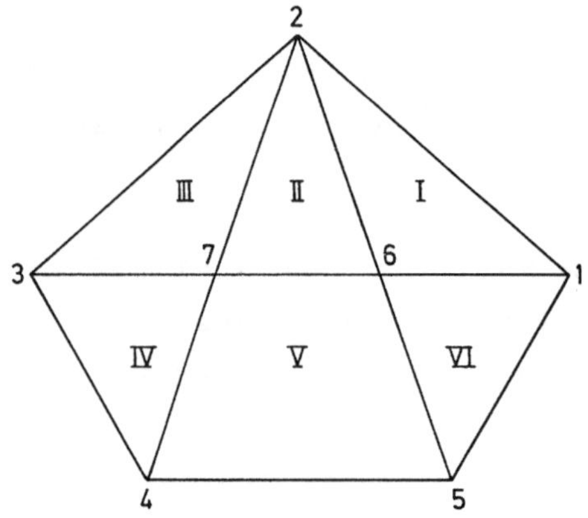

Abb. 8.6. Unterteilung eines Fünfecks in sechs Dreiecke mit insgesamt sieben Knoten

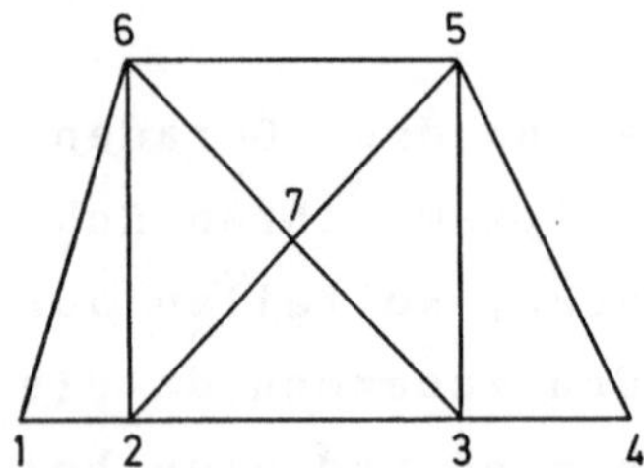

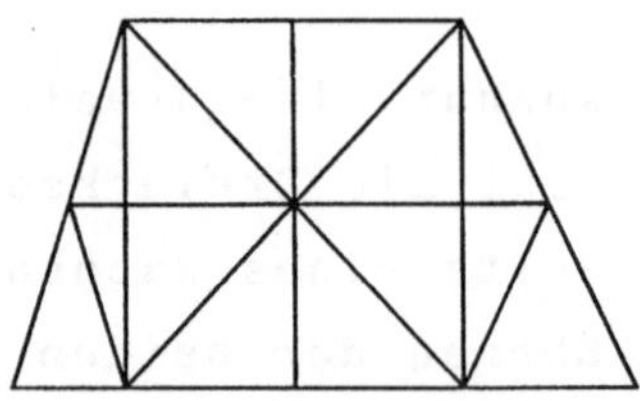

Abb. 8.7. Unterschiedliche Zerlegungen eines trapezförmigen Dammquerschnitts in Dreiecke

chung mit der einen Unbekannten U_7 auf. Rechts ist eine feinere Unterteilung mit 3 Unbekannten gewählt. Ihre Knoten gehören 4 bzw. 8 Dreiecken an.

Dreieckelemente mit 6 Knoten (<u>6-Knotenelemente</u>) stellen U elementweise als quadratisches Polynom $a+bx+cy+dx^2+exy+gy^2$ mit 6 Koeffizienten a,b,c,d,e,g dar. Wie beim 3-Knotenelement ist U auf jeder gemeinsamen Seite zweier Nachbarelemente stetig.

Für die Formfunktionen f_s des 6-Knotenelements gilt

$$U = \Sigma_s f_s U_s \qquad\qquad s=1,2,3,4,5,6$$

$$f_s = L_s(2L_s-1) \qquad\qquad s=1,2,3$$

$$f_4 = 4L_1L_2 \qquad\qquad f_5 = 4L_2L_3 \qquad\qquad f_6 = 4L_3L_1 \qquad (8.30)$$

Gezeigt sei die Herleitung von f_1. Man setzt mit unbestimmten Koeffizienten $f_1=a+bL_1+cL_2+dL_1L_1+eL_1L_2+gL_2L_2$. Es resultiert

Knoten 1: $f_1=1$, $L_1=1$, $L_2=0$: $1 = a + b + d$
Knoten 2: $f_1=0$, $L_1=0$, $L_2=1$: $0 = a + c + g$
Knoten 3: $f_1=0$, $L_1=0$, $L_2=0$: $0 = a$
Knoten 4: $f_1=0$, $L_1=½$, $L_2=½$: $0 = b + c + ½(d + e + g)$
Knoten 5: $f_1=0$, $L_1=0$, $L_2=½$: $0 = c + ½g$
Knoten 6: $f_1=0$, $L_1=½$, $L_2=0$: $0 = b + ½d$
Lösung: $a = c = e = g = 0$, $b=-1$, $d = 2$.

Die f_4-Formel bestimmt man analog. Dann folgen f_2 und f_3 aus f_1 sowie f_5 und f_6 aus f_4 durch Indexverschiebung. Die Behandlung des 6-Knotenelements geschieht wie beim 3-Knotenelement vermittels (8.19) – (8.24).

8.7 Tetraederelemente

Ein Tetraeder ist eine Dreieckspyramide mit 4 Ecken, 6 Kanten und 4 Seitenflächen. So gilt für Abb.8.8:

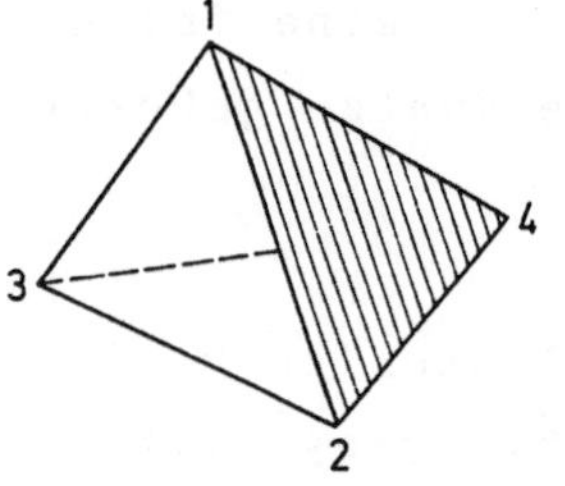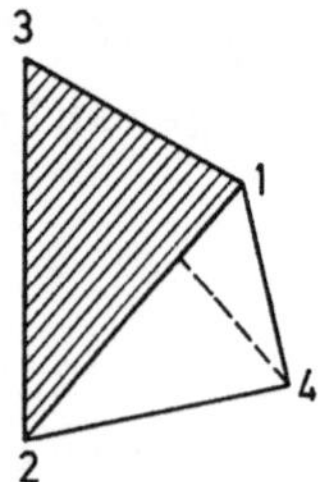

Abb. 8.8. Tetraeder

```
Ecken:     1, 2, 3, 4
Kanten:    12, 13, 14, 23, 24, 34
Flächen:   123, 124, 134, 234
```

Jeder von Ebenen begrenzte Körper läßt sich in Tetraeder zerlegen. Also sind Tetraeder sehr anpassungsfähig an Ränder unterschiedlichster Gestalt. Nachteilig ist jedoch, daß die Zerlegung eines dreidimensionalen Gebiets in Tetraeder hohe Anforderungen an das räumliche Vorstellungsvermögen stellt. Es empfiehlt sich deshalb, das Untersuchungsgebiet bis auf höchstens einen Randsaum in achsenparallele Quader (Würfel) zu zerlegen und jeden Quader (Würfel) in sechs Tetraeder. Der Randsaum kann dann durch Tetraeder erfaßt werden. Man denke als Beispiel an einen Würfel, auf dessen einer Fläche eine Pyramide sitzt, gebildet aus zwei Tetraedern.

Zerlegen wir einen Würfel in Tetraeder nach dem Vorbild der Abb.8.9! Die Fläche bche teilt den Würfel in ein linkes und

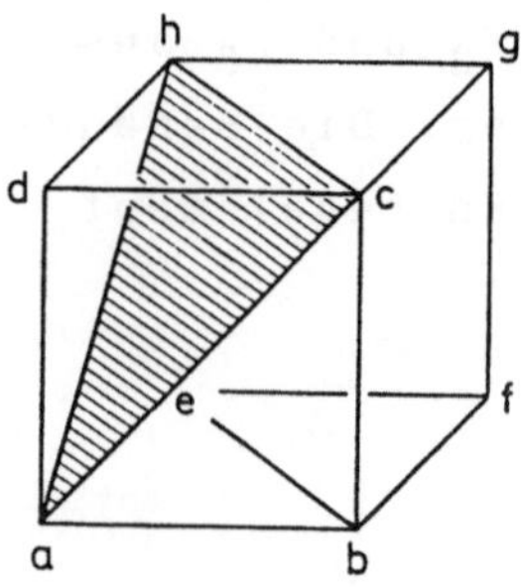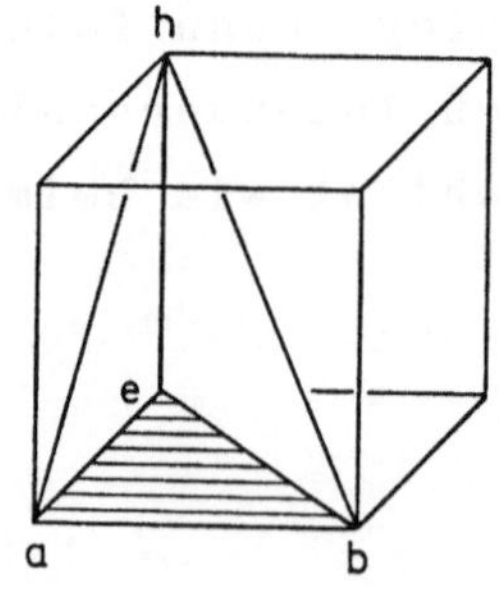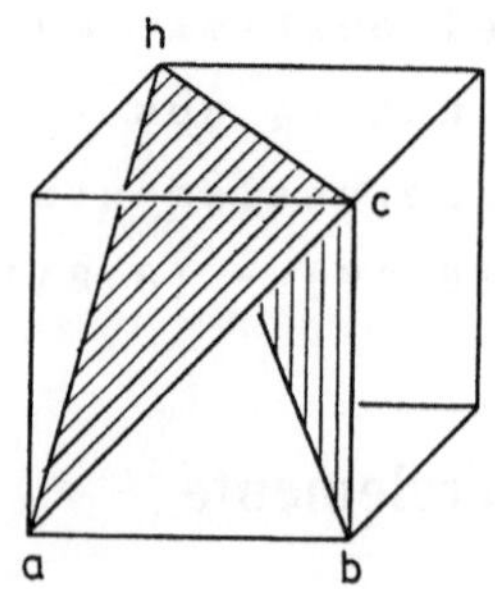

Abb. 8.9. Zerlegung eines Würfels in sechs Tetraeder gleichen Volumens

ein rechtes Prisma. Im linken Prisma teilt die Fläche ahc ein
oberes Tetraeder ahcd ab, die Fläche abh ein unteres Tetraeder beha. Zwischen beiden liegt das Tetraeder bcha. Wir erhalten damit:

Prisma	Tetraeder	Eckpunkte
abe-dch	1	achd
	2	bcha
	3	beha
bfe-cgh	4	fchg
	5	bchf
	6	behf

Das Arbeiten mit Tetraedern läuft wie bei Dreieckelementen.
Zunächst definieren wir die lokalen Koordinaten L_1, L_2, L_3, L_4
des Tetraeders. Auf der Ecke P_k (k=1,2,3,4) ist $L_k=1$ und alle
anderen L-Koordinaten verschwinden dort. Auf der Dreieckseite, die P_k gegenüberliegt, verschwindet L_k. So ist (Abb.8.8)
$L_1=0$ auf der Fläche 234. Jede Kante ist zwei Flächen gemeinsam. Also verschwinden auf jeder Kante zwei L-Koordinaten.
Im Innern des Tetraeders verschwindet keine lokale Koordinate. Also verschwinden keine/eine/zwei/drei Koordinaten im In-
nern/auf einer Seite/Kante/Ecke des Tetraeders.

Nun sei das Tetraeder irgendwie in dem vom rechtwinkligen Koordinatensystem x,y,z aufgespannten Raum eingebettet. Dann besteht zwischen dem lokalen L- und dem globalen x,y,z-System
folgender Zusammenhang, wobei x_k, y_k, z_k (k=1,2,3,4) die Koordinaten der Tetraederecke k sind und $0 \leq L_k \leq 1$ gilt:

$$L_1 x_1 + L_2 x_2 + L_3 x_3 + L_4 x_4 = x$$

$$L_1 y_1 + L_2 y_2 + L_3 y_3 + L_4 y_4 = y$$

$$L_1 z_1 + L_2 z_2 + L_3 z_3 + L_4 z_4 = z$$

$$L_1 + L_2 + L_3 + L_4 = 1 \tag{8.31}$$

Betrachten wir (8.31) als ein Gleichungssystem für die Unbekannten L_k (k=1,2,3,4) und lösen wir nach den L_k auf, so erhalten wir in Analogie zu (8.20) Ziffer 8.5

$$L_k = (a_k + b_k x + c_k y + d_k z)/6V \qquad K=1,2,3,4 \qquad (8.32)$$

Hierbei ist der Absolutbetrag von V das Volumen des Tetraeders und 6V die Determinante der Koeffizientenmatrix von (8.31). Die übrigen Koeffizienten a_k usw. folgen gleichfalls aus (8.31). Das Pendant zu (8.22), (8.23) lautet: Zu integrieren sei (r,s,t,v ganzzahlig und nicht negativ)

$$\Pi_{rstv} = (L_1)^r (L_2)^s (L_3)^t (L_4)^v \qquad (8.33)$$

über das Tetraeder. Dann gilt

$$\int \Pi_{rstv} dx\,dy\,dz = 6|V| r! s! t! v! /(r+s+t+v+3)! \qquad (8.34)$$

Setzen wir auf jede Tetraederecke einen Knoten, so resultiert das <u>4-Knotenelement</u> mit

$$U = L_1 U_1 + L_2 U_2 + L_3 U_3 + L_4 U_4 \qquad (8.35)$$

vgl. (8.28a), (8.28b). U ist dann Linearfunktion von x,y,z. Setzen wir in den Figuren von Abb.8.8 zusätzlich auf jede Kantenmitte einen Knoten, so erhalten wir das <u>10-Knotenelement</u>. Es stellt U als quadratische Funktion $U = a+bx+cy+dz+ +ex^2+fy^2+gz^2+hxy+pxz+qyz$ mit elementweise festen Zahlen a,b, c,d,...,q dar. Die Knotenkoordinaten lauten:

Knoten	L_1	L_2	L_3	L_4	Position
1	1	0	0	0	Ecke 1
2	0	1	0	0	Ecke 2
3	0	0	1	0	Ecke 3
4	0	0	0	1	Ecke 4

5	½	½	0	0	zwischen 1 und 2
6	½	0	½	0	zwischen 1 und 3
7	½	0	0	½	zwischen 1 und 4
8	0	½	½	0	zwischen 2 und 3
9	0	½	0	½	zwischen 2 und 4
10	0	0	½	½	zwischen 3 und 4

Die zugehörigen Formfunktionen sind:

$$U = \sum_s f_s U_s \qquad\qquad s = 1,2,3,\ldots,10$$

$$f_s = L_s(2L_s - 1) \qquad\qquad s = 1,2,3,4$$

$$f_5 = 4L_1 L_2 \qquad f_6 = 4L_1 L_3 \qquad f_7 = 4L_1 L_4 \qquad f_8 = 4L_2 L_3$$

$$f_9 = 4L_2 L_4 \qquad f_{10} = 4L_3 L_4 \qquad\qquad\qquad (8.36)$$

Man beachte den engen Zusammenhang zwischen Formfunktion und
Knotenposition ab f_5 und die Übereinstimmung der Formfunktion
für 6-Knoten-Dreieckelemente und 10-Knoten-Tetraederelemente
auf den jeweiligen Eckknoten; vgl.(8.30). Ab f_4 herrscht auch
beim Dreieckelement derselbe enge Zusammenhang zwischen Formfunktion und Knotenposition wie beim Tetraederelement ab f_5.
So liegt beim Dreieckelement der Seitenknoten 4 zwischen den
Eckknoten 1 und 2 (Abb.8.5), und f_4 ist proportional $L_1 L_2$.

8.8 Die Behandlung nichtlinearer Randwertprobleme. Minimalflächen

Unter einem nichtlinearen Problem wollen wir hier eine Variationsaufgabe verstehen, deren Behandlung mit der Methode der
finiten Elemente auf ein nichtlineares Gleichungssystem der
unbekannten Knotenwerte U_r führt. Als Beispiel betrachten wir
die Berechnung von Minimalflächen.

Der Inhalt I der Fläche $z = u(x,y)$ über dem Grundriß G der x,y-
Ebene ist

$$I = \int_G \left([1+(u_x)^2+(u_y)^2]^{\frac{1}{2}} dxdy \right) \tag{8.37}$$

Die Minimalfläche wird also durch Minimalisierung von I bestimmt, wobei u auf dem Rand von G gegeben sein muß. Für ein finites Element E gilt dann nach Ziffer 7.5 Punkt 6 und 7 sowie nach Ziffer 7.6

$$\partial J/\partial U_r = 2\int_E [(\partial f_r/\partial x)U_x + (\partial f_r/\partial y)U_y]Sdxdy$$

$$S = [1+(U_x)^2+(U_y)^2]^{-\frac{1}{2}} \tag{8.38}$$

Die Ableitungen von U nach x und y ersetzt man gemäß (7.6) in Ziffer 7.5 und setzt in S eine Näherung der U-Knotenwerte ein. Dann berechnet man alle Integrale, löst das entstandene Gleichungssystem, erhält verbeserte U-Werte, setzt diese in S ein und fährt so fort, bis die Differenz der U-Werte aufeinanderfolgender Iterationen hinreichend nahe Null ist. Unabhängig von der Art der Elemente treten nur lineare Gleichungssysteme auf, da S keine unbekannten Knotenwerte enthält.

Die Berechnung der Integrale hängt von der Wahl der finiten Elemente ab. Nimmt man das 3-Knoten-Dreieckelement von Ziffer 8.6, so sind nach (8.29) die Ableitungen von f_s nach x und y elementweise feste Zahlen, so daß auch S elementweise eine feste Zahl ist. In diesem Fall treten nur sehr einfache Integrale auf, die sofort exakt nach (8.23) Ziffer 8.5 lösbar sind. Wählt man Rechtecke oder 6-Knoten-Dreieckelemente, so wird S hinreichend verwickelt,um numerische Integration nahezulegen. (Numerische Integration auf Dreiecken ist in Kapitel 9 behandelt.)

8.9 Bemerkungen zur Programmierung und Gebietsaufteilung

Der Programmierung voraus geht

233

O. Die Gebiets-Aufteilung in aneinandergrenzende Elemente.

Das Programm zur Lösung einer Variationsaufgabe besteht dann
im wesentlichen aus vier Teilen:

1. Eingabe der Randwerte und der Koordinaten aller Knoten,
2. Elementweise Berechnung aller auftretenden Integrale,
3. Aufstellung der Gleichungen für die unbekannten U_r-Werte,
4. Lösung des Gleichungssystems.

Zu O. Man darf nur Elemente aneinanderfügen, die auf dem gemeinsamen Rand alle Knoten gemeinsam haben.Unzulässig ist z.B.
die linke Figur der Abb.8.10: Knoten a des unteren 6-Knoten-
elements hat kein Gegenstück im angefügten oberen 3-Knotenele-
ment. Auf letzterem ist U Linearfunktion, auf ersterem quadratisches Polynom, so daß U im allgemeinen auf der beiden Elementen gemeinsamen Seite springt (vgl. jedoch Ziffer 10.7).In
der rechten Figur der Abb.8.10 sind Elemente gleichen Genauig-
keitsgrades unverträglich aneinandergeheftet.

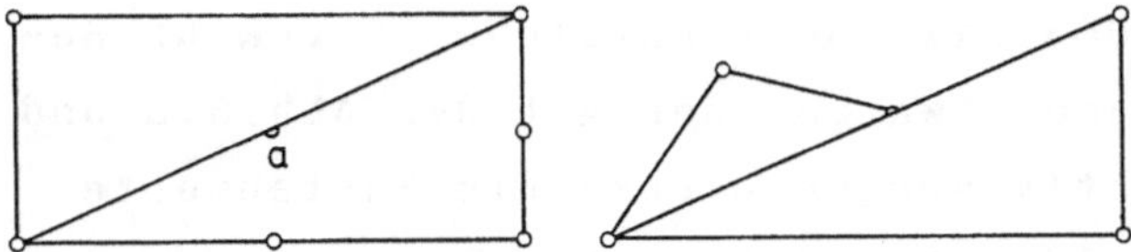

Abb. 8.10. Linke Figur: Unzulässige Zusammensetzung eines
(oberen) 3-Knotenelements mit einem (unteren) 6-Knotenele-
ment. Rechte Figur: Unzulässiges Zusammensetzen von zwei
3-Knotenelementen

Wenn möglich soll man die Elemente so zusammenfügen, daß die
Aufstellung des Gleichungssystems einfach programmierbar ist
und zu einer einfachen Bandstruktur der Koeffizientenmatrix
führt. Dies ist z.B. bei den 6-Knotenelementen in Abb.8.11
der Fall: Jeder im Innern des Grundgebietes liegende Seitenknoten gehört zwei benachbarten Dreiecken an, jeder Eckknoten genau sechs Dreiecken.

234

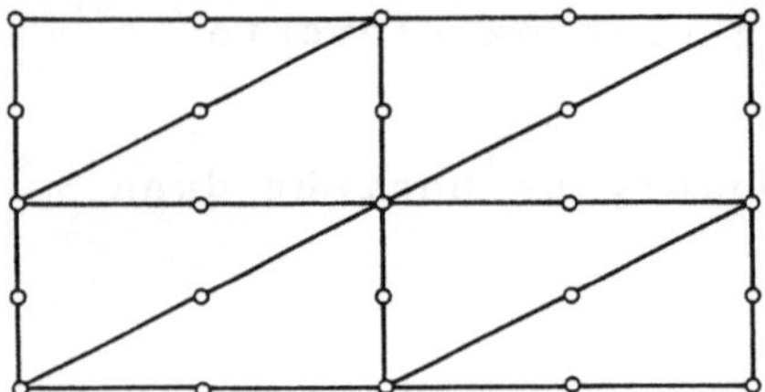

Abb. 8.11. Einfache Zusammensetzung von 6-Knotenelementen

Zu 1. Wenn die Problemstellung es erlaubt, sollten die Knotenkoordinaten so gewählt werden, daß sie mehrheitlich einem einfachen, programmierbaren Gesetz gehorchen und damit überwiegend vom Programm bestimmt werden können. Die Eingabe von Knotenkoordinaten mit der Hand ist ein ebenso mühseliger wie feh-
lerträchtiger Prozeß.

Man sollte deshalb nach Möglichkeit z.B. achsenparallele Rechtecke gleicher Größe oder zu achsenparallen Rechtecken zusammen-
gesetzte Dreiecke wählen, so daß Handeingabe der Knotenkoordinaten höchstens für einen unregelmäßig geformten Randsaum notwendig ist. Dann wird auch (s.o.) die Koeffizientenmatrix des
Gleichungssystems eine Bandmatrix übersichtlicher Struktur.Be-
handelt man kleinere Probleme etwa von der Art der Abb.8.6 und
Abb.8.7, so treten nur relativ wenige unbekannte Knotenwerte
auf und Handeingabe der Koordinaten ist problemlos.

Zu 2. Die Rechenarbeit ist zumeist geringer, wenn die Integrale analytisch ausgewertet werden. Andererseits ist direkte Berechnung der Integrale mühsam, wenn verallgemeinerte Elemente
wie in Kapitel 9 auftreten. Numerische Integration ist dann
vorzuziehen.

Zu 4. Während bei der Differenzenmethode und der Benutzung
der in diesem Buch eingeführten Differenzenformeln im Regelfall Koeffizientenmatrizen auftreten, deren Struktur die Lös-
barkeit der zugehörigen Gleichungen sichert, ist dies bei der
Methode der finiten Elemente wegen ihrer außerordentlichen

Flexibilität bei der Aufteilung des Grundgebiets nicht eo ip-
so gewährleistet. Vorsicht ist also geboten (vgl. Kapitel 6).

Als Lösungsverfahren sind direkte Methoden - insbesondere die
Gaußelimination und davon abgeleitete Varianten - beliebt, da
sie die Lösung bis auf Rundungsfehler exakt liefern. Wendet
man die in der Rechenzeit vergleichbare Gauß-Seidel-Iteration
an, so kommt man bei geschickter Programmierung mit vergleichsweise wenig Speicherplatz aus. Der Rechenaufwand ist bei Gauß
und Gauß-Seidel proportional dem Quadrat der Anzahl unbekann-
ter Knotenwerte und damit hoch, wenn viele Knoten auftreten.
Jedoch spielt dies bei Variationsaufgaben oft nur eine untergeordnete Rolle, da die Probleme zeitunabhängig sind und damit lediglich einmal ein Gleichungssystem zu lösen ist bzw.
-bei Iteration auftretender Nichtlinearitäten- nur wenige Male. Bei Elementen hoher Genauigkeit wie dem 6-Knoten-Dreieck-
element kommt man überdies bei sorgfältiger Integration aller
Integrale mit nur relativ wenigen Elementen aus. Dieses gilt
auch bei Vorliegen gekrümmter Ränder, da man dann das verzerr-
te 6-Knotenelement von Kapitel 9 benutzen kann.

8.10 Literatur

Beim Rechteck- und Blockelement lehne ich mich eng an Bathe an
([1] Ziffer 7.13), bei den Dreieckelementen und Tetraedern an
[3] Ziffer 1.22.

9 Die Lösung von Variationsaufgaben II

9.1   Allgemeine finite Elemente

Bislang haben wir finite Elemente einfacher Form betrachtet
und aus der jeweils vorgegebenen speziellen Gestalt die Eigenschaften des Elements abgeleitet. Dieses Verfahren wird
bei komplexer Gestalt des Elements nur schwer durchführbar.
Wir wollen deshalb die für uns wichtigen Eigenschaften finiter Elemente unabhängig von ihrer Form ableiten und die Ergebnisse in den folgenden Ziffern benutzen.

Betrachten wir zunächst den 2-dimensionalen Fall. Eingebettet
in die x,y-Ebene mit den globalen Koordinaten x und y sei ein
Element E_i mit n Knoten, deren Position durch die Koordinaten
x_s,y_s (s=1,2,3,...,n) definiert ist. Auf Element E_i gelten
lokale Koordinaten X_i,Y_i mit zunächst noch unbekannten Eigenschaften. Im Folgenden lassen wir den Elementindex i weg. Wir
geben nun dreierlei vor:

1. Auf dem Knoten r soll $U=U_r$ mit r=1,2,3,...,n sein. U_r kann
beliebige Werte annehmen, die bei gegebener Variationsaufgabe
selbstverständlich durch das Problem bestimmt sind.
2. Es sind Funktionen f_s mit s=1,2,3,...,n der Lokalkoordinaten X,Y definiert, wobei f_r auf dem Knoten r gleich 1 ist und
auf allen anderen Knoten verschwindet.
3. Die Lösungsfunktion U auf E ist definiert durch

$$U = f_1U_1 + f_2U_2 + f_3U_3 + \ldots + f_nU_n \tag{9.1}$$

Nach Punkt 2 und (9.1) ist auf Knoten r die Bedingung $U=U_r$ des Punktes 1 erfüllt.

Zunächst bestimmen wir den Zusammenhang zwischen globalen und lokalen Koordinaten. Wir ersetzen in (9.1) U durch x und U_s durch x_s bzw. U durch y und U_s durch y_s und erhalten (s=1,n)

$$x = \sum_s f_s x_s \qquad\qquad y = \sum_s f_s y_s \qquad\qquad (9.2)$$

Nach Punkt 2 und (9.2) ist auf dem Knoten r, wie es sein muß, $x=x_r$ und $y=y_r$. Da f_s nach Punkt 2 als Funktion von X und Y bekannt ist, beschreibt (9.2) den Zusammenhang zwischen globalen und lokalen Koordinaten:

$$x = g(X,Y) \qquad\qquad y = h(X,Y) \qquad\qquad (9.3)$$

Sodann benötigen wir nach Ziffer 7.5 und 7.6 die partiellen Ableitungen von f_s nach den globalen Koordinaten x,y. Da f_s nur als Funktion der lokalen Koordinaten bekannt ist, müßten wir (9.3) in $X=X(x,y)$ und $Y=Y(x,y)$ umkehren, dies in $f_s(X,Y)$ einsetzen und nach x und y differenzieren. Da die Auflösung von (9.3) nach X und Y im allgemeinen mühselig ist, gehen wir einen anderen Weg und benutzen dabei mehrmals folgende Beziehungen: Es sei $p=p(u,v)$, $u=q(x,y)$ und $v=r(x,y)$. Dann ist

$$p_x = p_u u_x + p_v v_x \qquad\qquad p_y = p_u u_y + p_v v_y \qquad\qquad (9.4)$$

mit $p_x = \partial p / \partial x$ usw. Schreiben wir f statt f_s, so ist also

$$f_x = f_X X_x + f_Y Y_x \qquad\qquad f_y = f_X X_y + f_Y Y_y \qquad\qquad (9.5)$$

f_X und f_Y sind bekannt, da f als Funktion von X und Y gegeben ist. Die Ableitungen X_x, Y_x, X_y, Y_y berechnen wir folgendermaßen: Wir leiten (9.3) nach x ab und erhalten

$$1 = g_X X_x + g_Y Y_x \qquad\qquad 0 = h_X X_x + h_Y Y_x \qquad\qquad (9.6)$$

Auflösung nach X_x und Y_x ergibt

238

$$X_x = h_Y/D \qquad\qquad Y_x = -h_X/D \qquad\qquad (9.7)$$

mit der <u>Jacobi-Determinante</u>

$$D = g_X h_Y - g_Y h_X \qquad\qquad (9.8)$$

D darf nicht verschwinden. Leiten wir (9.3) nach y ab, so erhalten wir analog

$$X_y = -g_Y/D \qquad\qquad Y_y = g_X/D \qquad\qquad (9.9)$$

(9.7) bis (9.9) liefern die noch für (9.5) benötigten Ableitungen als Funktionen der lokalen Koordinaten, so daß f_x und f_y als Funktion von X und Y bekannt sind.

Zu berechnen sind schließlich nach Ziffer 7.6 Integrale der Form $\int_E p(x,y)dxdy$ mit irgendwelchen Funktionen p(x,y). Führen wir (9.3) in p(x,y) ein, so erhalten wir eine Funktion P(X,Y) der lokalen Koordinaten X,Y. Weiter ist dxdy=|D|dXdY und damit $\int_E P(X,Y)|D|dXdY$ zu ermitteln. Die analytische Berechnung dieses Integrals ist im allgemeinen mühsam, da gewöhnlich seine Integrationsgrenzen von den Variablen abhängen. Man benutze deshalb - sofern entsprechende Formeln bekannt sind - numerische Integration.

Beispiel

Zu bestimmen sind die Ableitungen der Formfunktionen des 3-Knoten-Dreieckelements. Vorgegeben sind $f_1 = L_1 = X$ und $f_2 = L_2 = Y$.

Unbeschadet ihrer Gestalt muß für jedes finite Element stets

$$\sum_{s=1,n} f_s \equiv 1 \qquad\qquad (9.10)$$

gelten. Denn (9.1) muß mindestens die Bedingung erfüllen, daß U auf dem Element E die konstante Funktion $U=U_s=$const. sein darf womit für jeden Punkt X,Y von E die Summe aller Formfunktionen gleich 1 sein muß.

Folglich ist $f_3=1-X-Y$, also $U = XU_1 + YU_2 + (1-X-Y)U_3$ und

$$x = Xx_1 + Yx_2 + (1-X-Y)x_3 \qquad y = Xy_1 + Yy_2 + (1-X-Y)y_3$$

Folglich ist für $f=f_1$ nach (9.5) $f_X = X_X$ und nach (9.7) $X_X =$
$= y_Y/D = (y_2-y_3)/D$ mit - nach (9.8) -

$$D = x_X y_Y - x_Y y_X = (x_1-x_3)(y_2-y_3) - (x_2-x_3)(y_1-y_3)$$

Man überzeuge sich, daß dieses Ergebnis in (8.20),(8.21) Ziffer 8.5 enthalten ist.

Die Erweiterung auf drei Dimensionen mit globalen Koordinaten x,y,z und lokalen X,Y,Z ist einfach. Zu (9.2) tritt $z=\sum_s f_s z_s$ wobei z_s die z-Koordinate des Knotens s ist. (9.3) wird erweitert zu $x=x(X,Y,Z)$, $y=y(X,Y,Z)$, $z=z(X,Y,Z)$. Zur Berechnung von f_X, f_y, f_z sind jeweils drei Gleichungen mit drei Unbekannten zu lösen bei entsprechender Verallgemeinerung der Jacobi-Determinante D. Gegeben ist $f_s = f_s(X,Y,Z)$ für alle s.

9.2 Schiefwinklige 4-Knoten-Viereckelemente

In Ziffer 8.2 wurde das achsenparallele Rechteck mit den Kantenlängen a und b vorgestellt und auf ein Quadrat der Kantenlänge 1 abgebildet. Hier sei zur Abwechslung von dem dreidimensionalen Blockelement der Ziffer 8.3 ausgegangen und dieses Element durch Weglassen der z-Koordinate auf ein Rechteck der Kantenlängen 2a und 2b reduziert. (8.7) bis (8.9) überführen dann das Rechteck in ein achsenparalleles Quadrat der Kantenlänge 2 (Abb.9.1) mit vier Eckknoten s=1,2,3,4. Für dieses Quadrat gilt, wenn wir den Elementindex weglassen,

$$U = \sum_s f_s U_s \qquad s = 1,2,3,4$$

$$f_s = \tfrac{1}{4}(1+XX_s)(1+YY_s) \qquad -1 \leq X,Y \leq +1 \qquad (9.11)$$

wobei X_s, Y_s die lokalen X,Y-Koordinaten des Knotens s sind:

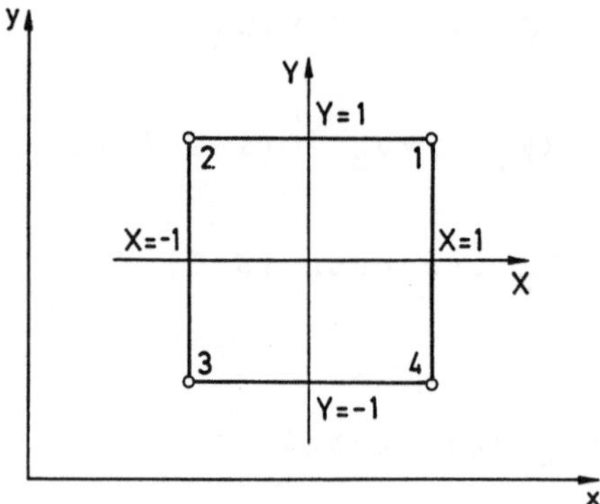

Abb. 9.1. Achsenparalleles Quadrat der Kantenlänge 2 mit
lokalen Koordinaten X,Y, eingebettet in die x,y-Ebene

s	X_s	Y_s	
1	+1	+1	
2	−1	+1	
3	−1	−1	
4	+1	−1	(9.12)

Sind wir nur an dem Quadrat und seinem zugehörigen Rechteck
interessiert, so verfahren wir weiter wie in Ziffer 8.2. Wir
wollen jedoch von dem Quadrat durch Drehung und Verzerrung
zu einem schiefwinkligen Viereck wie z.B. in Abb.9.2 überge-

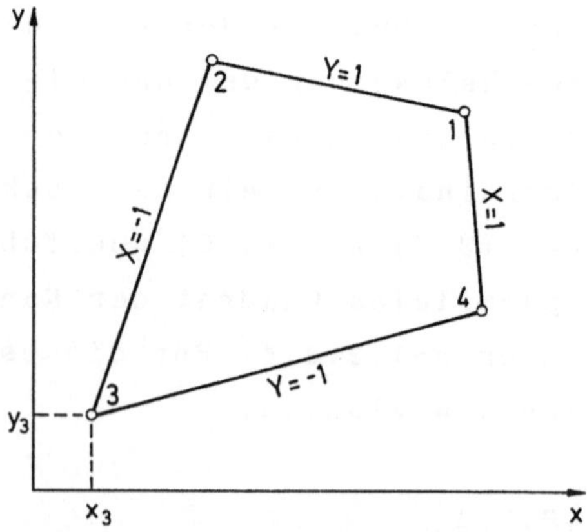

Abb. 9.2. Schiefwinkliges Viereck, eingebettet in die x,y-
Ebene. Auf dem Viereck gelten die lokalen Koordinaten X,Y
mit −1≤X≤1 und −1≤Y≤1. Die Viereckseiten sind durch X=1,
Y=1, X=−1, Y=−1 definiert. Das lokale X,Y-Koordinatenkreuz
ist schiefwinklig. Jede Ecke des Vierecks ist Knotenpunkt.

hen. Die globalen Koordinaten x_s, y_s der Ecken (und zugleich Knoten) s des im allgemeinen schiefwinkligen Vierecks seien gegeben. Wir behalten (9.11),(9.12) bei und benutzen Ziffer 9.1 ab (9.2):

$$\partial f_s/\partial X = (f_s)_X = \tfrac{1}{4}X_s(1+YY_s)$$

$$\partial f_s/\partial Y = (f_s)_Y = \tfrac{1}{4}Y_s(1+XX_s) \qquad (9.13)$$

$$g_X = x_X = \Sigma_s(f_s)_X x_s \qquad\qquad g_Y = x_Y = \Sigma_s(f_s)_Y x_s$$

$$h_X = y_X = \Sigma_s(f_s)_X y_s \qquad\qquad h_Y = y_Y = \Sigma_s(f_s)_Y y_s \qquad (9.14)$$

Um das Integral $J = \int p(x,y)dxdy$ über ein schiefwinkliges Viereck zu berechnen, führen wir (9.3) in $p(x,y)$ ein, erhalten eine Funktion $P(X,Y)$ der lokalen Ortskoordinaten X,Y und wegen $dxdy = |D|dXdY$ mit $D = g_X h_Y - g_Y h_X$ nach (9.8)

$$J = \int\limits_{-1}^{1}\int\limits_{-1}^{1} P(X,Y)|D|dXdY \qquad (9.15)$$

Die numerische Integration von (9.15) wird in Ziffer 9.4 behandelt. Um D zu berechnen, bestimmen wir g_X, h_Y, g_Y, h_X nach (9.12)-(9.14) zu

$$g_X = \tfrac{1}{4}(1+Y)(x_1-x_2) + \tfrac{1}{4}(1-Y)(x_4-x_3)$$

$$g_Y = \tfrac{1}{4}(1+X)(x_1-x_4) + \tfrac{1}{4}(1-X)(x_2-x_3) \qquad (9.16)$$

Ersetzen wir auf den rechten Seiten von (9.16) alle x_s durch y_s, so geht g_X in h_X sowie g_Y in h_Y über.

(9.16) zeigt, daß D höchstens ein Polynom 2.Ordnung ist. Tatsächlich ist D nur Linearfunktion von X und Y. Denn einfaches, aber etwas mühsames Nachrechnen zeigt, daß in D die Summe aller Koeffizienten des Produkts XY für beliebige Eck-Koordinaten x_s, y_s verschwindet.

9.3 Windschiefe dreidimensionale Blöcke

Wir denken uns den Würfel mit 8 Eckknoten der Abb.8.3 zu dem
windschiefen Block der Abb.9.3 verzerrt, wobei wir die Formfunktionen (8.9),(8.10) von Ziffer 8.3 beibehalten und Ziffer 9.1 anwenden. Zu berücksichtigen ist insbesondere Ziffer
9.1 letzter Absatz.

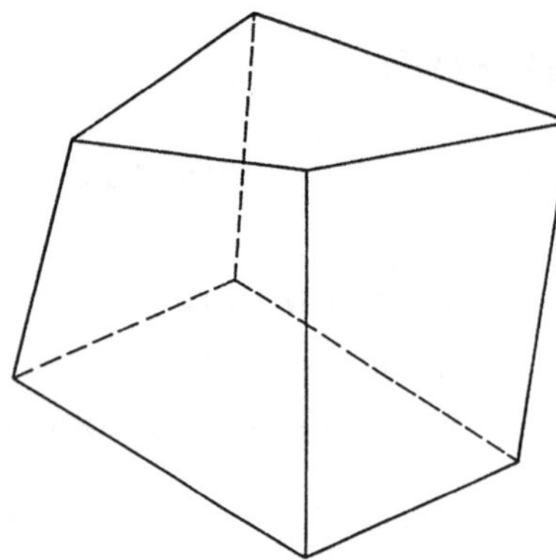

Abb. 9.3. Windschiefer Block

Um das Integral $J = \int p(x,y,z)dxdydz$ über einen windschiefen
Block zu berechnen, führen wir die um z erweiterte Form von
(9.3) in p(x,y,z) ein und mögen eine Funktion P(X,Y,Z) der
lokalen Koordinaten X,Y,Z erhalten. Weiter gilt für dxdydz
$|D|$dXdYdZ, wobei D die Jacobi-Determinante zu $x = x(X,Y,Z)$,
$y = y(X,Y,Z)$ und $z = z(X,Y,Z)$ ist. Wir erhalten D aus (9.6)
und (9.7) durch eine einfache Verallgemeinerung. Dann ist

$$J = \int_{-1}^{1} \int_{-1}^{1} \int_{-1}^{1} P(X,Y,Z)\,|D|\,dXdYdZ \qquad (9.17)$$

Die numerische Integration von J ist in Ziffer 9.4 behandelt.

9.4 Die numerische Integration über schiefwinklige Vierecke und windschiefe dreidimensionale Blöcke

Im allgemeinen sind die Integranden von (9.15) und (9.17) so komplex, daß trotz des hohen Rechenaufwandes numerische Integration der exakten Quadratur vorzuziehen ist. Wir haben in den vorgehenden Ziffern die Integrale über windschiefe Blöcke und Vierecke in Integrale (9.17) und (9.15) über Würfel und Quadrate überführt. Damit gilt: Es sei für $-1 \leq u \leq +1$

$$\int_{-1}^{1} F(u)du = \Sigma_i a_i F(u_i) + R_n \qquad (i=1,2,3,\ldots,n) \qquad (9.18)$$

eine Quadraturformel mit n Stützstellen u_i, dem Restglied R_n und Koeffizienten a_i. Dann folgt aus (8.16) Ziffer 8.4 bei Vernachlässigung von R_n mit i=1,n und j=1,n

$$\int_{-1}^{1} \int_{-1}^{1} F(u,v)dudv = \Sigma_i \Sigma_j a_i a_j F(u_i,u_j) \qquad (9.19)$$

sowie aus (8.16),(8.17) mit i=1,n sowie j=1,n und k=1,n

$$\int_{-1}^{1} \int_{-1}^{1} \int_{-1}^{1} F(u,v,w)dudvdw = \Sigma_i \Sigma_j \Sigma_k a_i a_j a_k F(u_i,u_j,u_k) \qquad (9.20)$$

Nun sei F(u,v) ein Polynom in u und v, wobei der höchste tatsächlich vorkommende Exponent von u höher sei als der größte von v. Dann kann man in v-Richtung eine Formel geringerer Genauigkeit mit weniger Stützpunkten m benutzen und so Rechenzeit sparen. Man wählt also in v-Richtung $F(v)dv = \int \Sigma_j b_j F(u_j)$ mit j=1,2,3,...,m (m<n) und erhält statt (9.19)

$$\int_{-1}^{1} \int_{-1}^{1} F(u,v)dudv = \Sigma_{i=1,n} \Sigma_{j=1,m} a_i b_j F(u_i,u_j) \qquad (9.21)$$

Um generell mit möglichst wenigen Stützstellen eine möglichst hohe Genauigkeit zu erhalten, wählen wir die <u>Quadraturformeln</u> <u>von</u> <u>Gauß</u> (n = Anzahl der Stützstellen, i = 1,2,3,...,n):

n	u_i	a_i
1	0	2
2	± 0.57735 02692	1
3	± 0.77459 66692	5/9
	0	8/9
4	± 0.86113 63116	0.34785 48451
	± 0.33998 10436	0.65214 51549
5	± 0.90617 98459	0.23692 68851
	± 0.53846 93101	0.47862 86705
	0	64/225

Für alle Gaußformeln gilt $\sum_i a_i = 2$ und $a_1 = a_n$, $a_2 = a_{n-1}$, ... Das Restglied R_n in (9.18) verschwindet für Polynome vom Grad 2n-1 und niedriger und ist proportional der 2n-ten Ableitung des Integranden F an einer Zwischenstelle im Interval $-1 \leq u \leq 1$. Im Einzelnen gilt:

n	Proportionalitätsfaktor von R_n
1	2/3
2	1/135
3	1/15 750 $\approx$ 0.000 064
4	1/3 472 875 $\approx$ 0.000 000 29
5	1/1 237 732 650 $\approx$ 0.000 000 000 81

Also integriert für n=5 die Gaußformel Polynome 9.Ordnung exakt und benötigt bei Anwendung auf ein quadratisches bzw. würfelförmiges Integrationsgebiet 25 bzw. 125 Stützstellen. Lautet das Polynom $F = \alpha u^{10}$, so ist $R_{10} = (10!/1\ 237\ 732\ 650)\alpha \approx 0.003\alpha$.

Beispiel

Zu berechnen sei der Inhalt V des Vierecks in Abb.9.4. Es ist

$$V = \int dxdy = \int_{-1}^{1} \int_{-1}^{1} |D| \, dXdY \qquad (9.22)$$

Da $D=D(X,Y)$ Linearfunktion von X und Y ist (Ziffer 9.2 letzter Absatz), liefert bereits die Gaußformel für $n=1$ das Ergebnis exakt. Es ist nach (9.19) und der Tabelle für Gaußquadratur $V=2\times2\times|D(0,0)|$ mit $D(0,0) = g_X h_Y - g_Y h_X$ an der Stelle $X=Y=0$. Nach (9.16) ist $D(0,0) = 2\times2-0\times0 = 4$, also $V=16$.

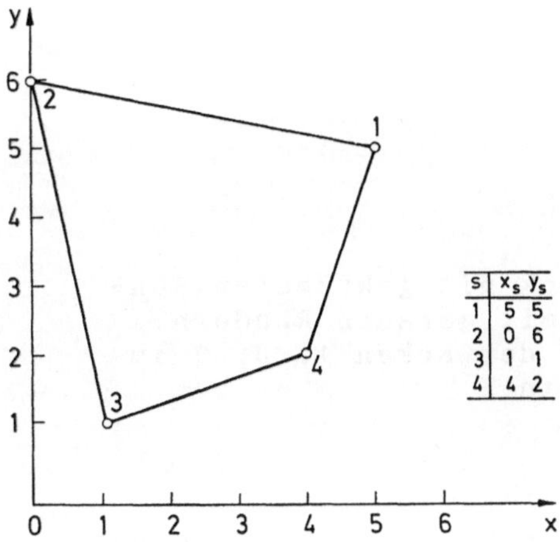

Abb. 9.4. Schiefwinkliges Viereck; numerisches Beispiel

Aus (9.16) folgt auch $g_X = 2+\frac{1}{2}Y$, $g_Y = \frac{1}{2}X$, $h_X = -\frac{1}{2}Y$, $h_Y = 2-\frac{1}{2}X$ und damit $D = 4-X+Y$, so daß exakte Integration $V=16$ liefert. Man kann auch das Viereck der Abb.9.4 in die Dreiecke 123,134 zerlegen, auf jedes (8.21),(8.23) Ziffer 8.5 anwenden und erhält $V=12+4=16$.

9.5 Dreieckelemente mit gekrümmten Rändern 1

Bislang betrachteten wir Systeme mit orthogonalen oder schiefwinkligen Koordinatenachsen. Nun seien zusätzlich gekrümmte Achsen und Ränder zugelassen. Behandeln wir zunächst nach Ziffer 9.1 das allgemeine 6-Knoten-Dreieckelement in der x,y-Ebene (Abb.9.5 linke Figur), und zwar so, daß als Grenzfall das 6-Knotenelement der Ziffer 8.6 (Abb.9.5 rechte Figur) auftritt. L_1,L_2,L_3 seien die Dreieckskoordinaten der nunmehr gewöhnlich gekrümmten Achsen gleichen Namens mit folgenden Eigenschaften:

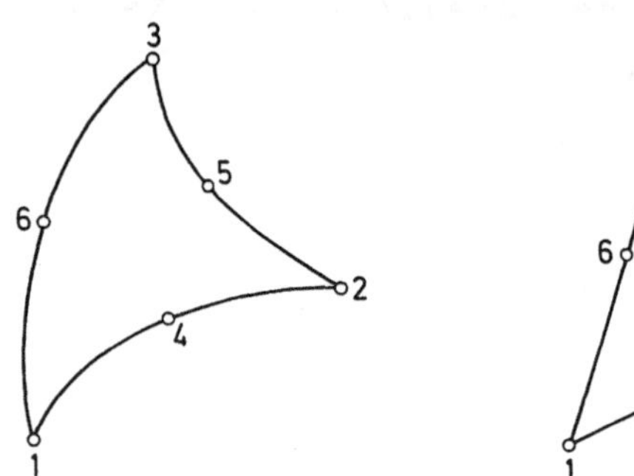
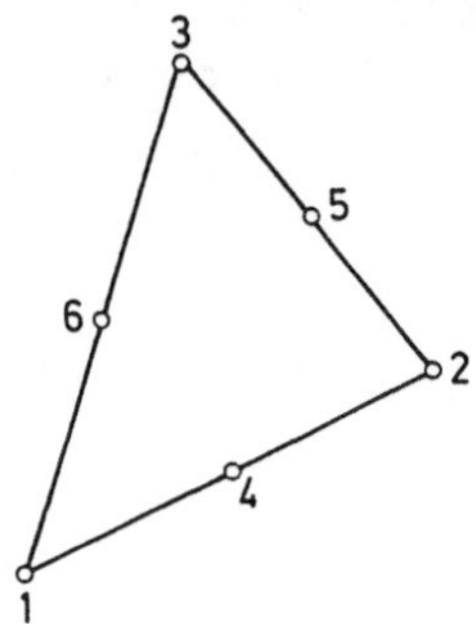

Abb. 9.5. Linke Figur: 6-Knotendreieck mit gekrümmten Rändern. Rechte Figur: 6-Knotendreieck mit geraden Rändern. Bei beiden Dreiecken stimmt die Lage der Ecken 1, 2, 3 im globalen x,y-Koordinatensystem überein.

$$0 \leq L_s \leq 1 \quad (s=1,2,3) \qquad L_1 + L_2 + L_3 = 1 \qquad\qquad (9.23)$$

Knoten	L_1	L_2	L_3	Knoten	L_1	L_2	L_3	
1	1	0	0	4	½	½	0	
2	0	1	0	5	0	½	½	
3	0	0	1	6	½	0	½	(9.24)

$$\text{Dreieckseite} \quad 253: \; L_1 = 0$$
$$\text{Dreieckseite} \quad 361: \; L_2 = 0$$
$$\text{Dreieckseite} \quad 142: \; L_3 = 0 \qquad\qquad (9.25)$$

Die Formfunktionen f_s definieren wir wie für ungekrümmte Achsen durch (x_s,y_s sind die globalen x,y-Koordinaten des Knotens s):

$$U = \Sigma_s f_s U_s \qquad x = \Sigma_s f_s x_s \qquad y = \Sigma_s f_s y_s \qquad (9.26)$$

$$f_s = L_s(2L_s-1) \quad s=1,2,3 \quad f_4=4L_1L_2 \quad f_5=4L_2L_3 \quad f_6=4L_3L_1 \quad (9.27)$$

Betrachten wir nun die Dreieckseite 253, auf der nach (9.25) per definitionem $L_1=0$ ist und damit $L_3=1-L_2$. Also verschwinden auf der Dreieckseite 253 die Formfunktionen f_1,f_4,f_6, und x,y sind nur (quadratische) Funktionen von L_2: $x=x(L_2)$, $y=y(L_2)$.

Nun sei x eindeutig nach L_2 auflösbar: $L_2=L_2(x)$. Wir setzen dies in die y-Beziehung ein und erhalten eine Funktion $y=\sigma(x)$ als Gleichung der Dreieckseite 253 und außerdem U als Funktion von x: $U=U(x)$. U und σ enthalten als Parameter nur die Knotenkoordinaten x_s,y_s der Knoten 2, 5 und 3. Also schließt das Nachbarelement ohne Überlappung oder Auseinanderklaffen an, und U ist auf der Nahtstelle stetig. Dies gilt auch bei eindeutiger Auflösbarkeit der y-Beziehung nach L_2.- Entsprechendes gilt für die Dreieckseiten 361 und 142. Bei Wahl von

$$x_5 = \tfrac{1}{2}(x_2+x_3) \qquad\qquad x_2 \neq x_3 \qquad\qquad (9.28)$$

ist x eindeutig nach L_2 auflösbar. Auf Seite 253 gilt dann

$$L_2 = (x-x_3)/(x_2-x_3) \qquad\qquad (9.29)$$

$y=\sigma(x)$ ist eine quadratische Parabel durch die Knoten 2,5,3. Gilt zusätzlich

$$y_5 = \tfrac{1}{2}(y_2+y_3) \qquad\qquad (9.30)$$

so entartet die Parabel zur Verbindungsgeraden der Knoten 2 und 3, an die ein gewöhnliches 6-Knotenelement (Abb.9.5, rechte Figur) angeschlossen werden kann. Vertauscht man x und y, so sieht man, daß die Dreieckseite 253 auch für $x_2=x_3$ ein Parabelstück ist.

9.6 Dreieckelemente mit gekrümmten Rändern 2

Die Koordinaten der Ecken des Dreiecks seien x_s,y_s (s=1,2,3). Wir definieren die x-Koordinaten der Seitenknoten durch (vgl. Abb.9.5 Ziffer 9.5)

$$x_4 = \tfrac{1}{2}(x_1 + x_2) \qquad x_5 = \tfrac{1}{2}(x_2 + x_3) \qquad x_6 = \tfrac{1}{2}(x_3 + x_1) \qquad (9.31)$$

mit den einschränkenden Bedingungen für x_1, x_2, x_3

$$x_1 \neq x_2 \qquad\qquad x_2 \neq x_3 \qquad\qquad x_3 \neq x_1 \qquad (9.32)$$

Denn ist z.B. $x_2 = x_3$, so ist $x_5 = x_2$ und die Knoten 2,5,3 liegen auf einer Geraden statt gekrümmten Kurve; Abb.9.6 linke Figur. Einsetzen von (9.31) in die mittlere Beziehung von (9.26) liefert - auch bei Ungültigkeit von (9.32) - unter Berücksichtigung von (9.27)

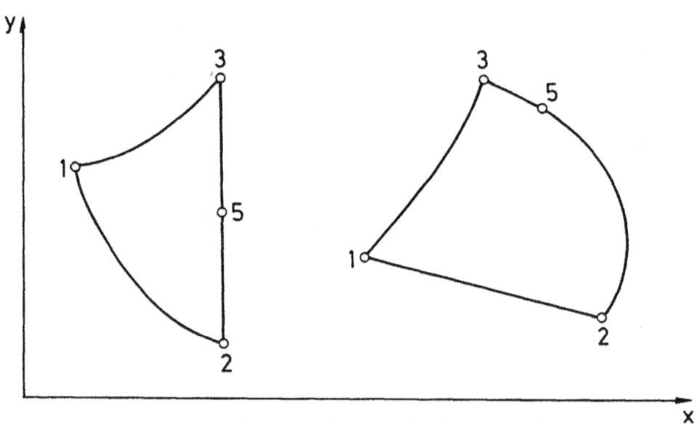

Abb. 9.6. Dreiecke mit Besonderheiten

$$x = L_1 x_1 + L_2 x_2 + L_3 x_3 \qquad\qquad (9.33)$$

d.h. die linke Beziehung von (8.19): Auch bei Dreiecken mit gekrümmten Rändern gilt der einfache Zusammenhang zwischen der globalen x-Koordinate und den lokalen Dreieckskoordinaten. Ist jeder Dreiecksrand als Kurve gegeben, so sind die y-Koordinaten y_4, y_5, y_6 der Seitenknoten 4,5,6 durch (9.31) festgelegt. Um numerische Probleme zu vermeiden, achte man darauf, daß Seitenknoten nicht wie in Abb.9.6 rechte Figur in der Nähe von Ecken liegen. Es sei nun

$$y_4 = \tfrac{1}{2}(y_1 + y_2) + \alpha \qquad y_5 = \tfrac{1}{2}(y_2 + y_3) + \beta \qquad y_6 = \tfrac{1}{2}(y_3 + y_1) + \gamma \qquad (9.34)$$

$\alpha = 0$: Dreieckseite 142 ist nicht gekrümmt

$\beta = 0$: Dreieckseite 253 ist nicht gekrümmt

$\gamma = 0$: Dreieckseite 361 ist nicht gekrümmt

Einsetzen von (9.34) in die rechte Beziehung von (9.26) gibt

$$y = L_1 y_1 + L_2 y_2 + L_3 y_3 + \alpha f_4 + \beta f_5 + \gamma f_6 \qquad (9.35)$$

vgl. (8.19), mittlere Beziehung. Wir schreiben (vgl. Abb.9.7)

$$X = L_1 \qquad\qquad Y = L_2 \qquad\qquad 1-X-Y = L_3$$

$$0 \le X \le 1 \qquad\qquad 0 \le Y \le 1-X \qquad\qquad (9.36)$$

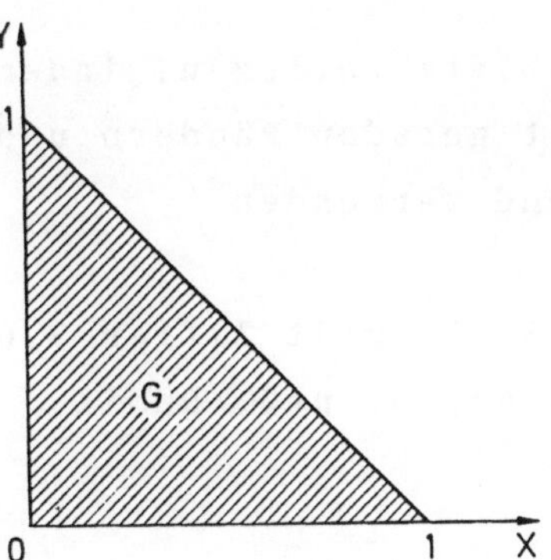

Abb. 9.7. Definitionsbereich G der Lokalvariablen X,Y

und erhalten aus (9.33),(9.35)

$$x = X x_1 + Y x_2 + (1-X-Y) x_3 \qquad (9.37)$$

$$y = X y_1 + Y y_2 + (1-X-Y) y_3 + \alpha f_4 + \beta f_5 + \gamma f_6$$

$$f_4 = 4XY \qquad f_5 = 4Y(1-X-Y) \qquad f_6 = 4X(1-X-Y) \qquad (9.38)$$

(9.37), (9.38) entsprechen (9.3) Ziffer 9.1, so daß wir wie dort angegeben fortfahren können. Insbesondere ist

$$x_X = x_1 - x_3 \qquad\qquad x_Y = x_2 - x_3 \qquad\qquad (9.39)$$

$$y_X = y_1 - y_3 + 4\alpha Y - 4\beta Y + 4\gamma(1-2X-Y)$$

$$y_Y = y_2 - y_3 + 4\alpha X + 4\beta(1-X-2Y) - 4\gamma X \qquad\qquad (9.40)$$

Die Jacobi-Determinante (9.8) Ziffer 9.1, d.h. $D = x_X y_Y - x_Y y_X$ ist also eine Linearfunktion $D(X,Y)$ von X und Y und nimmt damit ihren größten (kleinsten) Wert an einer Ecke des Definitionsbereichs G von X und Y (Abb.9.7) an. $D(X,Y)$ darf an keiner Stelle von G verschwinden. Also müssen $D(0,0)$, $D(0,1)$ und $D(1,0)$ gemeinsam positiv oder gemeinsam negativ sein.

9.7 Dreieckelemente mit einem gekrümmten Rand

Wir können krummrandig begrenzte ebene Gebiete zerlegen, indem wir im Innern 6-Knoten-Dreieckelemente mit geraden Rändern und randlich Elemente mit einem gekrümmten Rand verwenden.

Gekrümmt sei die Dreieckseite 253; Abb.9.8. Es gilt Ziffer 9.6, von (9.32) jedoch nur $x_2 \neq x_3$ und in (9.34) $\alpha=\gamma=0$, $\beta \neq 0$. Damit wird die Jacobi-Determinante $D=D(X,Y)$

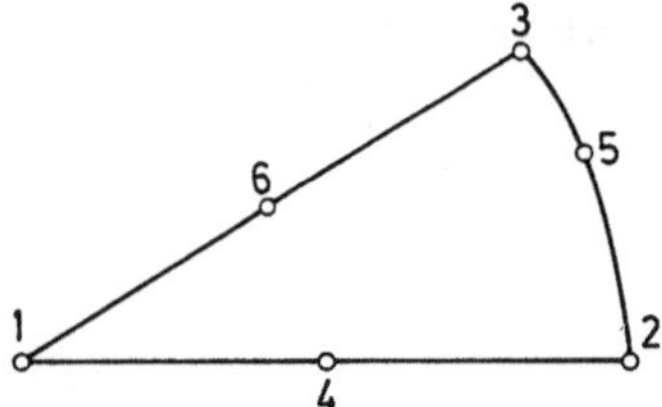

Abb. 9.8. Dreieck mit einem gekrümmten Rand

$$D = (x_1-x_3)[y_2-y_3+4\beta(1-X-2Y)] - (x_2-x_3)(y_1-y_3-4\beta Y) \qquad (9.41)$$

und D verschwindet nicht, wenn D_0, $D_0+4\beta(x_1-x_3)$, $D_0-4\beta(x_1-x_2)$ mit $D_0 = (x_1-x_3)(y_2-y_3) - (x_2-x_3)(y_1-y_3)$ gleiches Vorzeichen haben (Ziffer 9.6, letzter Absatz). Der Absolutbetrag von $\tfrac{1}{2}D_0$

ist der Inhalt des Dreieckelements, wenn auch die Dreieckseite 253 nicht gekrümmt ist ($\beta=0$). Also verschwindet D_0 nicht. Damit verschwindet D nicht, sofern β hinreichend betragsklein ist.

Ist bei einem Element $x_2=x_3$ wie in Abb.9.9, so muß man x und y vertauschen. Im Hinblick auf die zusätzliche Programmierarbeit sollte man auf solche Elemente verzichten.

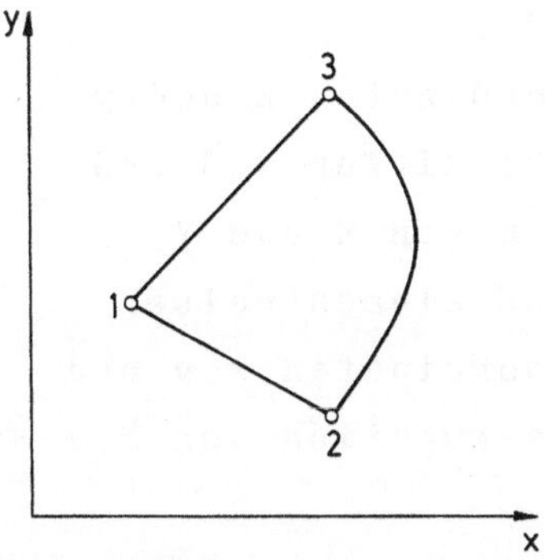

Abb. 9.9. Dreieck mit gleichen x-Koordinaten für Knoten 2,3

Beispiel

Das Dreieckelement ist eine Viertelkreisscheibe vom Radius 1, die Gleichung der gekrümmten Seite lautet $x^2+y^2=1$; Abb.9.10. Es ist $x_5=\tfrac{1}{2}$ und damit $y_5 = (1-\tfrac{1}{4})^{\tfrac{1}{2}} = \tfrac{1}{2}\sqrt{3}$. Nach (9.34) ist $y_5=\tfrac{1}{2}+\beta$, also $\beta = \tfrac{1}{2}(-1+\sqrt{3}) > 0$. Wegen $x_1-x_3=0$ ist $D = 1+4\beta Y$ nach (9.41). Da Y nicht negativ werden kann, verschwindet D nicht und ist überall positiv (Fortsetzung: Ziffer 9.8).

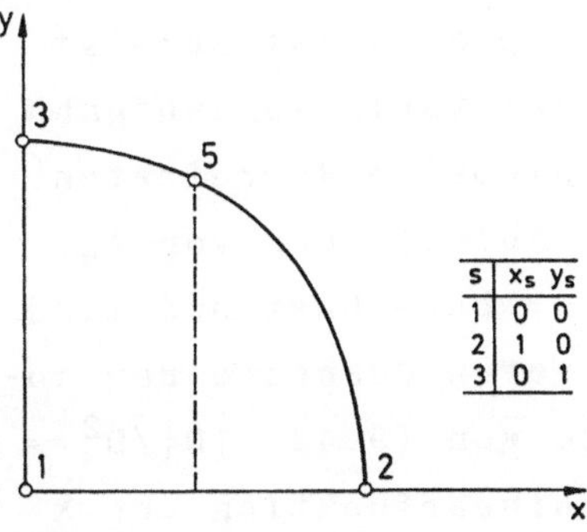

s	x_s	y_s
1	0	0
2	1	0
3	0	1

Abb. 9.10. Der rechte Rand des Elements 123 ist ein Viertelkreis vom Radius 1 und dem Mittelpunkt x = y = 0.

9.8 Integration über krummlinig berandete Dreiecke

Bei der Aufstellung der Knotengleichungen eines triangulier-
ten Gebiets treten Integrale über die Dreiecke von der Form
$\int_\Delta p\,dxdy$ auf, wobei der Integrand p höchstens folgende Größen enthält:

1. Formfunktionen f_s. Sie sind nach (9.27),(9.36) bekannte
   Funktionen der lokalen Koordinaten X und Y.
2. Ableitungen von f_s nach den globalen Koordinaten x und y.
   Diese Ableitungen sind nach (9.39),(9.40) Ziffer 9.6 und
   nach (9.5) Ziffer 9.1 bekannte Funktionen von X und Y.
3. Parameter der Variationsaufgabe. Sie sind elementweise
   konstant oder Funktionen der globalen Koordinaten x,y und
   können nach (9.37),(9.38) Ziffer 9.6 als Funktion von X,Y
   geschrieben werden.

Wir können also stets p als Funktion von X und Y ausdrücken:
p=p(X,Y). Weiter ist dxdy=|D|dXdY mit der Jacobi-Determinante
D. Sie folgt aus (9.39),(9.40) Ziffer 9.6 und ist für Elemente mit einem gekrümmten Rand durch (9.41) Ziffer 9.7 gegeben.
Damit haben wir, wenn wir noch (9.36) und Abb.9.7 von Ziffer
9.6 beachten,

$$\int_\Delta p\,dxdy = \int_0^1 \left(\int_0^{1-X} p(X,Y)\,|D|\,dY\right)dX \tag{9.42}$$

wobei D stets Linearform von X und Y ist. p(X,Y) ist zumeist
Polynom von X und Y, wenn die Parameter der Variationsaufgabe
elementweise konstant oder Polynome der globalen Koordinaten
x und y sind. Nun enthalte p(X,Y) jedoch Ableitungen von f_s.
Sie werden nach Ziffer 9.1 (9.5) bis (9.9) berechnet und sind
Quotienten mit D als Nenner.Gewöhnlich treten Quadrate der Ab-
leitungen auf, sodaß in der rechten Seite von (9.42) $|D|/D^2 =$
$1/|D|$ vorkommt, d.h. der Kehrwert einer Linearfunktion von X
und Y. Selbst dann ist exakte Integration von (9.42) einfach,
wenn der Integrand Q(X,Y)/D ist und Q Polynom von X und Y.

Gauß-Quadratur über dreieckige Bereiche. Hier ist $\iint F\, dr\, ds = \frac{1}{2} \sum w_i\, F(r_i, s_i)$

Zahl der Stützstellen	Genauigkeits-grad	Stützstellen	r-Koordinaten	s-Koordinaten	Gewichtsfaktoren
3	2		$r_1 = 0{,}16666\ 66666\ 667$ $r_2 = 0{,}66666\ 66666\ 667$ $r_3 = r_1$	$s_1 = r_1$ $s_2 = r_1$ $s_3 = r_2$	$w_1 = 0{,}33333\ 33333\ 333$ $w_2 = w_1$ $w_3 = w_1$
7	5		$r_1 = 0{,}10128\ 65073\ 235$ $r_2 = 0{,}79742\ 69853\ 531$ $r_3 = r_1$ $r_4 = 0{,}47014\ 20641\ 051$ $r_5 = r_4$ $r_6 = 0{,}05971\ 58717\ 898$ $r_7 = 0{,}33333\ 33333\ 333$	$s_1 = r_1$ $s_2 = r_1$ $s_3 = r_2$ $s_4 = r_6$ $s_5 = r_4$ $s_6 = r_4$ $s_7 = r_7$	$w_1 = 0{,}12593\ 91805\ 448$ $w_2 = w_1$ $w_3 = w_1$ $w_4 = 0{,}13239\ 41527\ 885$ $w_5 = w_4$ $w_6 = w_4$ $w_7 = 0{,}225$
13	7		$r_1 = 0{,}06513\ 01029\ 022$ $r_2 = 0{,}86973\ 97941\ 956$ $r_3 = r_1$ $r_4 = 0{,}31286\ 54960\ 049$ $r_5 = 0{,}63844\ 41885\ 698$ $r_6 = 0{,}04869\ 03154\ 253$ $r_7 = r_5$ $r_8 = r_4$ $r_9 = r_6$ $r_{10} = 0{,}26034\ 59660\ 790$ $r_{11} = 0{,}47930\ 80678\ 419$ $r_{12} = r_{10}$ $r_{13} = 0{,}33333\ 33333\ 333$	$s_1 = r_1$ $s_2 = r_1$ $s_3 = r_2$ $s_4 = r_6$ $s_5 = r_4$ $s_6 = r_5$ $s_7 = r_6$ $s_8 = r_5$ $s_9 = r_4$ $s_{10} = r_{10}$ $s_{11} = r_{10}$ $s_{12} = r_{11}$ $s_{13} = r_{13}$	$w_1 = 0{,}05334\ 72356\ 088$ $w_2 = w_1$ $w_3 = w_1$ $w_4 = 0{,}07711\ 37608\ 903$ $w_5 = w_4$ $w_6 = w_4$ $w_7 = w_4$ $w_8 = w_4$ $w_9 = w_4$ $w_{10} = 0{,}17561\ 52574\ 332$ $w_{11} = w_{10}$ $w_{12} = w_{10}$ $w_{13} = -0{,}14957\ 00444\ 677$

Man kann auch eine Gaußquadraturformel für Dreiecke aus der vorstehenden Tabelle nehmen.Sie ist aus Bathe (S.308); und es steht r für X, s für Y und F für p(X,Y)|D|. Allerdings ist keine Quadraturformel für Funktionen der Form Q(X,Y)/D exakt.

Beispiel

(Fortsetzung des Beispiels der Ziffer 9.7, letzter Absatz). Zu berechnen ist der Inhalt der Viertelkreisscheibe der Abb.9.10, wobei der Kreisbogen durch eine quadratische Parabel approximiert wird, die durch die Knoten 2, 5 und 3 des Dreiecks geht. Zu ermitteln ist also

$$\int_\Delta dxdy = \int_0^1 \left(\int_0^{1-X} |D| \, dY \right) dX \qquad \text{mit} \qquad D = 1 + 4\beta Y \qquad (9.43)$$

Integration von (9.43) ergibt $\frac{1}{2} + 2\beta/3 = 0.744$. Die Gaußformel mit drei Stützstellen der Tabelle auf S.253 liefert (D hängt nicht von X ab) denselben Wert:

$$\frac{1}{2}[(1 + 4\beta/6) + (1 + 4\beta/6) + (1 + 4\beta \cdot 2/3)]/3 = \frac{1}{2} + 2\beta/3$$

Tatsächlich ist der Inhalt $\frac{1}{4}\pi = 0.785$, der Fehler also 5%. Er ist bedingt durch die nur mäßig gute Approximation eines Viertelkreises durch eine quadratische Parabel.

9.9 Viereckelemente mit gekrümmten Rändern

Wir gehen aus von einem Quadrat mit seitenparallelem lokalen X,Y-Koordinatensystem (Abb.9.11) und 4 bis 9 Knoten:

$$-1 \leq X \leq +1 \qquad\qquad -1 \leq Y \leq +1 \qquad\qquad (9.44)$$

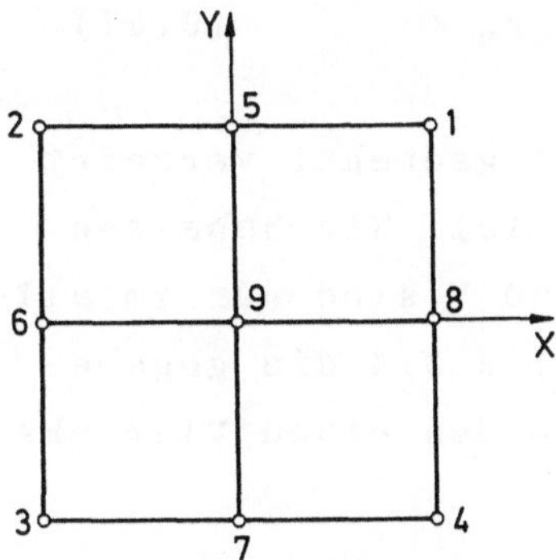

Abb. 9.11. Quadratisches Element mit neun Knoten

Knoten	X	Y	Knoten	X	Y	Knoten	X	Y
1	+1	+1	5	0	+1	9	0	0
2	-1	+1	6	-1	0			
3	-1	-1	7	0	-1			
4	+1	-1	8	+1	0			(9.45)

Die Formfunktion f_s ist 1 auf Knoten s und 0 auf allen anderen Knoten. Es gilt (Bathe, S.223):

$$\text{Nur zufügen, wenn Knoten i definiert ist:}$$

$$i=5 \qquad i=6 \qquad i=7 \qquad i=8 \qquad i=9$$

$$f_1 = \tfrac{1}{4}(1+X)(1+Y) \qquad -\tfrac{1}{2}f_5 \qquad\qquad\qquad\qquad -\tfrac{1}{2}f_8 \quad -\tfrac{1}{4}f_9$$

$$f_2 = \tfrac{1}{4}(1-X)(1+Y) \qquad -\tfrac{1}{2}f_5 \quad -\tfrac{1}{2}f_6 \qquad\qquad\qquad\qquad -\tfrac{1}{4}f_9$$

$$f_3 = \tfrac{1}{4}(1-X)(1-Y) \qquad\qquad\quad -\tfrac{1}{2}f_6 \quad -\tfrac{1}{2}f_7 \qquad\qquad -\tfrac{1}{4}f_9$$

$$f_4 = \tfrac{1}{4}(1+X)(1-Y) \qquad\qquad\qquad\qquad -\tfrac{1}{2}f_7 \quad -\tfrac{1}{2}f_8 \quad -\tfrac{1}{4}f_9$$

$$f_5 = \tfrac{1}{2}(1-X^2)(1+Y) \qquad\qquad\qquad\qquad\qquad\qquad\qquad -\tfrac{1}{2}f_9$$

$$f_6 = \tfrac{1}{2}(1-Y^2)(1-X) \qquad\qquad\qquad\qquad\qquad\qquad\qquad -\tfrac{1}{2}f_9$$

$$f_7 = \tfrac{1}{2}(1-X^2)(1-Y) \qquad\qquad\qquad\qquad\qquad\qquad\qquad -\tfrac{1}{2}f_9$$

$$f_8 = \tfrac{1}{2}(1-Y^2)(1+X) \qquad\qquad\qquad\qquad\qquad\qquad\qquad -\tfrac{1}{2}f_9$$

$$f_9 = (1-X^2)(1-Y^2) \tag{9.46}$$

Das Quadrat ist eingebettet in ein globales kartesisches x,y-Koordinatensystem mit den Koordinaten x_s,y_s des Knotens s. Es gilt

256

$$U = \Sigma_s f_s U_s \qquad x = \Sigma_s f_s x_s \qquad y = \Sigma_s f_s y_s \qquad (9.47)$$

Nun denken wir uns das Quadrat der Abb.9.11 gedreht, verzerrt und mit gekrümmten Rändern versehen (Abb.9.12). Wir behalten die Beziehungen (9.44) bis (9.47) bei. X und Y sind nun im allgemeinen gekrümmte Achsen und x_s, y_s mit s=1,2,3,4 die gegebenen kartesischen Koordinaten der Eck-Knoten des neuen Vierecks.

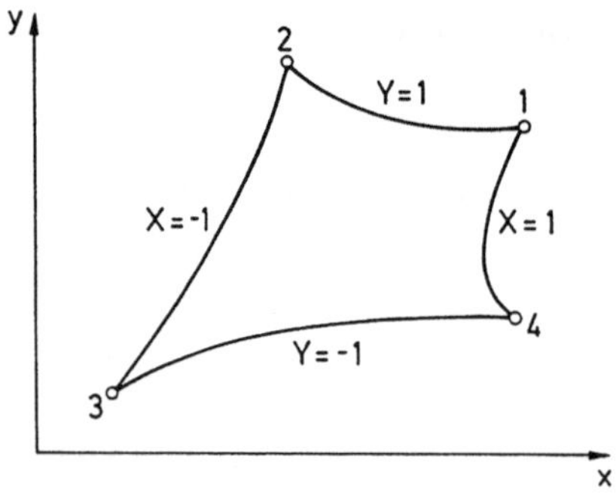

Abb. 9.12. Schiefwinkliges Viereck mit den Ecken 1 bis 4 und gekrümmten Rändern X=1, Y=1, X=-1, Y=-1

Im Folgenden verwenden wir nur 8-Knoten- oder 9-Knotenelemente und definieren die globalen x,y-Koordinaten der Seitenknoten 5 bis 8 durch

$$x_5 = \tfrac{1}{2}(x_1+x_2) \qquad\qquad y_5 = \tfrac{1}{2}(y_1+y_2) + \alpha$$

$$x_6 = \tfrac{1}{2}(x_2+x_3) + \beta \qquad y_6 = \tfrac{1}{2}(y_2+y_3)$$

$$x_7 = \tfrac{1}{2}(x_3+x_4) \qquad\qquad y_7 = \tfrac{1}{2}(y_3+y_4) + \gamma$$

$$x_8 = \tfrac{1}{2}(x_4+x_1) + \delta \qquad y_8 = \tfrac{1}{2}(y_4+y_1) \qquad (9.48)$$

Dabei berechnen wir zunächst x_5, y_6, x_7, y_8 und bestimmen dann $\alpha, \beta, \gamma, \delta$ so, daß die Globalkoordinaten x_s, y_s (s=5,6,7,8) der Seitenknoten 5 bis 8 auf dem Elementrand liegen. Dies ist immer möglich, wenn die Verbindungsgeraden der Knoten 1,2 und

der Knoten 3,4 nicht parallel der y-Achse verlaufen sowie die
Verbindungsgeraden 2,3 und 4,1 nicht parallel der x-Achse.
[Ist hingegen z.B. die Verbindungsgerade G der Knoten 1 und 2
parallel der y-Achse (Abb.9.13), so liegt der Punkt x_5,y_5 für
jedes y_5 auf G und definiert keinen gekrümmten Rand.] Ist $\alpha=0$,
so fällt Knoten 5 auf die Verbindungsgerade der Knoten 1,2 und
1,5,2 definiert einen geraden Rand. Entsprechendes gilt, wenn
β oder γ oder δ verschwindet.

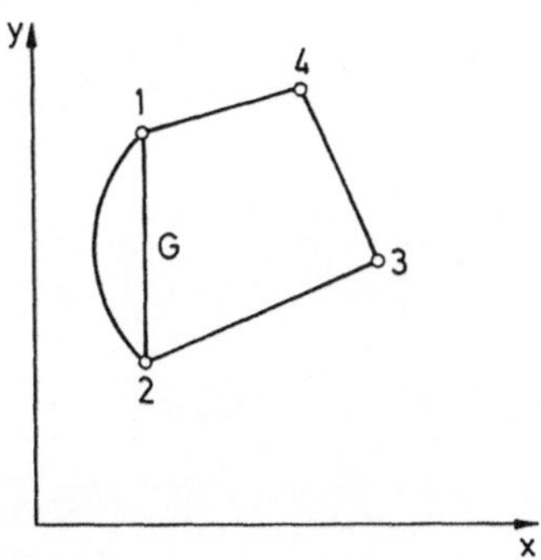

Abb. 9.13. Die Verbindungsgerade G der Knoten 1 und 2 verläuft parallel zur y-Achse

Setzt man (9.46) und (9.48) in (9.47) ein, so erhält man x und
y als Funktionen von X,Y. Die weitere Behandlung erfolgt nach
Ziffer 9.1. Es resultieren Integrale der Form $\int p(X,Y)dxdy$. We-
gen $dxdy=|D|dXdY$ resultiert mit der entsprechenden Determi-
nante D von Jacobi

$$\int_{-1}^{1} \int_{-1}^{1} p(X,Y)|D|dXdY.$$

Integrale dieser Art sind in Ziffer 9.4 gelöst. Obwohl das betrachtete Viereck windschief und krumm berandet ist, resultiert
durch die Transformation von x,y nach X,Y ein Doppelintegral,
dessen Integrationsvariablen X und Y beide von -1 bis +1 laufen
und das nach (8.16) Ziffer 8.4 analytisch oder numerisch ermit-

telt werden kann. [Analoge Verhältnisse liegen beim krummrandigen Dreieckelement vor, nur wird dort auf dem Halbquadrat $0 \leq Y \leq 1-X$, $0 \leq X \leq 1$ integriert.]

Krumm berandete Gebiete kann man gewöhnlich in Quadrate teilen, deren Kanten parallel zum globalen x,y-Koordinatensystem laufen. Am Rand benutzt man Quadrate mit zum Teil gekrümmten Rändern, wie sie z.B. in Abb.9.14 durch ein Eck-Element angedeutet sind.

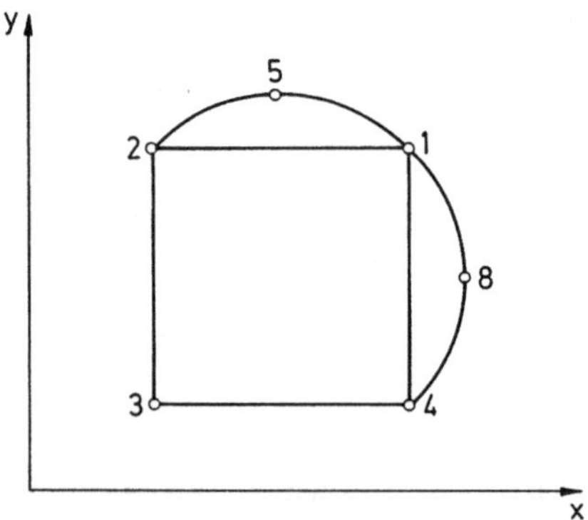

Abb. 9.14. Die Knoten 1 bis 4 können als Eckpunkte eines Quadrats (Rechtecks) aufgefaßt werden, dessen Seiten parallel zu den Achsen des kartesischen x,y-Koordinatensystems verlaufen.

9.10 Vergleich der praktischen Eigenschaften der Elemente

Am einfachsten zu handhaben sind das 3-Knoten-Dreieckelement und das (rechteckige oder windschiefe) 4-Knoten-Viereckelement, das wohl im allgemeinen vorgezogen wird. Ist eine höhere Genauigkeit gefordert, so kommen das 6-Knoten-Dreieckelement oder das (rechteckige oder windschiefe) 8/9-Knotenviereckelement (9.44) bis (9.48) mit $\alpha=\beta=\gamma=\delta=0$ in Frage. Ist der Rand des Grundgebiets der Variationsaufgabe gekrümmt, so ist das Dreieck weniger rechenaufwendig, der mathematische Apparat etwas übersichtlicher und eine Erfassung komplexer

Ränder einfacher. Letztlich ist es jedoch eine persönliche
Entscheidung, ob man Dreiecke oder Vierecke vorzieht.

Bei dreidimensionalen Bereichen wird man wohl fast stets den
rechtwinkligen oder windschiefen Block dem weniger anschauli-
chen Tetraeder vorziehen. Mit dem windschiefen 8-Knotenblock
hat man ein einfaches, effizientes Element.Es bürgt für tech-
nische Genauigkeit, wenn man keine unangemessen großen Blöcke
wählt.

9.11 Die Biharmonische und andere Gleichungen vierter Ordnung

Gleichungen vierter Ordnung und die dazugehörigen Variationsprobleme treten überwiegend in der Strukturmechanik auf, werden aber dort im Regelfall umgangen und spielen deshalb nur
noch eine untergeordnete Rolle. Stets lassen sich Gleichungen
von höherer als zweiter Ordnung auf ein System von Gleichungen
erster oder zweiter Ordnung zurückführen und mit den besprochenen Elementen behandeln. Als Beispiel betrachten wir die
<u>Biharmonische</u>

$$u_{xxxx} + 2u_{xxyy} + u_{yyyy} = 0 \qquad (9.49)$$

die - siehe unten - bei Strömungsvorgängen eine gewisse Rolle
spielt. Wir ersetzen sie durch

$$u_{xx}+u_{yy}=v \qquad\qquad v_{xx}+v_{yy}=0 \qquad (9.50)$$

mit der neuen Unbekannten v. Gewöhnlich sind auf dem Rand des
Definitionsbereichs u,u_x,u_y vorgegeben. Also löst man zunächst
die Gleichung $v_{xx}+v_{yy}=0$ mit den gegebenen Randwerten $v_{Rand} =$
$(u_{x,Rand})_x + (u_{y,Rand})_y$. Man erhält v als Funktion von x und y,
$v=v(x,y)$. Dann löst man $u_{xx}+u_{yy}=v(x,y)$ mit den gegebenen Randwerten u_{Rand}. (9.50) entspricht damit nach Ziffer 7.12 den Variationsaufgaben

$$\int [(v_x)^2 + (v_y)^2]\,dxdy = \text{Min}, \qquad \int [2vu + (u_x)^2 + (u_y)^2]\,dxdy = \text{Min}$$

$$(9.51)$$

Sind $u_{x,Rand}$ und $u_{y,Rand}$ nicht analytisch, sondern numerisch gegeben, so kann man im allgemeinen v_{Rand} nur zum Teil berechnen und muß mit einer Anfangsnäherung beginnen, das System (9.51) lösen, mit den so erhaltenen u-Werten die Ableitungen von u_x nach x (von u_y nach y) am Rand verbessern und erneut in (9.51) eingehen.

Ein anderes Verfahren besteht darin, die Biharmonische und andere Gleichungen vierter Ordnung direkt in die zugehörige Variationsaufgabe zu überführen (Ziffer 7.10 Punkt 4) und dann finite Elemente zu verwenden, bei denen auf dem Knoten s nicht nur die Lösung U_s, sondern auch die Ableitungen von U nach x und y gegeben sind. Einzelheiten: Marsal S.481-485. Prinzip: nächste Ziffer.

Beim langsamen Strömen einer Flüssigkeit hoher und konstanter Zähigkeit gilt für die Stromfunktion u (es sind $-u_y$ und u_x die Geschwindigkeitskomponenten)

$$\int [4(u_{xy})^2 + (u_{xx})^2 + (u_{yy})^2 - 2u_{xx}u_{yy}]\,dxdy = \text{Min} \qquad (9.52)$$

Dies entspricht nach Ziffer 7.10 Punkt 4 der biharmonischen Differentialgleichung (9.49), zu der nach dem Beispiel von Ziffer 7.10 Punkt 4 wiederum die Variationsaufgabe $\int F dxdy = \text{Min}$ mit $F = (u_{xx})^2 + 2(u_{xy})^2 + (u_{yy})^2$ gehört.

9.12 Intervallelemente mit stetiger erster Ableitung. Die Variationsaufgabe der gewöhnlichen Differentialgleichung vierter Ordnung

Zu dem Randwertproblem

$$a + bu - (cu_x)_x + (eu_{xx})_{xx} = 0 \qquad \alpha \leq x \leq \beta \qquad (9.53)$$

mit $u(\alpha)$, $u'(\alpha)$, $u(\beta)$, $u'(\beta)$ gegeben ($u'=du/dx$) gehört das Variationsproblem (a,b,c,e sind fest oder ortsabhängig)

$$\int_\alpha^\beta [2au + bu^2 + c(u_x)^2 + e(u_{xx})^2]dx \qquad (9.54)$$

(Ziffer 7.11). Als Element wählen wir ein Intervall mit den Knoten an den Intervallenden:

$$x_1 \leq x \leq x_2 \qquad \text{Knoten 1: } x=x_1 \qquad \text{Knoten 2: } x=x_2 \qquad (9.55)$$

Am Intervallende sind U und $V=dU/dx$ entweder gegeben ($x=\alpha, x=\beta$) oder gesucht ($\alpha<x<\beta$). In jedem Fall sind bei gegebenem Problem U und $V=dU/dx$ auf den Knoten feste Zahlen. Der Ansatz lautet (U_s bzw. V_s ist U bzw. dU/dx auf dem Knoten s):

$$U = f_1U_1 + f_2U_2 + g_1V_1 + g_2V_2 \qquad (9.56)$$

Damit ist für $s=1,2$

$$dU/dx = \sum_s(df_s/dx)U_s + \sum_s(dg_s/dx)V_s$$

$$d^2U/dx^2 = \sum_s(d^2f_s/dx^2)U_s + \sum_s(d^2g_s/dx^2)V_s \qquad (9.57)$$

Lokale Koordinate ist

$$X = (x-x_1)/\Delta x \qquad 0 \leq X \leq 1 \qquad \Delta x = x_2-x_1 \qquad (9.58)$$

262

Für die Formfunktionen gilt

$$f_1 = 1-f_2 \qquad\qquad f_2 = X^2(3-2X)$$

$$g_1 = X(1-X)^2\Delta x \qquad\qquad g_2 = X^2(X-1)\Delta x \qquad\qquad (9.59)$$

U und dU/dx sind stetig im gesamten Intervall $\alpha \leq x \leq \beta$.

Ableitung von (9.59): Für $U\equiv 1$ muß $U_1=U_2=1$ und $V_1=V_2=0$ sein, also nach (9.56) $f_1+f_2\equiv 1$. Schreiben wir $f_2(X)$ usw., um die Abhängigkeit von X anzudeuten, so muß gelten

$$f_2(0) = 0 \qquad f_2(1) = 1 \qquad df_2(0)/dx = 0 \qquad df_2(1)/dx = 0$$
$$(9.60)$$

Dies sind vier Bedingungen für f_2, weswegen wir f_2 als kubisches Polynom $a+bX+cX^2+dX^3$ ansetzen. Die erste Bedingung von (9.60) liefert a=0, die dritte b=0, die zweite c+d=1, die vierte 2c+3d=0 und damit c=3 sowie d=-2. Für g_1 und g_2 gilt

$$g_1(0) = 0 \qquad g_1(1) = 0 \qquad dg_1(0)/dx = 1 \qquad dg_1(1)/dx = 0$$

$$g_2(0) = 0 \qquad g_2(1) = 0 \qquad dg_2(0)/dx = 0 \qquad dg_2(1)/dx = 1$$
$$(9.61)$$

Damit sind g_1 und g_2 als kubische Polynome ansetzbar und dann durch (9.59) festgelegt.

9.13 Literatur

[1]   Bathe, K.J.:

       Finite-Elemente-Methoden. 820 Seiten, Springer
       Berlin Heidelberg New York Tokyo 1986

[2]   Marsal, D,:

       Die numerische Lösung partieller Differential-
       gleichungen in Wissenschaft und Technik. 574
       Seiten. Bibliographisches Institut B.I.-Wissen-
       schaftsverlag Mannheim Wien Zürich 1976

10 Gemischte Randbedingungen. Der Galerkin-Prozeß.

10.1 Einleitung

Die vorstehenden Kapitel haben gezeigt, daß die erste Randwertaufgabe - die Lösung des Variationsproblems ist auf dem
Rand gegeben - in einheitlicher, übersichtlicher und elegan-
ter Weise lösbar ist, und zwar sowohl für Ränder unterschiedlicher Gestalt als auch mit Elementen unterschiedlicher Eigenschaften.

Es treten dabei nur Integrale über Intervalle oder mehrdimensionale Bereiche mit einfachen Integrationsgrenzen auf, und
diese Integrale sind nach einem einheitlichen Schema in einfacher, wenn auch rechenaufwendiger Weise lösbar. Lassen wir
allgemeinere Randbedingungen zu, so treten gewöhnlich zusätzlich Linien- oder Oberflächenintegrale auf, und das Problem
nimmt die Form $\int_G F dG + \int_\Gamma R d\Gamma = Min$ an, wobei Γ G berandet.

10.2 Die Normalableitung

Vom Raumpunkt P(x,y,z) gehe der Einheitsvektor n mit den Rich-
tungscosinus-Werten cos α, cos β, cos γ aus (Abb.10.1). Punkt
P' auf n habe die Koordinaten x+t·cosα, y+t·cosβ, z+t·cosγ.
Dann ist die Ableitung der Funktion u(x,y,z) in P Richtung n

$$\partial u/\partial n = \lim_{P'\to P}[u(P')-u(P)]/P'P = (\partial u/\partial t)_{t=0}$$

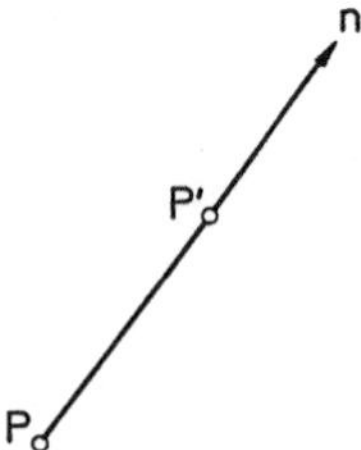

Abb. 10.1. Zur Bildung der Ableitung in Richtung des Einheitsvektors n mit der Normalableitung als Sonderfall

also

$$\partial u/\partial n = u_x \cos \alpha + u_y \cos \beta + u_z \cos \gamma \qquad (10.1)$$

Sind α,β,γ die Richtungswinkel der - nach außen gerichteten - Normale der Fläche u = const im Punkt P, so stellt (10.1) die Gleichung der Normalableitung in P dar.

Nun sei in der x,y-Ebene β der Winkel von n mit der positiven x-Achse und $\tfrac{1}{2}\pi-\beta$ der Winkel von n mit der positiven y-Achse. Dann ist wegen $\cos(\tfrac{1}{2}\pi-\beta) = \sin \beta$

$$\partial u/\partial n = u_x \cos \beta + u_y \sin \beta \qquad (10.2)$$

Ist überdies n die Normale, so gilt nach Ziffer 7.10 Punkt 3 und insbesondere nach der zweiten Gleichung von (7.24c) für die <u>Normalableitung</u> (s ist die Bogenlänge)

$$\partial u/\partial n = (dy/ds)u_x - (dx/ds)u_y \qquad (10.3)$$

10.3 Natürliche Randbedingungen. Verschwinden der Normalableitung auf dem Rand

Der Variationsaufgabe $\int_G FdG = $ Min entspricht eine Eulersche Differentialgleichung, wenn die Lösung am Rande bekannt ist oder dort gewisse Nebenbedingungen (natürliche Randbedingungen) erfüllt; Ziffer 7.4. Betrachtet sei das Problem

$$\int_G F(x,y,u,u_x,u_y)\,dxdy = \text{Min} \qquad\qquad (10.4a)$$

mit der natürlichen Randbedingung

$$(\partial F/\partial u_x)(dy/ds) - (\partial F/\partial u_y)(dx/ds) = 0 \qquad\qquad (10.4b)$$

auf dem Rand C von G (Ziffer 7.10 Punkt 3; s= Bogenlänge). Ist

$$F = 2a(x,y)u + b(x,y)u^2 + c(x,y)[(u_x)^2 + (u_y)^2] \qquad (10.5a)$$

so lautet die zugehörige Eulersche Gleichung

$$a + bu = (cu_x)_x + (cu_y)_y \qquad\qquad (10.5b)$$

und die Variationsaufgabe zu (10.5a) löst (10.5b), wenn (a) u
auf C gegeben ist, oder (b) auf C die Normalableitung $\partial u/\partial n$
verschwindet, oder (c) u auf dem Teilrand C_1 von C gegeben ist
und die Normalableitung auf dem Teilrand $C_2 = C - C_1$ verschwindet.
Denn es ist $\partial F/\partial u_x = 2cu_x$ und $\partial F/\partial u_y = 2cu_y$ und folglich die
natürliche Randbedingung $u_x(dy/ds) - u_y(dx/ds) = 0$, was nach
(10.3) identisch mit $\partial u/\partial n = 0$ ist.

Dasselbe gilt für die Gleichung $a + bu = (cu_x)_x + (cu_y)_y + (cu_z)_z$.

Ist $\partial u/\partial n = 0$ auf einem Randknoten r, so ist U_r nicht gegeben
sondern gesucht, und für die Unbekannte U_r muß eine Gleichung
aufgestellt werden - in derselben Weise wie Beziehungen für
Innenknoten.

10.4 Gemischte Randbedingungen für Gleichungen
   mit zwei Ortsvariablen

Der Rand C des ebenen Gebiets G der Variationsaufgabe bestehe
aus endlich vielen glatten Bögen, sei also z.B. ein geschlos-

sener Polygonzug oder·stückweise aus Parabelbögen aufgebaut. Auf C sei eine Funktion R der Lösung u des Problems und der Bogenlänge s gegeben, und R sei auf jedem Bogen stetig differenzierbar nach u. Dann bleibt die Eulersche Differentialgleichung

$$\partial F/\partial u = \partial(\partial F/\partial u_x)/\partial x + \partial(\partial F/\partial u_y)\partial y$$

zu (10.4a) erhalten, wenn wir auf der linken Seite von (10.4a) das Linienintegral $\int_C R(s,u)ds$ addieren und auf der linken Seite der natürlichen Randbedingung (10.4b) die Ableitung $\partial R/\partial u$.

Dies führt zu ziemlich allgemeinen gemischten Randbedingungen. Betrachten wir z.B. die Variationsaufgabe

$$\int_G (2au+bu^2+c(u_x)^2+e(u_y)^2)dxdy + \int_C (2qu+\alpha u^2)ds = Min \qquad (10.6a)$$

in der alle Koeffizienten von x und y abhängen können. Dazu gehört auf G die Eulersche Gleichung

$$a + bu = (cu_x)_x + (eu_y)_y \qquad\qquad (10.6b)$$

mit der Randbedingung auf C - man beachte (7.24c), d.h.

$$cos\ \beta = dy/ds \qquad\qquad sin\ \beta = -dx/ds$$

wobei β der Winkel der positiven x-Achse mit der Normalen von C ist -

$$cu_x cos\beta + eu_y sin\beta + q + \alpha u = 0 \qquad\qquad (10.6c)$$

Ist überdies c≡e, so gilt nach (10.2) auf C die klassische Randbedingung

$$-c(\partial u/\partial n) = q + \alpha u \qquad\qquad (10.6d)$$

Ersetzen wir im Linienintegral von (10.6a) den <u>Konvektions-</u>
<u>term</u> αu^2 durch den allgemeineren $2\alpha f(u)$, so erhalten wir die
Randbedingung

$$-c(\partial u/\partial n) = q + \alpha f'(u) \qquad (10.6e)$$

10.5 Durchführung der Lösung für gemischte Randbedingungen

Um das Variarionsproblem

$$I = \int_G FdG + \int_C R(s,u)ds = Min \qquad (10.7)$$

mit finiten Elementen $E_1, E_2, \ldots, E_n$ zu lösen, gehen wir wie in
Ziffer 7.5 und 7.6 vor und erhalten zunächst $(i=1,2,3,\ldots,n)$

$$I = \Sigma_i \int_{Ei} FdG + \Sigma_i \int_{Ci} R(s,u)ds \qquad (10.8)$$

Wir ersetzen u auch in $R(s,u)$ durch $U=\Sigma_s f_{is} U_s$. Es ist U_s der
U-Wert im Element E_i auf dem Knoten s, hingegen s in $R(s,u)$
die Bogenlänge. Es seien p U_r-Werte unbekannt. Wir bilden die
Ableitung von (10.8) nach U_r $(r=1,2,3,\ldots,p)$ und erhalten damit unter anderem Terme der Form (sie verschwinden, wenn U_r
nicht in $U=\Sigma_s f_{is} U_s$ vorkommt)

$$\partial(\int_{Ci} R(s,U)ds)/\partial U_r$$

Beispiel

$$R = 2q_i u + \alpha_i u^2$$

$$\partial R/\partial u = 2q_i + 2\alpha_i u$$

$$\partial R/\partial U_r = 2f_{ir}(q_i+\alpha_i U) \qquad [U_r \text{ kommt in } \Sigma_s f_{is} U_s \text{ vor}]$$

$$\tfrac{1}{2}\partial(\textstyle\int_{Ci} R\,ds)/\partial U_r = \int_{Ci} q_i f_{ir}\,ds + \Sigma_s U_s \int_{Ci} \alpha_i f_{ir} f_{is}\,ds$$

Schließlich müssen die zuletzt erhaltenen Linienintegrale berechnet werden. Blicken wir in Richtung des Umlaufsinns von C, so muß G stets linker Hand liegen. Dabei spielt es keine Rolle, ob C Außen- oder ein Innenrand von G ist. (Diese Regel ergibt sich, wenn man aus der Variationsaufgabe die natürliche Randbedingung ableitet - vgl. Werke über Variationsrechnung oder Marsal S.423 und 474.)

Nun sei C_i ein glattes Randstück und $y=g(x)$ zwischen x_1 und x_2 die Gleichung von C_i. Wandert man auf C_i von x_1 nach x_2, so liege G linker Hand. Der Integrand des Linienintegrals über C_i ist gewöhnlich Funktion von u,x,y. Man ersetze nun y durch g(x) und ds durch $[1 + [g'(x)]^2]^{\frac{1}{2}}dx$ - dieses folgt aus $(ds)^2=(dx)^2+(dy)^2$ - und integriere mit der unteren Grenze x_1 und der oberen x_2. Besteht C_i aus mehreren glatten,in Ecken aneinander stoßenden Randstücken, so teilt man das Linienintegral entsprechend auf, verfährt bei jedem wie oben und addiert die Linienintegrale schließlich. Ist die Gleichung von C_i nicht $y=g(x)$ sondern $x=g(y)$, so vertausche man x und y.

In jedem Fall resultiert ein gewöhnliches Integral über ein Intervall der x- oder y-Achse, das wie mehrfach beschrieben numerisch gelöst werden kann. Ist das Randstück C_i nicht gekrümmt, so kann es einfacher sein, bei der Berechnung des Linienintegrals nicht den Umweg über die kartesischen x,y-Koordinaten zu wählen.

<u>Bemerkung</u>: In (10.8) ist C_i ein zu C gehörender Randteil von E_i. Hat E_i keinen Teilrand mit C gemeinsam, so tritt das entsprechende Linienintegral in (10.8) nicht auf.

10.6 Gemischte Randbedingungen für Gleichungen mit drei Ortsvariablen

Der Rand S des dreidimensionalen Gebiets G bestehe aus endlich vielen glatten Stücken. P sei ein Punkt von S. α, β, γ seien die Winkel zwischen der nach außen gerichteten Normalen von S und den positiven Richtungen der x,y,z-Achse. $\int_S R(P,u)dS$ sei das Oberflächenintegral über eine Funktion R, die auf jeder glatten Teilfläche von S stetig nach u differenzierbar ist. R darf auf jeder glatten Teilfläche von S identisch verschwinden. Zu der Variationsaufgabe

$$\int_G F(x,y,z,u,u_x,u_y,u_z)dxdydz + \int_S R(P,u)dS = \text{Min} \qquad (10.9a)$$

gehört die natürliche Randbedingung

$$(\partial F/\partial u_x)\cos\alpha + (\partial F/\partial u_y)\cos\beta + (\partial F/\partial u_z)\cos\gamma + \partial R/\partial u = 0 \qquad (10.9b)$$

Damit kann man im Verein mit (10.1) Ziffer 10.2 analog wie in der Ebene vorgehen. Nützlich ist dabei folgende Formel: Es sei z=f(x,y) die Gleichung einer glatten Oberfläche S mit der Projektion B auf die x,y-Ebene. Dann ist

$$\int_S R(x,y,z,u)dS = \int_B R(x,y,f(x,y),u)[1+(z_x)^2+(z_y)^2]^{\frac{1}{2}}dxdy \qquad (10.10)$$

10.7 Die Berücksichtigung einfacher Nebenbedingungen

Zuweilen muß man Nebenbedingungen einbauen, die im eigentlichen Variationsproblem nicht enthalten sind. Sie führen dazu, daß zwischen unbekannten oder teils bekannten, teils unbekannten U_r-Werten zusätzliche algebraische Beziehungen bestehen. Sie zerstören gewöhnlich die Symmetrie der Koeffizientenmatrix.

1. Ein 6-Knoten-Dreieckelement und ein 3-Knoten-Dreieckele-
ment haben die Seite S mit den Eck-Knoten 1 und 2 gemeinsam.
Auf S soll U an keiner Stelle beim Übergang vom einen auf das
andere Element springen. Wir wählen als Zusatzbedingung für
den Knoten 4 des 6-Knotenelements (4 liegt auf der Seitenmit-
te zwischen 1 und 2)

$$U_4 = \tfrac{1}{2}(U_1 + U_2) \qquad\qquad (10.11)$$

U ist auf S eine Gerade, die beiden Elementen angehört.

2. Berechnung der Normalableitung. Auf einem geraden oder gekrümmten, zwischen zwei aufeinander folgenden Eck-Knoten lie-
gendem Randstück eines finiten Elements ist die Normalableitung zu berechnen. Man bestimme nach Ziffer 9.1 die Ableitungen U_x und U_y als Funktion der lokalen Koordinaten X,Y (X,Y,Z)
und beachte, daß auf einem Randstück mindestens eine der lokalen Koordinaten einen festen Wert hat. Schließlich berechne
man im Punkt P des Randstücks die Richtungswinkel der Normalen
und wende (10.1) bzw. (10.2) an. Man erhält die Normalableitung als Funktion der Lokalkoordinaten.

Beispiel

Das finite Element E sei ein 3-Knoten-Dreieckelement; die Normalableitung sei zu berechnen auf der Seite S zwischen Knoten
1 und 2. $U=L_1U_1+L_2U_2+L_3U_3$ hängt linear von x und y ab. Also
ist nach (10.2) $\partial u/\partial n$ konstant auf S. Soll die Normalableitung eine vorgegebene Funktion g(u) von u sein, so muß g(u)=c
(c fest) also auch U=const auf S sein, d.h. $U_1=U_2$. In diesem
Fall ist $U=(L_1+L_2)U_1+L_3U_3$ und damit wegen $L_1+L_2=1-L_3$

$$U = U_1 + L_3(U_3-U_1) \qquad\qquad (10.12)$$

also $U=U_1$ auf S, da dort L_3 verschwindet. Aus (10.2), (10.12)
folgt

$$\partial u/\partial n = [(\partial L_3/\partial x)\cos\beta + (\partial L_3/\partial y)\sin\beta](U_3-U_1) \qquad (10.13)$$

Eliminiert man U_3-U_1 aus (10.12), (10.13), so erhält man U auf E als Funktion von U_1.

Ist E ein 6-Knotenelement, so ist U quadratisches Polynom von x und y und die Normalableitung damit Linearfunktion der Dreieckskoordinaten.

Die Berechnung der Normalableitung ist insbesondere dann wichtig, wenn zwei finite Elemente eine Seite S gemeinsam haben, auf der beide Normalableitungen gleich sein sollen oder auf der ihre Differenz einen bestimmten Wert besitzt.

10.8   Der Galerkin-Prozeß

Die bisherigen Ansätze versagen, wenn die zum Differentialgleichungsproblem gehörende Variationsaufgabe unbekannt ist. In diesem Fall können wir zum Beispiel den Galerkin-Prozeß anwenden.

Zu lösen sei die Differentialgleichung $L[u]\equiv 0$ auf dem Definitionsbereich B. Ist U eine Näherung von u, so wird im allgemeinen $L[U]$ nicht identisch auf B verschwinden. Wir gehen im wesentlichen wie in Ziffer 7.5 vor, unterteilen B in m finite Elemente E_i, setzen mit den Formfunktionen f_{is} die Näherung $U = \sum_s f_{is}U_s$ und bestimmen die Unbekannten U_s so, daß

$$\sum_{i=1,m} \int_{Ei} L[U] f_{ir} dB = 0 \qquad (10.14)$$

für jeden Knoten r gilt, auf dem U_r unbekannt ist. Dieser Ansatz führt (vgl. z.B. [1] S.489) zumindest für $L[u] = -A_0 - A_1 u + (A_2 u_x)_x + (A_3 u_y)_y + (A_4 u_z)_z$ mit ortsabhängigen A-Koeffizienten auf die Lösung des zugehörigen Variationsproblems, behandelt nach der Ritz-Variante der finiten Element-Methode. Also dürfen wir auch bei allgemeineren Problemen auf Brauchbarkeit des Galerkin-Prozesses hoffen.

Ist L[u]≡0 eine Gleichung erster Ordnung wie $u_x - u_y = 0$, so ist (10.14) ohne Weiteres anwendbar (Stabilitätsfragen sind ausgeklammert). Ist L[u] von zweiter Ordnung, so müssen zweite Ableitungen von $U = \sum_s f_{is} U_s$ gebildet werden. Ist f_{is} Linearfunktion der Ortskoordinaten, so verschwinden U_{xx}, U_{yy} usw. identisch. Also müssen die Formfaktoren f zumindest quadratische Funktionen sein. Dies vermeiden wir, wenn wir in den Integralen $\int_{Ei} L[u] f_{ir} dB$ die Ordnung von L[u] durch partielle Integration um 1 erniedrigen und dann u durch U ersetzen.

Die partielle Integration ist elementar, wenn L[u]≡0 eine gewöhnliche Differentialgleichung ist und B ein Intervall. Ist B ein drei- bzw. zweidimensionaler Bereich, so muß man zur Erniedrigung der Ordnung die Integralformel von Gauß - sie verwandelt ein Volumen- in ein Oberflächenintegral - benutzen bzw. eine entsprechende zweidimensionale Formel verwenden; s. z.B. [1] (852),(853) S.495 und [1] (854),(855) S.496.

Ist das System $L_1[u,v] \equiv 0$, $L_2[u,v] \equiv 0$ zu lösen, so schreibt man (10.14) für L_1 sowie L_2 an und führt neben U als Näherung von u noch $V = \sum_s f_{is} V_s$ als Näherung von v ein.

10.9 Lineare und nichtlineare parabolische, hyperbolische und gemischte Gleichungen und nichtlineare elliptische Probleme

Es sei L[u]≡0 eine elliptische Differentialgleichung mit Koeffizienten, die Funktionen der Ortskoordinaten sind. Die zu L[u]≡0 gehörende Variationsaufgabe sei bekannt, das Problem also mit Hilfe der Ritz-Variante der finiten Element-Methode nach Ziffer 7.5 und 7.6 lösbar. Nun sei L[u] erweitert zu L[u]+ $+\lambda u_t$ bzw. L[u]+μu_{tt} bzw. L[u]+λu_t+μu_{tt}, wobei die Koeffizienten von L noch zusätzlich explizit die Zeit t als unabhängige Veränderliche enthalten können. Wir führen neben U und seinen Ortsableitungen - vgl. Ziffer 7.5 Gleichungen (7.6); der Elementindex sei im Folgenden weggelassen - noch

$$U_t = \Sigma_s f_s(U_s)_t \qquad\qquad U_{tt} = \Sigma_s f_s(U_s)_{tt}$$

$$(U_s)_t = \partial U_s/\partial U_t \qquad\qquad (U_s)_{tt} = \partial^2 U_s/\partial t^2 \qquad\qquad (10.15)$$

ein und behandeln dann $L[u]+\lambda u_t$ bzw. die entsprechenden Ausdrücke mit u_{tt} nach den Ziffern 7.5 und 7.6 ohne über die Zeit t zu integrieren. Damit treten in F_r (vgl. Ziffer 7.6) noch zusätzlich Summen

$$\Sigma_s(U_s)_t \int_E \lambda f_r f_s dB \qquad\text{und/oder}\qquad \Sigma_s(U_s)_{tt} \int_E \mu f_r f_s dB \qquad (10.16)$$

auf. Folglich resultiert als Gesamtsystem nicht wie bislang ein lineares algebraisches Gleichungssystem sondern ein System von linearen Differentialgleichungen. Es hat im allgemeinsten Fall (weder λ noch μ verschwinden identisch) die Form - es sei U_s zum betrachteten Zeitpunkt auf p Knoten unbekannt -

$$\Sigma_{s=1,p}[a_{rs}U_s + b_{rs}(U_s)_t + c_{rs}(U_s)_{tt}] = d_r$$

$$r = 1,2,3,\ldots,p \qquad\qquad\qquad (10.17)$$

Die Koeffizienten hängen höchstens von t ab. Im parabolischen Fall (alle c_{rs} verschwinden) sind als Anfangsbedingungen die Werte von U_s zum Zeitpunkt t=0 vorzugeben, anderenfalls noch zusätzlich die Werte von $(U_s)_t$. Das System (10.17) lösen wir in der nächsten Ziffer durch einen Galerkin-Prozeß.

Nun mögen die Koeffizienten von L[u] nicht nur von den Ortskoordinaten und der Zeit, sondern auch noch von u und ihren ersten Ortsableitungen abhängen (<u>nichtlinearer Fall</u>). Dann setzen wir, wenn wir U zum Zeitpunkt t_{n+1} berechnen, in die Koeffizienten die Werte von t,U,U_x,U_y,U_z für $t=t_n$ ein und erhalten so auf dem Intervall $t_n \leq t \leq t_{n+1}$ ein System (10.17) mit festen Koeffizienten.

Ist L[u]=0 eine nichtlineare elliptische Gleichung, so wenden wir den Galerkin-Prozeß an oder lösen (allerdings rechenzeitaufwendiger) die parabolische Gleichung $L[u]+\lambda u_t \equiv 0$ mit den zeitunabhängigen Randbedingungen, die zum elliptischen Problem gehören. Gewöhnlich strebt u_t für $t\to\infty$ gegen Null und die Lösung des parabolischen Problems gegen die Lösung des elliptischen. Zur numerischen Behandlung lehne man sich an die Ziffer 3.14 an.

10.10 Systeme gewöhnlicher Differentialgleichungen

Zu lösen sei das System (10.17) auf dem Intervall E: $t_n \le t \le t_{n+1}$ mit festen Koeffizienten. Wir benötigen nur das eine Intervall E und wenden Ziffer 7.7 bzw. Ziffer 9.12 mit t statt x und m=1 auf (10.14),(10.17) an. Da U zum Zeitpunkt t_n bekannt ist, wird der Galerkin-Prozeß nur für den Zeitknoten von t_{n+1} benutzt, wenn wir für E ein 2-Knotenelement wählen. Aus (10.17) resultiert dann ein System von p linearen algebraischen Gleichungen mit p Unbekannten U_s. Man beachte, daß hier in den Ziffern 10.9 und 10.10 n der Zeitindex ist, in Ziffer 7.5 hingegen die Anzahl der Knoten je Element.

10.11 Literatur

[1] Ziffer 9.13 [2]

Fortran 77 Programme

```fortran
      PROGRAM Eindimensional implizit
C         Name: implizit.f77
          COMMON /hauptprg/ U(0:21,0:100),QU(20,0:100)
          PARAMETER (CWERT=1.)
C
C         Eingabe
C
          WRITE(*,5)
5         FORMAT(1X,'1:Dirichl 2:gemischt 3:Newton 4:Strahlg'/1X)
          READ(*,'(I1)') NUM
          IF (NUM.EQ.1) GOTO 7
          WRITE(*,6)
6         FORMAT(1X,'Eingabe BETA, GAMMA oder ALPHA, V'/1X)
          READ(*,'(E9.3,1X,E9.3)') A1, A2
7         WRITE(*,10)
10        FORMAT(1X,'Eingabe von h, delta-t, m, n-max'/1X)
          READ(*,'(2(E9.3,1X),2(I3,1X))') H, DT, M, NM
C
C         Anfangswerte
C
          DO 20 I=1,M
20            U(I,0)=EXP(-H*REAL(I))
C
C         Randwerte
C
          DO 30 N=0,NM
              U(0,N)=EXP(DT*REAL(N))
30            U(M+1,N)=EXP(-H*REAL(M+1)+DT*REAL(N))
C
C         Q-Quellenwerte
C
          DO 40 I=1,M
          DO 40 N=0,NM
40            QU(I,N)=0.
C
          CALL SUBPRG1(CWERT,NUM,A1,A2,H,DT,M,NM)
C
C         Ausgabe
C
          DO 90 N=1,NM
          DO 90 I=1,M
90            WRITE(*,'(5X,I3,2X,I3,2X,E12.6)') N, I, U(I,N)
          STOP
          END
```

```fortran
      SUBROUTINE SUBPRG1(CWERT,NUM,A1,A2,H,DT,M,NM)
C     Name: subprg1.f77
C     Unterprogramm von implizit.f77
C
      PARAMETER (K=20)
      REAL A(K),B(K),C(K),D(K),R(K),Q(K)
      COMMON /hauptprg/ U(0:21,0:100),QU(20,0:100)
C
      CO=DT/CWERT
      C1=CO/(H*H)
      DO 50 I=1,M
         A(I)=-C1
         B(I)=1+2*C1
50       C(I)=A(I)
C
C     Beginn der Zeitschleife
C
      N=0
100   DO 60 I=1,M
60       D(I)=U(I,N)+CO*QU(I,N+1)
C
C     Beruecksichtigung der Randbedingungen
C
      D(1)=D(1)+C1*U(0,N+1)
      GO TO (1, 2, 3, 4), NUM
1     D(M)=D(M)+C1*U(M+1,N+1)
      GOTO 9
2     BETA=A1
      GAMMA=A2
      GOTO 8
3     BETA=A1
      GAMMA=A1*A2
      GOTO 8
4     BETA=A1*(U(M,N))**3
      GAMMA=A1*A2**4
8     A(M)=-2*C1
      B(M)=1+2*C1+2*H*BETA*C1
      D(M)=D(M)+2*H*GAMMA*C1
C
C     Tridia
C
9     R(1)=C(1)/B(1)
      Q(1)=D(1)/B(1)
      DO 70 L=2,M
         P=B(L)-A(L)*R(L-1)
         R(L)=C(L)/P
70       Q(L)=(D(L)-A(L)*Q(L-1))/P
      U(M,N+1)=Q(M)
      DO 80 L=M-1,1,-1
80       U(L,N+1)=Q(L)-R(L)*U(L+1,N+1)
C
      N=N+1
      IF(N .LT. NM) GOTO 100
      RETURN
      END
```

```fortran
      PROGRAM Crank Nicolson eindimensional
C        Name: cranknic.f77
         COMMON U(0:21,0:100),A(20),B(20),C(20),D(20),R(20),Q(20),
     1           QU(20,0:100),GAMMA(0:100)
C        Eingabe
         PARAMETER (CWERT=1.)
         WRITE(*,5)
5        FORMAT(1X,'1:Dirichletsche 2:Neumannsche Rd.bedg.'/1X)
         READ(*,'(I1)') NUM
         WRITE(*,10)
10       FORMAT(1X,'Eingabe von h, delta-t, m, n-max'/1X)
         READ(*,'(2(E9.3,1X),2(I3,1X))') H, DT, M, NM
C        Anfangswerte
         DO 20 I=1,M
20          U(I,0)=EXP(H*REAL(I))
C        Randwerte, gamma
         DO 30 N=0,NM
            U(0,N)=EXP(DT*REAL(N))
            U(M+1,N)=EXP(H*REAL(M+1)+DT*REAL(N))
30          GAMMA(N)=EXP(H*REAL(M)+0.5*H+DT*REAL(N))
C        Q-Quellenwerte
         DO 40 I=1,M
         DO 40 N=0,NM
40          QU(I,N)=0.
C        Beginn der Rechnung
         C0=DT/CWERT
         C1=C0/(H*H)
         DO 50 I=1,M
            A(I)=-0.5*C1
            B(I)=1+C1
50          C(I)=A(I)
C        Beginn der Zeitschleife
         N=0
100      IF (NUM.EQ.2) U(M+1,N)=U(M,N)+H*GAMMA(N)
         DO 60 I=1,M
            D(I)=U(I,N)+0.5*C1*(U(I-1,N)-2*U(I,N)+U(I+1,N))
60          D(I)=D(I)+0.5*C0*(QU(I,N)+QU(I,N+1))
         D(1)=D(1)+0.5*C1*U(0,N+1)
         IF (NUM.EQ.1) THEN
            D(M)=D(M)+0.5*C1*U(M+1,N+1)
         ELSE
            D(M)=D(M)+0.5*C1*H*GAMMA(N+1)
            B(M)=1+C1-0.5*C1
         END IF
C        Tridia
         R(1)=C(1)/B(1)
         Q(1)=D(1)/B(1)
         DO 70 L=2,M
            P=B(L)-A(L)*R(L-1)
            R(L)=C(L)/P
70          Q(L)=(D(L)-A(L)*Q(L-1))/P
         U(M,N+1)=Q(M)
         DO 80 L=M-1,1,-1
80          U(L,N+1)=Q(L)-R(L)*U(L+1,N+1)
C        Uebergang zu neuem Zeitpunkt
         N=N+1
         IF(N .LT. NM) GOTO 100
C        Ausgabe
         DO 90 N=1,NM
         DO 90 I=1,M
90          WRITE(*,'(5X,I3,2X,I3,2X,E12.6)') N, I, U(I,N)
         STOP
         END
```

```fortran
      PROGRAM ADIP zweidimensional auf Rechtecken
C        Name: adipr.f77
         PARAMETER (CW=2.,IM=7,JM=8,NM=10)
         REAL U(0:IM,0:JM),V(0:IM,0:JM),QU(IM,JM,0:NM),K
         COMMON /hauptprg/ U,V,QU
C
C        Initialisierung der Quellterme
C
         DO 10 N=0,NM
         DO 10 I=1,IM-1
         DO 10 J=1,JM-1
10          QU(I,J,N)=0.
C
C        Eingabe
C
         WRITE(*,20)
20       FORMAT(1X,'Eingabe von h, k, delta-t'/1X)
         READ(*,'(3(E9.3,1X))') H, K, DT
C
C        Anfangswerte
C
         DO 30 I=1,IM-1
         DO 30 J=1,JM-1
30          U(I,J)=EXP(H*REAL(I)+K*REAL(J))
C
C        Beginn der Zeitschleife
C
         N=0
100      CONTINUE
C
C        Randwerte des ersten Halbschritts
C
         DO 40 I=0,IM
            U(I,0)=EXP(H*REAL(I)+DT*REAL(N))
40          U(I,JM)=EXP(H*REAL(I)+K*REAL(JM)+DT*REAL(N))
         DO 50 J=0,JM
            V(0,J)=EXP(K*REAL(J)+DT*REAL(N)+DT*0.5)
50          V(IM,J)=EXP(H*REAL(IM)+K*REAL(J)+DT*REAL(N)+DT*0.5)
C
         CALL SUBPRG2(CW,IM,JM,NM,H,K,DT)
C
C        Ausgabe U(I,J)      (J-te Zeile, beginnend mit JM-1)
C
         WRITE(*,'(I3)') N+1
         DO 70 J=JM-1,1,-1
60          FORMAT(1X,6E11.3)
70          WRITE(*,60) (U(I,J), I=1,IM-1)
         N=N+1
         IF(N.LT.NM) GOTO 100
         STOP
         END
```

```fortran
      SUBROUTINE SUBPRG2(CW,IM,JM,NM,H,K,DT)
C     Name: subprg2.f77
C     Unterprogramm von adipr.f77
      PARAMETER (M=IM+JM)
      REAL U(0:IM,0:JM),V(0:IM,0:JM),QU(IM,JM,0:NM),K,
     1     A(M),B(M),C(M),D(M),Q(M),R(M)
      COMMON /hauptprg/ U,V,QU
C
C     ADIP in x-Richtung: Berechnung der V(I,J)
C
      CH=2.*H*H*CW/DT
      DO 20 J=1,JM-1
      DO 10 I=1,IM-1
         A(I)=-1.
         B(I)=2.+CH
         C(I)=-1.
         D(I)=CH*U(I,J)+(U(I,J-1)-2.*U(I,J)+U(I,J+1))*H*H/K/K
10       D(I)=D(I)+0.5*H*H*(QU(I,J,N)+QU(I,J,N+1))
      D(1)=D(1)+V(0,J)
      D(IM-1)=D(IM-1)+V(IM,J)
      R(1)=C(1)/B(1)
      Q(1)=D(1)/B(1)
      DO 1 L=2,IM-1
         P=B(L)-A(L)*R(L-1)
         R(L)=C(L)/P
1        Q(L)=(D(L)-A(L)*Q(L-1))/P
      V(IM-1,J)=Q(IM-1)
      DO 2 L=IM-2,1,-1
2        V(L,J)=Q(L)-R(L)*V(L+1,J)
20    CONTINUE
C
C     ADIP in y-Richtung: Berechnung der neuen U-Werte + Rand
C
      DO 30 I=0,IM
         U(I,0)=U(I,0)*EXP(DT)
30       U(I,JM)=U(I,JM)*EXP(DT)
      CK=2.*K*K*CW/DT
      DO 50 I=1,IM-1
      DO 40 J=1,JM-1
         A(J)=-1.
         B(J)=2.+CK
         C(J)=-1.
         D(J)=CK*V(I,J)+(V(I-1,J)-2.*V(I,J)+V(I+1,J))*K*K/H/H
40       D(J)=D(J)+K*K*QU(I,J,N+1)
      D(1)=D(1)+U(I,0)
      D(JM-1)=D(JM-1)+U(I,JM)
      R(1)=C(1)/B(1)
      Q(1)=D(1)/B(1)
      DO 3 L=2,JM-1
         P=B(L)-A(L)*R(L-1)
         R(L)=C(L)/P
3        Q(L)=(D(L)-A(L)*Q(L-1))/P
      U(I,JM-1)=Q(JM-1)
      DO 4 L=JM-2,1,-1
4        U(I,L)=Q(L)-R(L)*U(I,L+1)
50    CONTINUE
      RETURN
      END
```

```fortran
PROGRAM Poisson direkt auf Rechtecken
C       Name: poisson1.f77
        PARAMETER (IM=3,JM=3,M=IM*JM,I1M=IM+1,J1M=JM+1)
        REAL V(2,0:I1M),W(2,0:J1M),A(M,M),B(M),U(M)
        INTEGER R,S
C
C       Eingabe
C
        WRITE(*,10)
10      FORMAT(1X,'Eingabe der Maschenweite h'/1X)
        READ(*,'(E9.3)') H
C
C       Randwerte
C
        DO 20 I=0,IM+1
           V(1,I)=0.5*(H*REAL(I))**2
20         V(2,I)=0.5*(H*REAL(I+JM+1))**2
        DO 30 J=0,JM+1
           W(1,J)=0.5*(H*REAL(J))**2
30         W(2,J)=0.5*(H*REAL(IM+1+J))**2
C
C       Initialisierung der Koeffizientenmatrix
C
        DO 35 K=1,M
        DO 35 L=1,M
35         A(K,L)=0.
C
        CALL PMAT(IM,JM,M,I1M,J1M,H,V,W,A,B)
C
C       Ausdrucken der Matrix und rechten Seite (nur IM=JM=3)
C
        DO 93 K=1,M
94      FORMAT(1X,10F4.0)
93      WRITE(*,94) (A(K,L), L=1,M), B(K)
C
C       Bandmatrizen-Algorithmus
C
        R=I1M
        S=I1M
        DO 1 L=2,M
        DO 1 I=L,MIN(M,L+S-1)
           C=A(I,L-1)/A(L-1,L-1)
              DO 2 J=L,MIN(M,L+R-1)
2                A(I,J)=A(I,J)-C*A(L-1,J)
1          B(I)=B(I)-C*B(L-1)
        U(M)=B(M)/A(M,M)
        DO 4 I=M-1,1,-1
           U(I)=B(I)
              DO 3 J=MIN(M,I+R),I+1,-1
3                U(I)=U(I)-A(I,J)*U(J)
4          U(I)=U(I)/A(I,I)
C
C       Ausgabe   K,   U(K)
C
        DO 50 K=1,M
40         FORMAT(1X,I3,1X,E12.6)
           WRITE(*,40) K, U(K)
50      CONTINUE
        STOP
        END
```

```fortran
      SUBROUTINE PMAT(IM,JM,M,I1M,J1M,H,V,W,A,B)
C     Name:pmat.f77  /  Unterprogramm von poisson1.f77
C     Aufbau der Koeffizientenmatrix und rechten Seite
      REAL V(2,0:I1M),W(2,0:J1M),A(M,M),B(M)
      DO 1 I=1,IM
      DO 1 J=1,JM
         K=I+(J-1)*IM
         A(K,K)=-20.
1        B(K)=6.*H*H*2.
      DO 2 I=2,IM-1
      DO 2 J=2,JM-1
         K=I+(J-1)*IM
         A(K,K-1)=4.
         A(K,K+1)=4.
         A(K,K-IM)=4.
         A(K,K+IM)=4.
         A(K,K-IM-1)=1.
         A(K,K-IM+1)=1.
         A(K,K+IM-1)=1.
2        A(K,K+IM+1)=1.
      DO 3 J=2,JM-1
        K=1+(J-1)*IM
         A(K,K-IM)=4.
         A(K,K+IM)=4.
         A(K,K+1)=4.
         A(K,K-IM+1)=1.
         A(K,K+IM+1)=1.
         B(K)=B(K)-4.*W(1,J)-W(1,J-1)-W(1,J+1)
        K=IM+(J-1)*IM
         A(K,K-IM)=4.
         A(K,K+IM)=4.
         A(K,K-1)=4.
         A(K,K-IM-1)=1.
         A(K,K+IM-1)=1.
3        B(K)=B(K)-4.*W(2,J)-W(2,J-1)-W(2,J+1)
      DO 4 I=2,IM-1
        K=I
         A(K,K-1)=4.
         A(K,K+1)=4.
         A(K,K+IM)=4.
         A(K,K+IM-1)=1.
         A(K,K+IM+1)=1.
         B(K)=B(K)-4.*V(1,I)-V(1,I-1)-V(1,I+1)
        K=I+(JM-1)*IM
         A(K,K-1)=4.
         A(K,K+1)=4.
         A(K,K-IM)=4.
         A(K,K-IM-1)=1.
         A(K,K-IM+1)=1.
4        B(K)=B(K)-4.*V(2,I)-V(2,I-1)-V(2,I+1)
```

```
 K=1
A(1,2)=4.
A(1,IM+1)=4.
A(1,IM+2)=1.
D=-4.*V(1,1)-4.*W(1,1)-V(1,0)-V(1,2)-W(1,2)
B(1)=B(1)+D
 K=IM
A(K,K-1)=4.
A(K,K+IM)=4.
A(K,K+IM-1)=1.
D=-4.*V(1,K)-4.*W(2,1)-V(1,K-1)-V(1,K+1)-W(2,2)
B(K)=B(K)+D
 K=1+(JM-1)*IM
A(K,K+1)=4.
A(K,K-IM)=4.
A(K,K-IM+1)=1.
D=-4.*V(2,1)-4.*W(1,JM)-V(2,0)-V(2,2)-W(1,JM-1)
B(K)=B(K)+D
 K=M
A(M,M-1)=4.
A(M,M-IM)=4.
A(M,M-IM-1)=1.
D=-4.*W(2,JM)-4.*V(2,IM)-W(2,JM-1)-W(2,J1M)-V(2,IM-1)
B(K)=B(K)+D
END
```

```fortran
PROGRAM Poisson multigrid auf Rechtecken
C        Name: multigrid.f77
         REAL K,U(70,70),F(70,70),UNEU(70,70)
         INTEGER I,J,P,Q
         PARAMETER (ITTMAX=5)
C        Initialisierung
         DO 5 I=1,70
         DO 5 J=1,70
         U(I,J)=0.
         UNEU(I,J)=0.
5        F(I,J)=0.
C        Eingabe
         WRITE(*,10)
10       FORMAT(1X,'Rechteckseitenlaengen, ITE'/1X)
         READ(*,'(E9.3,1X,E9.3,1X,I3)') H, K, ITE
C        Start
         P=2
         Q=1
         ITT=1
100      CONTINUE
C        Festsetzung der Gitterkonstanten
         P=2*P-1
         H=0.5*H
         K=0.5*K
         C=1/(H*H)
         D=1/(K*K)
C        Umbenennung
         DO 15 I=2,P-1
         DO 15 J=2,P-1
15       U(I,J)=UNEU(I,J)
C        Randwerte
         DO 20 I=1,P
            U(I,1)=0.
20          U(I,P)=0.
         DO 30 J=1,P
            U(1,J)=0.
30          U(P,J)=0.
200      CONTINUE
C        Interpolation auf geraden Indexpaaren
         IF (P .EQ. 3) THEN
            F(2,2)=-1.
            U(2,2)=0.5*(C*(U(1,2)+U(3,2))+D*(U(2,1)+U(2,3)))
            U(2,2)=(U(2,2)-0.5*F(2,2))/(C+D)
         ELSE
           DO 40 I=2,P-1,2
           DO 40 J=2,P-1,2
             F(I,J)=-1.
              IF (Q .EQ. 1) THEN
         U(I,J)=0.25*(U(I-1,J+1)+U(I+1,J+1)+U(I+1,J-1)+U(I-1,J-1))
             U(I,J)=U(I,J)-0.5*F(I,J)/(C+D)
              ELSE
         U(I,J)=0.5*(C*(U(I-1,J)+U(I+1,J))+D*(U(I,J-1)+U(I,J+1)))
             U(I,J)=(U(I,J)-0.5*F(I,J))/(C+D)
              END IF
40       CONTINUE
```

```fortran
         Q=Q+1
      END IF
       IF (P .EQ. 3) GOTO 80
C     Interpolation auf Indexpaaren gerade/ungerade
      DO 50 I=3,P-2,2
      DO 50 J=2,P-1,2
         F(I,J)=-1.
       U(I,J)=0.5*(C*(U(I-1,J)+U(I+1,J))+D*(U(I,J-1)+U(I,J+1)))
50       U(I,J)=(U(I,J)-0.5*F(I,J))/(C+D)
      DO 60 I=2,P-1,2
      DO 60 J=3,P-2,2
         F(I,J)=-1.
       U(I,J)=0.5*(C*(U(I-1,J)+U(I+1,J))+D*(U(I,J-1)+U(I,J+1)))
60       U(I,J)=(U(I,J)-0.5*F(I,J))/(C+D)
      IF (Q .LT. 6) GOTO 200
      Q=1
C     Verbesserung der interpolierten Werte durch Iteration
      DO 80 IT=1,ITE
        DO 70 I=2,P-1
        DO 70 J=2,P-1
         F(I,J)=-1.
       U(I,J)=0.5*(C*(U(I-1,J)+U(I+1,J))+D*(U(I,J-1)+U(I,J+1)))
70       U(I,J)=(U(I,J)-0.5*F(I,J))/(C+D)
80    CONTINUE
      WRITE(*,'(1X,E11.5)') U((P+1)/2,(P+1)/2)
      IF (ITT .EQ. ITTMAX) STOP
C     Neu-Indizierung der bekannten U-Werte auf neues Gitter
      DO 90 I=2,P-1
      DO 90 J=2,P-1
90    UNEU(2*I-1,2*J-1)=U(I,J)
      ITT=ITT+1
      GOTO 100
      END
```

```fortran
      PROGRAM selbstadjungierte Gleichung
C         Name: adjung.f77
          PARAMETER (IM=3,JM=3,NM=5,ALPHA=0.1,ITM=3,
     1         UNENDL=1.00E+08,IM1=IM+1,JM1=JM+1,M=IM+JM)
          REAL U(0:IM1,0:JM1),V(0:IM1,0:JM1),W(0:IM1,0:JM1),
     1         AU(0:IM1,0:JM1),BU(0:IM1,0:JM1),CU(0:IM1,0:JM1),
     1         QU(0:IM1,0:JM1),A(M),B(M),C(M),D(M),Q(M),R(M),
     1         DX(IM),DY(JM),SP(IM,JM),SM(IM,JM),TP(IM,JM),
     1         TM(IM,JM)
          INTEGER IA(JM),IE(JM),JA(IM),JE(IM)
C
C         Zeitstartwert
C
          BETA=1.
C
C         Initialisierung
C
          DX(0)=1.
          DY(0)=1.
          DX(IM1)=1.
          DY(JM1)=1.
          DO 5 I=0,IM1
          DO 5 J=0,JM1
          AU(I,J)=0.
          BU(I,J)=0.
          CU(I,J)=0.
          QU(I,J)=0.
5         U(I,J)=0.
C
C         Festlegung der Blockabmessungen
C
          DO 10 I=1,IM
          WRITE(*,6)
6         FORMAT(1X,'Eingabe von DX(I)'/1X)
          WRITE(*,'(1X,I3)') I
10        READ(*,'(1X,E9.3)') DX(I)
          DO 15 J=1,JM
          WRITE(*,7)
7         FORMAT(1X,'Eingabe von DY(J)'/1X)
          WRITE(*,'(1X,I3)') J
15        READ(*,'(1X,E9.3)') DY(J)
C
C         Festlegung der Streifen
C
          DO 20 I=1,IM
          WRITE(*,8)
8         FORMAT(1X,'Eingabe von JA(I) und JE(I)'/1X)
          WRITE(*,'(1X,I3)') I
20        READ(*,'(1X,I3,1X,I3)') JA(I), JE(I)
          DO 25 J=1,JM
          WRITE(*,9)
9         FORMAT(1X,'Eingabe von IA(J) und IE(J)'/1X)
          WRITE(*,'(1X,I3)') J
25        READ(*,'(1X,I3,1X,I3)') IA(J), IE(J)
```

```fortran
C
C      U auf dem Rand (Teilen des Randes) gegeben
C
35     FORMAT(1X,'u-Randwert: Eingabe i,j,u'/1X)
       WRITE(*,35)
       READ(*,'(I3,1X,I3,1X,E11.4)') I, J, U(I,J)
       AU(I,J)=UNENDL
       BU(I,J)=UNENDL
       IF (I.EQ.0 .AND. J.EQ.0) GOTO 40
       GOTO 35
40     CONTINUE
C
C      Die Parameter der Differentialgleichung
C
       DO 45 I=1,IM
       DO 45 J=JA(I),JE(I)
       AU(I,J)=1.
       BU(I,J)=1.
       CU(I,J)=0.
45     QU(I,J)=1.
C
C      Berechnung der Koeffizienten S
C
       DO 50 I=1,IM
       DO 50 J=1,JM
       IF (AU(I,J).EQ.0 .OR. AU(I+1,J).EQ.0) THEN
         SP(I,J)=0.
       ELSE
         SP(I,J)=2./DX(I)/(DX(I)/AU(I,J)+DX(I+1)/AU(I+1,J))
       END IF
       IF (AU(I,J).EQ.0 .OR. AU(I-1,J).EQ.0) THEN
         SM(I,J)=0.
       ELSE
         SM(I,J)=2./DX(I)/(DX(I)/AU(I,J)+DX(I-1)/AU(I-1,J))
       END IF
50     CONTINUE
C
C      Berechnung der Koeffizienten T
C
       DO 60 I=1,IM
       DO 60 J=1,JM
       IF (BU(I,J).EQ.0 .OR. BU(I,J+1).EQ.0) THEN
         TP(I,J)=0.
       ELSE
         TP(I,J)=2./DY(J)/(DY(J)/BU(I,J)+DY(J+1)/BU(I,J+1))
       END IF
       IF (BU(I,J).EQ.0 .OR. BU(I,J-1).EQ.0) THEN
         TM(I,J)=0.
       ELSE
         TM(I,J)=2./DY(J)/(DY(J)/BU(I,J)+DY(J-1)/BU(I,J-1))
       END IF
60     CONTINUE
```

```
C
C       Beginn der Zeitschleife
        N=0
1000    CONTINUE
C
C       Definition der 1.Iterierten W(I,J)=Ui,j;1
C
        DO 90 I=0,IM1
        DO 90 J=0,JM1
90      W(I,J)=U(I,J)
C
C       Beginn der Iteration
        IT=1
2000    CONTINUE
C
C       Douglas-Rachford in x,i-Richtung: Berechnung der V(I,J)
C
        DO 200 J=1,JM
        DO 210 I=IA(J),IE(J)
            A(I)=SM(I,J)
            B(I)=-SP(I,J)-SM(I,J)-0.5*CU(I,J)-BETA
            C(I)=SP(I,J)
        D(I)=-TP(I,J)*(W(I,J+1)-W(I,J))+TM(I,J)*(W(I,J)-W(I,J-1))
210     D(I)=D(I)+0.5*CU(I,J)*W(I,J)-BETA*U(I,J)-QU(I,J)
        I=IA(J)
        D(I)=D(I)-SM(I,J)*U(I-1,J)
        I=IE(J)
        D(I)=D(I)-SP(I,J)*U(I+1,J)
C
        I=IA(J)
        R(I)=C(I)/B(I)
        Q(I)=D(I)/B(I)
        DO 1 L=IA(J)+1,IE(J)
            P=B(L)-A(L)*R(L-1)
            R(L)=C(L)/P
1           Q(L)=(D(L)-A(L)*Q(L-1))/P
        I=IE(J)
        V(I,J)=Q(I)
        DO 2 L=IE(J)-1,IA(J),-1
2           V(L,J)=Q(L)-R(L)*V(L+1,J)
200     CONTINUE
```

```
C
C       Douglas-Rachford in y,j-Richtung: die Iterierte W
C
        DO 300 I=1,IM
        DO 310 J=JA(I),JE(I)
           A(J)=TM(I,J)
           B(J)=-TP(I,J)-TM(I,J)-0.5*CU(I,J)-BETA
           C(J)=TP(I,J)
          D(J)=-SP(I,J)*(V(I+1,J)-V(I,J))+SM(I,J)*(V(I,J)-V(I-1,J))
310     D(J)=D(J)+0.5*CU(I,J)*V(I,J)-BETA*U(I,J)-QU(I,J)
        J=JA(I)
        D(J)=D(J)-TM(I,J)*U(I,J-1)
        J=JE(I)
        D(J)=D(J)-TP(I,J)*U(I,J+1)
C
        J=JA(I)
        R(J)=C(J)/B(J)
        Q(J)=D(J)/B(J)
        DO 3 L=JA(I)+1,JE(I)
           P=B(L)-A(L)*R(L-1)
           R(L)=C(L)/P
3          Q(L)=(D(L)-A(L)*Q(L-1))/P
        J=JE(I)
        W(I,J)=Q(J)
        DO 4 L=JE(I)-1,JA(I),-1
4          W(I,L)=Q(L)-R(L)*W(I,L+1)
300     CONTINUE
C
C       Ausgabe W(I,J)
C       der jeweils J-ten Zeile, beginnend mit JM
C
        WRITE(*,'(I3,1X,I3)') N+1, IT
        DO 100 J=JM,1,-1
100     WRITE(*,'(1X,6E11.3)') (W(I,J), I=1,IM)
C
C       Umkehrpunkt der Iterationsschleife
C
        IT=IT+1
        IF (IT .LE. ITM) GOTO 2000
C
C       Umspeichern der Iterierten W auf U
C
        DO 110 I=0,IM1
        DO 110 J=0,JM1
110     U(I,J)=W(I,J)
C
C       Umkehrpunkt der Zeitschleife
C
        N=N+1
        BETA=BETA*ALPHA
        IF (N .LT. NM) GOTO 1000
        STOP
        END
```

```fortran
      PROGRAM zweidimensionale Wellengleichung
C        Name: welle.f77
         PARAMETER (IM=12,JM=IM+1,NM=0.5*IM)
         REAL U(0:IM,0:JM,0:NM),F(0:IM,0:JM,0:NM),W(0:IM,0:JM)
C
C        Eingabe
C
         WRITE(*,1)
1        FORMAT(1X,'Eingabe der Maschenweite h'/1X)
         READ(*,'(1X,E9.3)') H
C
C        Anfangswerte
C
         DO 2 I=0,IM
         DO 2 J=0,JM
         U(I,J,0)=EXP(H*REAL(I)+H*REAL(J))
2        W(I,J)=SQRT(2.)*U(I,J,0)
C
         DO 3 I=1,IM-1
         DO 3 J=1,JM-1
         DIFF=U(I+1,J,0)-U(I-1,J,0)+U(I,J+1,0)-U(I,J-1,0)
         F(I,J,0)=0.5*DIFF/H
         SUM=U(I+1,J,0)+U(I-1,J,0)+U(I,J+1,0)+U(I,J-1,0)
3        U(I,J,1)=0.25*SUM+H*W(I,J)+0.25*H*H*F(I,J,0)
C
C        Berechnung der U-Werte
C
         IA=2
         IE=IM-2
         JA=2
         JE=JM-2
         K=0
4        K=K+1
         DO 5 I=IA,IE
         DO 5 J=JA,JE
         DIFF=U(I+1,J,K)-U(I-1,J,K)+U(I,J+1,K)-U(I,J-1,K)
         F(I,J,K)=0.5*DIFF/H
         SUM=U(I+1,J,K)+U(I-1,J,K)+U(I,J+1,K)+U(I,J-1,K)
5        U(I,J,K+1)=0.5*SUM-U(I,J,K-1)+0.5*H*H*F(I,J,K)
         IA=IA+1
         IE=IE-1
         JA=JA+1
         JE=JE-1
         ID=IE-IA
         JD=JE-JA
         IF (ID.LT.0 .OR. JD.LT.0) THEN
           WRITE(*,'(I3)') K+1
           DO 6 J=JE+1,JA-1,-1
6          WRITE(*,'(1X,E11.4)') (U(I,J,K+1), I=IA-1,IE+1)
           STOP
         ELSE
           GOTO 4
         END IF
         END
```

```fortran
       PROGRAM Gleichung erster Ordnung explizit
C      Typ du/dt = -beta*dv/dx
C      Name: utvx.f77
       PARAMETER (IM=8,JM=12)
       REAL U(0:IM,0:JM),BETA(0:IM,0:JM),K
C
C      Eingabe
C
       WRITE(*,1)
1      FORMAT(1X,'Maschenweiten h, k'/1X)
       READ(*,'(1X,E9.3,1X,E9.3)') H, K
C
C      Anfangswerte
C
       DO 2 I=0,IM
2      U(I,0)=1.
C
C      Randwerte
C
       DO 3 J=1,JM
3      U(0,J)=0.
C
C      BETA
C
       DO 4 J=0,JM
       DO 4 I=0,IM
4      BETA(I,J)=1.
C
C      Berechnung und Ausgabe der U-Werte
C
       DO 5 J=0,JM-1
       DO 5 I=1,IM
       B=0.5*(BETA(I,J)+BETA(I-1,J))
       V1=U(I,J)*U(I,J)
       V2=U(I-1,J)*U(I-1,J)
5      U(I,J+1)=U(I,J)-(V1-V2)*B*K/H
       DO 6 J=0,JM
6      WRITE(*,'(1X,6E11.3)') (U(I,J), I=1,6)
       STOP
       END
```

```fortran
      PROGRAM Gleichungen erster Ordnung Lax Wendroff
C         Name: laxwf.f77
          PARAMETER (IM=8,JM=12,IMM=IM+1)
          REAL U(0:IMM,0:JM),V(0:IMM,0:JM),K
C
C         Eingabe
C
          WRITE(*,1)
1         FORMAT(1X,'Maschenweiten h, k'/1X)
          READ(*,'(1X,E9.3,1X,E9.3)') H, K
C
C         Anfangswerte
C
          DO 2 I=0,IM+1
2         U(I,0)=1.
C
C         Randwerte
C
          DO 3 J=1,JM
3         U(0,J)=0.
C
C         Berechnung und Ausgabe der U-Werte
C
          DO 4 J=0,JM-1
          DO 4 I=1,IM
             DO 5 II=I-1,I+1,1
5            V(II,J)=U(II,J)*U(II,J)
          U1=0.5*(U(I+1,J)+U(I,J))-0.5*(V(I+1,J)-V(I,J))*K/H
          U2=0.5*(U(I-1,J)+U(I,J))-0.5*(V(I,J)-V(I-1,J))*K/H
          V1=U1*U1
          V2=U2*U2
4         U(I,J+1)=U(I,J)-(K/H)*(V1-V2)
          DO 6 J=1,JM
6         WRITE(*,'(1X,6E11.3)') (U(I,J), I=1,6)
          STOP
          END
```

```fortran
      PROGRAM beliebiges 2D Grundgebiet mit SOR
C        NAME: gebiet.f77
         PARAMETER (IM=7,JM=7,NM=4,EPSILON=0.001)
         REAL U(IM,JM),Q(IM,JM),T(IM,JM),SUM(IM,JM),D(IM,JM),
     1        E(IM,JM,-1:1,-1:1),UALT(I,J),MAXERROR
         INTEGER F(IM,JM)
C
C        Eingabe
C
         WRITE(*,10)
10       FORMAT(1X,'Maschenweite, omega, p, Q, beta/dt'/1X)
         READ(*,'(5(E9.3,1X))') H, OM, P, Q0, BDT
C
C        Initialisierung
C
         DO 20 I=1,IM
         DO 20 J=1,JM
         U(I,J)=10.
         Q(I,J)=0.
         T(I,J)=1.
20       F(I,J)=1
C
         IMM=(IM+1)/2
         U(IMM,IMM)=0.
         F(IMM,IMM)=0
         Q(2,2)=Q0
         Q(IM-1,IM-1)=-Q0
C
         DO 25 I=1,IM
         U(I,1)=0.
         U(I,JM)=0.
         F(I,1)=0
25       F(I,JM)=0
         DO 30 J=1,JM
         U(1,J)=0.
         U(IM,J)=0.
         F(1,J)=0
30       F(IM,J)=0
C
C        Beginn der Zeitschleife
C
         N=0
C
C        *** U(I,J,N)=UALT(I,J) ***
C
35       DO 40 I=1,IM
         DO 40 J=1,JM
40       UALT(I,J)=U(I,J)
```

```fortran
C
C         Berechnung von E(I,J,IQ,JR), D(I,J)
C
          DO 60 I=1,IM
          DO 60 J=1,JM
          IF (F(I,J).EQ.0) GOTO 60
          SUM(I,J)=BDT*(2.+P)*H*H
           DO 50 IQ=-1,1
           DO 50 JR=-1,1
             IF (IQ.EQ.0 .AND. JR.EQ.0) THEN
              E(I,J,IQ,JR)=0.
               GOTO 50
             END IF
             E(I,J,IQ,JR)=T(I,J)
             IF (IQ.EQ.0 .OR. JR.EQ.0) E(I,J,IQ,JR)=P*E(I,J,IQ,JR)
             SUM(I,J)=SUM(I,J)+E(I,J,IQ,JR)
50        CONTINUE
          DO 55 IQ=-1,1
          DO 55 JR=-1,1
55        E(I,J,IQ,JR)=E(I,J,IQ,JR)/SUM(I,J)
          D(I,J)=(2.+P)*H*H*(Q(I,J)+BDT*UALT(I,J))/SUM(I,J)
60        CONTINUE
C
C         Aufstellung und Iteration der Gleichungen
C
          ITINDEX=0
65        MAXERROR=0.
          DO 90 I=1,IM
          DO 90 J=1,JM
          IF (F(I,J).EQ.0) GOTO 90
           UITR=U(I,J)
           SUMU=(1.-OM)*U(I,J)+OM*D(I,J)
           DO 70 IQ=-1,1
           DO 70 JR=-1,1
            SUMU=SUMU+OM*E(I,J,IQ,JR)*U(I+IQ,J+JR)
70        CONTINUE
          U(I,J)=SUMU
          FEHLER=ABS(U(I,J)-UITR)
          IF (FEHLER.GT.MAXERROR) MAXERROR=FEHLER
90        CONTINUE
          ITINDEX=ITINDEX+1
          WRITE(*,95) ITINDEX, MAXERROR
95        FORMAT('+',I3,E11.3)
          IF (MAXERROR .GT. EPSILON) GOTO 65
          N=N+1
C
C         Ausgabe U(I,J)
C         der jeweils J-ten Zeile, beginnend mit JM
C
          WRITE(*,'(I3,1X,I3)') N, ITINDEX
          DO 100 J=JM,1,-1
100       WRITE(*,'(1X,7E10.3)')  (U(I,J), I=1,IM)
C
          IF (N .LT. NM) GOTO 35
          STOP
          END
```

296

```fortran
      PROGRAM Gauss direkt speicherplatzsparend
C        NAME: gauss.f77
         INTEGER I,J,K,L,M,R,S
         REAL C(5,7)
C        Diagonalen: k=1,2,3,4  rechte Seite: k=5
         DATA (C(1,J),J=1,7)/0.,0.,1.,1.,1.,1.,1./
         DATA (C(2,J),J=1,7)/0.,2.,2.,2.,2.,2.,2./
         DATA (C(3,J),J=1,7)/4.,4.,4.,4.,4.,4.,4./
         DATA (C(4,J),J=1,7)/1.,1.,1.,1.,1.,1.,0./
         DATA (C(5,J),J=1,7)/5.,7.,8.,8.,8.,8.,7./
         M=7
         S=2
         R=1
C        ausgedruckte Loesung: alle x=1
C
C        Der Algorithmus
C
         DO 1   J=1,M-1
          L=MIN(S,M-J)
          DO 2   I=1,L
           Q=C(S+1-I,J+I)/C(S+1,J)
           DO 3   K=S+2-I,S+1-I+R
            C(K,J+I)=C(K,J+I)-Q*C(K+I,J)
3          CONTINUE
           C(S+R+2,J+I)=C(S+R+2,J+I)-Q*C(S+R+2,J)
2         CONTINUE
1        CONTINUE
         DO 4   I=M,1,-1
          L=MIN(R,M-I)
          DO 5   K=1,L
           C(S+R+2,I)=C(S+R+2,I)-C(S+1+K,I)*C(S+R+2,I+K)
5         CONTINUE
          C(S+R+2,I)=C(S+R+2,I)/C(S+1,I)
10        FORMAT(1X,E12.6)
          WRITE(*,10) C(S+R+2,I)
4        CONTINUE
         STOP
         END
```

Sachverzeichnis

K.-J. Bathe

Finite-Element-Methoden

Matrizen und lineare Algebra, die Methode der finiten Elemente, Lösungen von Gleichgewichtsbedingungen und Bewegungsgleichungen

Übersetzt aus dem Englischen von P. Zimmermann

1986. 182 Abbildungen. XVI, 820 Seiten. Gebunden
DM 98,-. ISBN 3-540-15602-X

Ziel dieses Buches ist es, in aktuellster und EDV-gerechter, aber betont verständlicher Form in die Finite-Element-Methoden einzuführen. Damit liefert der Autor, ein international hochangesehener Fachmann am MIT, Cambridge/USA, eine praxisgerechte Basis für das Verstehen vollständiger Lösungswege komplexer Berechnungen der Mechanik, der Wärmeübertragung, bei Fluid- und Feldproblemen u.a.
Entsprechend den drei grundlegenden Bereichen, aus denen – will man finite Elemente erfolgreich anwenden – Kenntnisse erforderlich sind, umfaßt das Buch drei Teile: Im ersten werden die Grundlagen der Matrizen- und der linearen Algebra dargestellt. Der zweite Teil bringt die Formulierung der Finite-Element-Methoden sowie die numerischen Verfahren, die zur Berechnung der Elementmatrizen benutzt werden. Im dritten Teil werden Methoden zur effizienten Lösung von Finite-Element-Gleichungen in statischen und kinetischen Berechnungen behandelt.
In den Text sind rund 250 praktische Beispiele eingearbeitet. Den Abschluß bilden einige Rechenprogramme.

Springer-Verlag Berlin
Heidelberg New York London
Paris Tokyo Hong Kong